21 世纪高职高专计算机系列实用规划教材

全新修订

C#程序设计基础教程与实训
(第 2 版)

主　编　陈　广

副主编　林　沣　伦墨华

北京大学出版社
PEKING UNIVERSITY PRESS

内 容 简 介

本书主要介绍了使用 Visual Studio 2008 进行 Windows 应用程序开发所需要的基础知识。本书讲述了 C#语言的特点；阐述了数据类型、运算符和表达式、判断循环语句、数组、方法等程序设计语言中最基础的内容；介绍了 Windows 应用程序开发的必备知识：窗体与控件、界面设计。为了使程序开发变得更有乐趣，书中穿插介绍了 GDI+图形编程及简单的动画制作技术。本书最后为一个综合性的应用程序，以达到巩固前面所学知识的目的。

本书针对的是毫无编程经验的初学者以及从其他语言转入 C#语言学习的人员。即使是有一定经验的开发人员，也可以在本书提供的视频教程中找到所需的知识。

图书在版编目(CIP)数据

C#程序设计基础教程与实训/陈广主编. —2 版. —北京：北京大学出版社，2013.7

(21 世纪高职高专计算机系列实用规划教材)

ISBN 978-7-301-22587-5

Ⅰ. ①C… Ⅱ. ①陈… Ⅲ. ①C 语言—程序设计—高等职业教育—教材 Ⅳ. ①TP312

中国版本图书馆 CIP 数据核字(2013)第 116882 号

书　　名：**C#程序设计基础教程与实训(第 2 版)**

著作责任者：陈　广　主编

策 划 编 辑：李彦红

责 任 编 辑：刘国明

标 准 书 号：ISBN 978-7-301-22587-5/TP・1290

出 版 发 行：北京大学出版社

地　　址：北京市海淀区成府路 205 号　100871

网　　址：http://www.pup.cn　新浪官方微博：@北京大学出版社

电 子 信 箱：pup_6@163.com

电　　话：邮购部 62752015　发行部 62750672　编辑部 62750667　出版部 62754962

印　刷　者：河北滦县鑫华书刊印刷厂

经　销　者：新华书店

787 毫米×1092 毫米　16 开本　17.75 印张　411 千字

2008 年 2 月第 1 版

2013 年 7 月第 2 版　2020 年 7 月修订　2021 年 1 月第 9 次印刷

定　　价：49.00 元

修订版前言

承蒙广大师生及网友的厚爱，本书第 1 版取得了不错的销售成绩。在使用本书授课过程中，总体上相当满意，但也发现了一些不足之处，遂在第 2 版做了如下改动。

(1) 使用 Visual Studio 2008 作为开发工具。

(2) 第 1 章加入对.NET 总设计师 Anders 的生平简介。把 Visual Studio 的安装内容移除，做成视频，这样更直观、易于理解。同时，对如何使用 MSDN 做了简单介绍。

(3) 第 2 章更换实训指导的内容，之前的简易计算器对于只学了几个星期编程的初学者来说实在过于复杂。

(4) 第 3、4、5 章删除了部分晦涩难懂且不实用的内容。对于初学者来说，培养正确的编程思维才是最重要的，对于一些很生僻的语法规则问题没有必要花时间去关注。

(5) 第 6 章删除原实训指导内容，将实例演示中的两个例题移至实训指导。

(6) 对第 1 版中存在的一些错误进行了修正，加入了更多的思考及提示内容。

(7) 针对书本中几个较难的例题及实训指导录制了课堂视频，最大限度地帮助初学者渡过难关。

本书的对象是毫无编程基础的初学者，市面上不乏 C#语言的入门书籍，但对于最基础的那一部分入门知识大都一笔带过。这对于一个有语言基础的人来说是一件好事，但对于大部分初学者来说无疑增加了他们的学习难度。基础往往容易被人们所忽略，但拥有坚实的基础，可以让以后的学习备感轻松。

这本书所讲述的正是 C#语言的最基础部分。对于每一个知识点的讲解，都使用了我最喜欢的方式：用最简单的代码去讲解一个问题，然后在每章最后或实训指导中使用生动有趣的例子来综合运用前面所学知识。每个例子的代码都尽量控制在 60 行左右，这样不至于让初学者望而生畏。这些例子的代码虽然少，但却非常有技巧性，即使有一定经验的开发人员也能从中获益。

本书二维码中包含 3 套视频教程：《C#语言参考视频》、《图片管理器视频》和《俄罗斯方块视频》。《C#语言参考视频》对 C#语言进行了详细而系统的讲解，在学习完本书的所有知识后，可以通过这套视频更深入地了解 C#语言的各种机制。《图片管理器视频》用于第 13 章的综合实训。《俄罗斯方块视频》则是作为课程实训的另一选择。

本书适用对象

(1) 高职高专院校学习 C#语言的学生。

(2) 没有语言基础的初学者。

(3) 从其他语言转入 C#语言学习的开发人员。

学时安排

理论：24 学时(每章 2 学时)

实验：24 学时(每章 2 学时)

实训：60 学时

【视频和素材】

本书由陈广主编，林沣、伦墨华为副主编。

书中不足之处在所难免，如果读者有任何疑问或意见，请通过电子邮件和我联系：cgbluesky@126.com。

编　者

2020年7月

目　　录

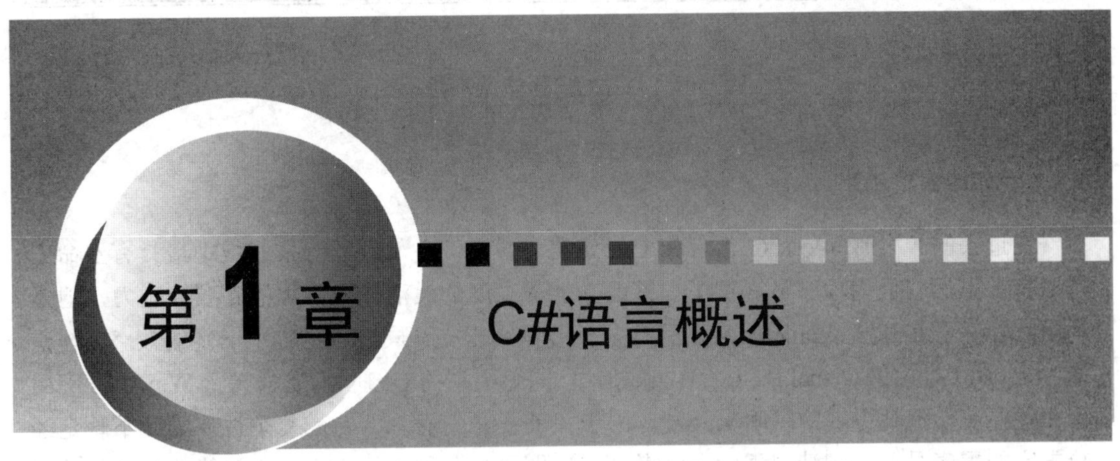

教学提示

C#(发音为 C sharp)是一种简单、现代、面向对象且类型安全的编程语言，C#语言从 C 和 C++语言演化而来，同时 C#具备了应用程序快速开发(Rapid Application Development, RAD)语言的高效率和 C++固有的强大能力，吸收了 Java 和 Delphi 等语言的特点和精华，是目前 .NET 开发的首选语言。

教学要求

知识要点	能力要求	相关知识
C#语言简介	(1) 了解 C#语言的由来 (2) 掌握 C#语言的特点	(1) C#语言的由来 (2) C#语言的特点 (3) C#语言的开发前景
NET 平台	(1) 理解 .NET 的核心 (2) 掌握 Visual Studio .NET 2008 的安装 (3) 熟悉 Visual Studio .NET 2008 的集成开发环境(IDE)	(1) .NET 框架体系 (2) 安装 Visual Studio .NET 2008 的步骤 (3) Visual Studio .NET 2008 集成开发环境(IDE)的选项功能
开发环境的初步实践	(1) 正确创建和编写控制台应用程序 (2) 正确创建和编写 Windows 应用程序	(1) 创建项目的步骤 (2) 编写程序的方法和要求

本章首先介绍 C#语言的由来、C#语言的特点，通过和目前使用的较为流行的语言进行比较来了解 C#语言的开发前景。首先，全面介绍 Visual Studio .NET 2008 和 MSDN Library 的安装和操作。最后，通过本章的学习，使读者能够快速掌握新的集成开发环境(IDE)，使用它来开发应用程序。

1.1　C#语言简介

1.1.1　C#语言的由来

在过去的一段时间中，C 语言和 C++语言一直是商业软件的开发领域中最具有生命力的语言。虽然它们为程序员提供了丰富的功能、高度的灵活性和强大的底层控制力，但是利用 C/C++语言开发 Windows 应用程序显然复杂了很多，同时也牺牲了一定的效率。与诸如 Microsoft 推出的 Visual Basic 等语言相比，同等级别的 C/C++为完成一个 Windows 应用程序往往需要消耗更多的时间来开发。由于 C/C++语言存在一定的复杂性，因此不管是经验丰富的程序员还是初涉编程的自学者都在试图寻找一种新的语言，希望能在功能与效率之间找到一个更为理想的平衡点。

目前有些语言以牺牲灵活性为代价来提高效率。可是这些灵活性正是 C/C++程序员所需要的。这些解决方案对编程人员的限制过多(如屏蔽一些底层代码控制的机制)，其所提供的功能难以令人满意。这些语言无法方便地同之前的系统交互，也无法很好地和当前的网络编程相结合。

对于 C/C++用户来说，最理想的解决方案无疑是在快速开发的同时又可以调用底层平台的所有功能。他们想要一种和最新的网络标准保持同步并且能和已有的应用程序良好整合的环境。另外，一些 C/C++开发人员还需要在必要的时候进行一些底层的编程。

针对这一问题，微软动用了最好的资源，由安德斯·海尔斯伯格(Anders Hejlsberg)担任了 C#语言的首席设计师，在 2000 年 6 月 26 日正式发布了 C#语言。C#语言是一种最新的、面向对象的编程语言。C#语言使得程序员可以在 Microsoft 开发的最新的 .NET 平台上快速地编写 Windows 应用程序，而且 Microsoft .NET 提供了一系列的工具和服务来最大限度地开发和利用于计算与通信领域。

1.1.2　安德斯·海尔斯伯格

安德斯·海尔斯伯格(Anders Hejlsberg，1960 年出生)如图 1.1 所示，丹麦人，曾在丹麦科技大学学习工程学。20 世纪 80 年代早期，他为 MS-DOS 和 CP/M 设计了一个 Pascal 编译器核心。当时，还是一个小公司的 Borland(宝兰)很快雇用了他并买下了他的编译器，改名 Turbo Pascal。在 Borland，Hejlsberg 继续开发 Turbo Pascal 并最终带领他的小组设计了 Turbo Pascal 的替代品、开发工具史上的奇迹：Delphi 语言。业界曾流行一句话：“聪明的程序员使用 Delphi，真正的程序员使用 C++。”

因为 Anders 和 Delphi 开发组的其他成员在修改编译器的问题上发生了争执，Anders 在 Delphi3 中几乎没有做什么工作，这时比尔·盖茨亲自邀请并许诺给他挑战的机会，在 1996 年，Anders Hejlsberg 离开 Borland 去了微软公司。来到微软公司后，他直接主抓 Visual ++的研发工作并在 1999 年被授予“distinguished engineer”(卓越工程师)，在微软公司仅有 16 人获得这样的荣誉。

后来微软公司希望通过开发最新的软件开发语言来赢得软件开发者的拥戴，在微软公司把视窗操作系统和软件向网络迁移的新市场战略中，C#语言是最重要的环节。Anders 担任了 C#语言的首席设计师，同时他也是微软.NET 战略构架的重要参与决策者。经过几年时间的埋头苦干，C#语言已成为微软反击 Java 语言的最有力武器。

鉴于他为软件开发做出的巨大贡献，Anders 在 *Dr.Dobb's* 杂志的 2001 年西部会议上被授予"Prestigious Excellence in Programming Award"(著名程序设计杰出奖)。比尔·盖茨也高度评价说："我们为 Anders 获得这一荣誉感到无比自豪，Anders 在 C#语言创建中所做的努力将会改变现在的软件开发方式并将在以后的 10 年继续产生影响。"

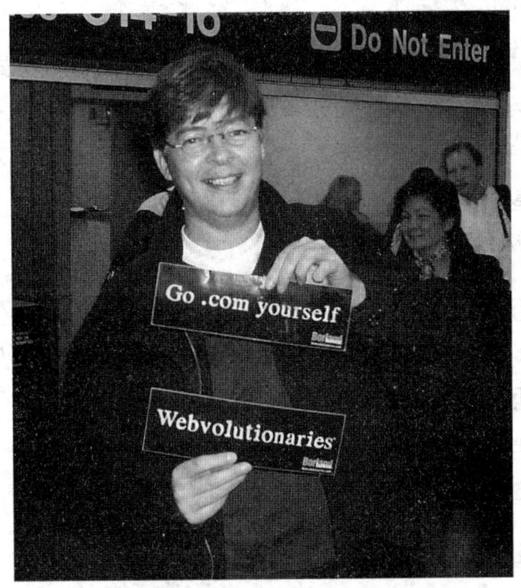

图 1.1　安德斯·海尔斯伯格

1.1.3　C#语言的特点

正是 C#语言面向对象的卓越设计，使它成为构建各类组件的理想之选——无论是高级的商业对象还是系统级的应用程序。使用简单的 C#语言结构，这些组件可以方便地在 XML(扩展标识语言)网络服务中随意转化，从而使它们可以通过网络在任何操作系统用任何语言在其上进行调用。

更值得一提的是，C#语言的快速应用程序开发的思想与简洁的语法也会让用户迅速地从一个对程序一无所知的人成为一名熟练的程序开发人员。C#语言还具备以下很多非常吸引人的特点。

1. 简洁易用的语法

C#语言摒弃了一些比较复杂而且不常用的语法元素，取消了指针，删除了复杂的操作运算符。此外，不允许直接对内存进行操作，让代码运行在安全的环境中。

2. 自动的资源回收机制

C#语言完全拥有.NET 的自动资源回收机制。在早期的 Windows 版本中，程序使用完资源后必须及时释放，否则会导致系统资源不足而运行变慢。在 .NET 框架中，由于资源使用完后由系统自动清理，所以，编写C#程序时不必小心翼翼地保证及时释放资源，程序员可以把更多的精力放在程序编写的逻辑上。

3. 与Web的紧密结合

电子商务的应用越来越广泛，B/S模式程序的市场需求越来越多。在.NET开发套件中，C#与ASP.NET是相互融合的。由于有了Web服务框架的帮助，对程序员来说网络服务看起来就像是C#的本地对象；C#组件就能够方便地为Web服务并允许它们通过Internet被运行在任何操作系统上的任何语言所调用。

4. 完整的安全性与错误处理能力

语言的安全性与错误处理能力是衡量一种语言是否优秀的重要依据。C#语言的先进设计思想可以消除软件开发中的许多常见错误，并提供了包括类型安全在内的完整的安全性能。为了减少开发中的错误，C#语言帮助开发者通过更少的代码完成相同的功能，这不但减轻了编程人员的工作量，同时更有效地避免了错误的发生。

5. 版本处理技术

升级软件系统中的组件(模块)是一件容易产生错误的工作，在代码修改过程中可能对现存的软件产生影响，很有可能导致程序的崩溃。为了帮助开发人员处理这些问题，C#在语言中内置了版本控制功能。

6. 灵活性和兼容性

在简化语法的同时，C#语言并没有失去灵活性。尽管C#语言不是一种无限制语言，比如：它不能用来开发硬件驱动程序，在默认的状态下没有指针等，但是，在学习过程中读者将发现，它仍然是那样的灵巧。

1.1.4 C#语言的开发前景

C#语言是一门高级语言，这主要体现在：一是语法，也就是算法的表达接近人类的自然语言；二是该语言距离硬件更远，不要求程序员了解计算机系统的底层硬件。因此，C#语言不适合开发与硬件密切相关的代码，比如网卡的驱动程序、数据采集系统的接口控制程序等。

现代的计算机应用除了以上提到的与硬件相关的应用外，还有一类更为广泛的与硬件无关的应用，也就是各种数据处理系统、信息管理系统等。在这类应用中，系统更关心高层次的事务逻辑。C#语言接近人性化的简洁语法使得程序员在编写代码时更能够把注意力集中在系统复杂的事务逻辑上而不是语法上。现在的商业应用无一不与数据库相关联。C#语言提供了强大的数据库连接功能，使得C#语言开发的系统方便地与各种数据库(包括大型的商业数据库)比如MS SQL Server、Oracle等连接与应用，这是大部分商业应用的前提条件。

现实生活中比如一些单位的薪资管理系统、人事管理系统；电信部分的业务处理系统、资费处理系统(也就是交费时营业员使用的程序)；企业管理用的企业资源企划系统(ERP)等基本上都是使用C#语言来开发的。

1.2　.NET 开发平台

在前文中已经详细介绍了 C#，那么如何将编写好的程序编译成计算机应用程序？是不是随意在一个记事本或者写字板上写上代码，计算机就可以识别然后进行编译，生成应用程序？事实上并非如此，需要通过一个开发平台来将所编写的程序进行识别，检查是否存在错误，然后进行编译并生成平常在计算机中使用的应用程序。而 C#语言使用的开发平台是微软 .NET 系列产品中最新推出的 Visual Studio .NET 2008。

1.2.1　.NET 概述

.NET 是一个用于建立应用程序的平台，它在内部封装了大量的功能强大的应用程序接口函数(API)，向广大的程序员提供了功能强大的集成开发环境(IDE)——Visual Studio .NET。在未来，.NET 还是一个运行、发布应用程序的平台，它可以将应用程序作为一种服务，通过 Internet 提供给分布在世界各个角落的网络用户。总之，.NET 是一个用来建立、开发、运行和发布基于 Internet 的服务和应用程序的平台，标志着近十年来微软开发平台第一个重大的转变。

.NET 的核心是 Microsoft .NET Framework(微软 .NET 框架体系)。

.NET Framework 主要由两大部分组成，一部分是最基本的通用语言运行时库 CLR (Common Language Runtime)，它是运行时的环境，提供程序编译、内存管理、安全性管理等功能，是一个在执行管理代码的代理；另一部分是一些提供了具体功能的类库，它是一个综合性的面向对象的可重用类型集合，可以使用它开发多种应用程序，这些应用程序包括传统的命令行或图形界面(GUI)应用程序，也包括基于 ASP .NET 所提供的最新的应用程序。例如，网络应用的 ASP .NET、数据库应用的 ADO .NET、Windows 窗口(Forms)类等。它们之间的关系以及它们同 Windows 操作系统之间的关系，即 .NET 框架体系如图 1.2 所示。

图 1.2　.NET 框架体系

通过图 1.2 可以比较直观地了解 .NET Framework 中 Windows 操作系统、框架体系的各种类库和开发语言之间的关系。首先，所有的 .NET 应用都是建立在 Windows 操作系统提供的各种强大的功能之上的，这是 .NET Framework 应用程序运行的基础。接下来是各种 .NET 的运行时库和各种类库，其中运行时库是基本系统应用的基础，而基本系统应用又是网络应用、Windows 图形界面、数据库应用、XML 应用的基础，而后面的 4 种类库互相独立。最后，提供给程序员使用的最直接的工具就是各种 .NET 开发语言，包括 C#、C++、Visual Basic、JavaScript 等。

1.2.2 Visual Studio .NET 2008 简介

微软新开发工具——Visual Studio 2008，对 VB、C#语言提供了更多的支持，开发人员可以用新的开发工具来进行 LINQ(语言集成查询，Language Integrated Query)、ASP.NET Ajax、WPF、Silverlight (先前称为 WPF/E)，Office 2007 等技术的开发，甚至将只在 Visual Studio 2005 的 Team Suite 版本中才有的 Test 工具整合到 Visual Studio 2008 中。

除此之外，Visual Studio .NET 2008 主要的改进体现在以下几个方面。

1. .NET Framework 对重定向的支持

使用 Visual Studio 2008 可以进行基于多个.net framework 版本的开发，Visual Studio 2008 同时支持 framework 2.0/3.0 和 3.5 几个版本。在不同的版本下它可以自动地根据框架特性使用工具箱、项目类型、引用、智能提示和过滤功能。

2. ASP.NET Ajax 和 JavaScript 智能客户端支持

ASP.NET Ajax 成为.NET 3.5 的一部分，除了包括 ASP.NET Ajax 1.0 的所有功能外，还集成了 WebParts 的 UpdatePanel，与<asp:menu>及<asp:treeview>这样的控件的 ASP.NET Ajax 集成，WCF 对 JSON 的支持，为编写 JavaScript 提供了智能提示的功能。

3. 全新的 Web 开发新体验

Web 设计器提供了分割视图编辑、嵌套母板页以及强大的 CSS 编辑器集成。ASP.NET 还提供了 3 个新的控件：<asp:ListView>、<asp:DataPager>、<asp:LinqDataSource>，这些控件对数据场景提供了非常好的支持，允许对输出的标识做完全的控制。

4. 编程语言方面的改进和 LINQ

Visual Studio 2008 中新的 VB 和 C#编译器对这些语言做了显著的改进。两者都添加了对函数式编程概念的支持，加入 LINQ。

5. 浏览.NET Framework 库源码

Visual Studio 2008 有内置的调试器支持，自动按需调试进入代码(VS 2008 可以自动为用户下载适当的.NET 框架库文件)。

1.2.3 Visual Studio .NET 2008 与 MSDN Library 的安装

.NET 开发语言采用了 Visual Studio .NET 2008 来进行开发，MSDN Library 是微软公司可开发产品线的技术开发文档和科技文献(部分包括源代码)，是一个功能强大的帮助系统，它包含了使用 C#语言进行编程时所需要的大部分资料。Visual Studio .NET 2008 与 MSDN

Library 均可以安装在 Windows 95/98/XP/NT 操作系统中，具体的安装步骤见本书配套二维码。

1.2.4　Visual Studio .NET 2008 的集成开发环境(IDE)

在 Windows 95/98/XP/NT 操作系统中正确安装了 Visual Studio 2008 后，执行【开始】|【程序】|【Microsoft Visual Studio 2008】命令就能运行 Visual Studio 2008 了。

首次运行 Visual Studio 2008 时，进入【选择默认环境设置】窗口，制定经常从事开发活动的类型后，单击【启动 Visual Studio】按钮。启动 Visual Studio 2008 后，可以看到 Visual Studio 2008 的起始页窗口，如图 1.3 所示。

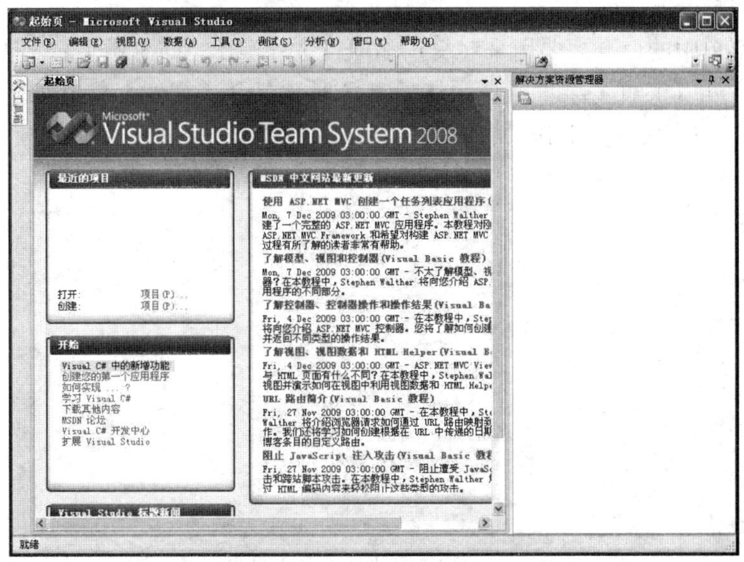

图 1.3　Visual Studio 2008 的起始页

在起始页中选择【创建】选项中的【项目】，或者选择菜单栏中【文件】|【新建】|【项目】命令，新建一个项目后进入 Visual Studio 2008 的集成开发环境(IDE)，如图 1.4 所示。

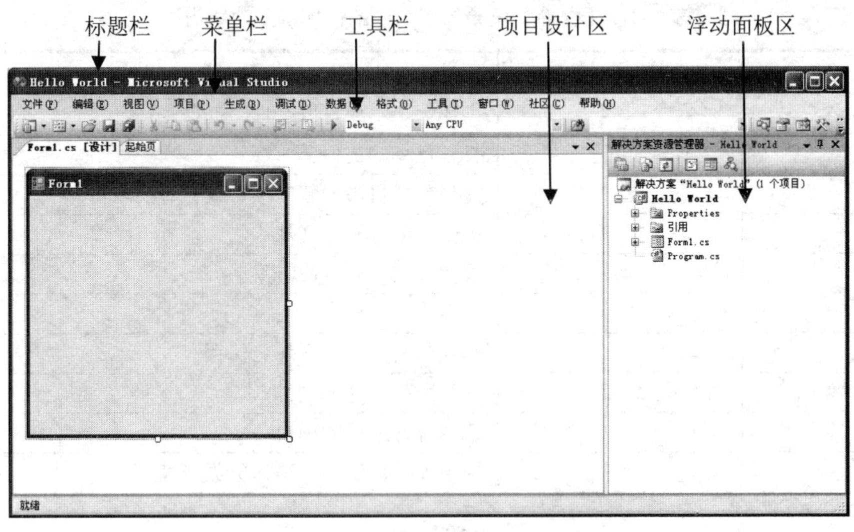

图 1.4　Visual Studio 2008 集成开发环境

Visual Studio 2008 的集成开发环境界面由标题栏、菜单栏、工具栏、设计器窗口、工具箱、解决方案资源管理器以及【属性】窗口组成。

1. 菜单栏

在开发环境界面中，可以看到在它上方排列着一系列的菜单，而菜单栏包含了开发环境中几乎所有的命令，为用户提供了文档操作、程序的编译、调试、窗口操作等一系列的功能。

在进一步与开发环境打交道之前，先了解部分菜单的常用功能。

1) 【文件】菜单

【文件】菜单中的命令主要用来对文件和项目进行操作，如【新建】、【打开】、【保存】、【打印】等。单击【文件】菜单或使用快捷键(Alt+F)打开【文件】菜单包含的子菜单，如图 1.5 所示，其中常用命令的快捷键及功能描述见表 1-1。

图 1.5　【文件】菜单

表 1-1　【文件】菜单常用命令的快捷键及功能描述

菜单命令	快捷键	功能描述
新建	——	创建一个新项目或文件
打开	——	打开已有的文件
添加	——	为当前项目添加新的项目或已有的项目
关闭	——	关闭当前打开的文件
关闭解决方案	——	关闭当前打开解决方案
保存	Ctrl+S	保存当前文件
另存为...	——	将当前文件用新文件名保存
全部保存	Ctrl+Shift+S	保存所有打开的文件
最近的项目	——	选择打开最近的项目
退出	——	退出 Visual Studio 2008 开发环境

2) 【视图】菜单

【视图】菜单中的命令主要用来改变窗口和工具栏的显示方式、激活调试时所用的各个窗口等。如图 1.6 所示的是【视图】菜单的各个命令。其中常用命令的快捷键及功能描述见表 1-2，表中详细介绍【代码】、【设计器】、【解决方案资源管理器】以及【属性】窗口的作用。

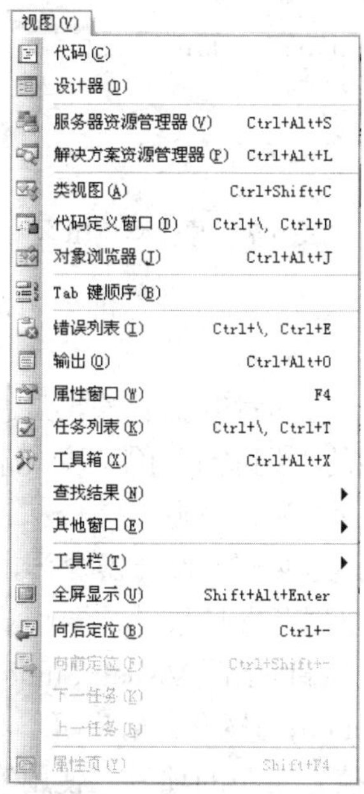

图 1.6　【视图】菜单

表 1-2　【视图】菜单常用命令的快捷键及功能描述

菜 单 命 令	快 捷 键	功 能 描 述
代码	——	切换到代码编辑状态
设计器	——	切换到设计器状态
解决方案资源管理器	Ctrl+Alt+L	显示解决方案资源管理器窗口
错误列表	Ctrl+E	显示错误列表窗口
输出	Ctrl+Alt+O	显示输出窗口
属性窗口	F4	显示属性窗口
工具箱	Ctrl+Alt+X	显示工具箱窗口
工具栏	——	子菜单中的命令用以指定将在屏幕上显示的工具栏
属性页	Shift+F4	弹出“属性页”对话框以设置对象属性

(1) 代码：源代码是一个应用程序的核心，没有源代码无法编译一个应用程序，而 Visual Studio 给用户提供具有以下特色的源代码编辑区，如图 1.7 所示。

① 语法着色。当在编辑区进行编辑时，代码使用了色彩调配。默认情况下，常规代码为黑色，而 Visual C#关键字为蓝色。语法着色可以帮助用户发现一些由于粗心或因拼写而造成的错误，防止许多编译错误的发生。

```
Program.cs | 起始页
Hello_World.Program

using System;
using System.Collections.Generic;
using System.Text;

namespace Hello_World
{
    class Program
    {
        static void Main(string[] args)
        {
        }
    }
}
```

图 1.7　源代码编辑区

② 智能感知。在编辑代码时，输入某一个类的成员函数时，会出现一个下拉列表框对用户的输入做出提示。

③ 源代码自动“缩进”：可以自动对编辑的源代码进行“缩进”处理。

④ 代码折叠和展开：即所谓的大纲显示功能，单击代码前面的【+】、【-】按钮可以展开和折叠代码，使编写出的代码更直观、清晰。

(2) 设计器：应用程序设计器提供一个设计器窗体，使用它来定义和可视化那些可以提供或使用服务的应用程序，并根据开发环境的需要配置这些应用程序，如图 1.8 所示。

(3) 解决方案资源管理器：项目就是 Visual Studio 应用程序的构造块，在 Visual Studio .NET 中引入解决方案(Solution)的概念。用户可以将一个或多个项目组织在一起，通过解决方案资源管理器管理并监控方案中的项目，使用解决方案资源管理器能带来很多方便，对于多项目方案尤其如此，如图 1.9 所示。

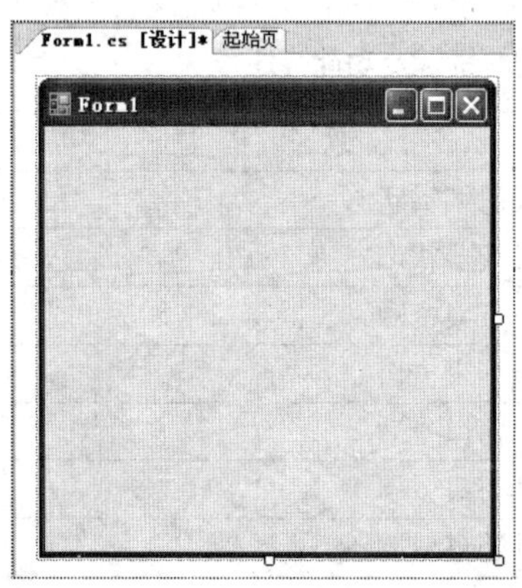

图 1.8　设计器

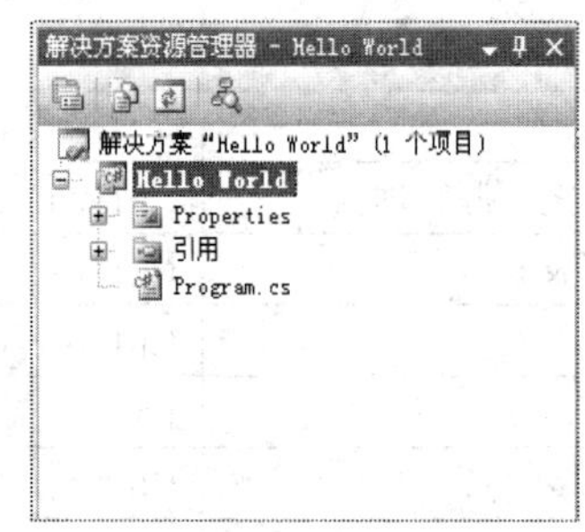

图 1.9　解决方案资源管理器

一个解决方案中可以包含多个项目，它使用户能够方便地组织需要开发和设计的项目文件，以及配置应用程序或组件。解决方案资源管理器中显示了方案及其中项目的层次结构，该方案中包含一个项目，其中【引用】中包括本项目的所有外部引用。

为了让展现的数据不至于太复杂，解决方案管理器隐藏了一些文件，主要有系统自动建立的 bin 和 obj 目录文件。当单击解决方案资源管理器上方的第 2 个按钮【显示所有文件】时，便会显示出隐藏文件。

(4)【属性】窗口：使用该窗口查看和更改位于编辑器和设计器中的选定对象的属性及事件。也可以使用【属性】窗口编辑和查看文件、项目和解决方案的属性，如图 1.10 所示。【属性】窗口可从【视图】菜单中打开或者单击工具栏上的【属性】窗口按钮打开，如图 1.11 所示。

图 1.10　属性窗口

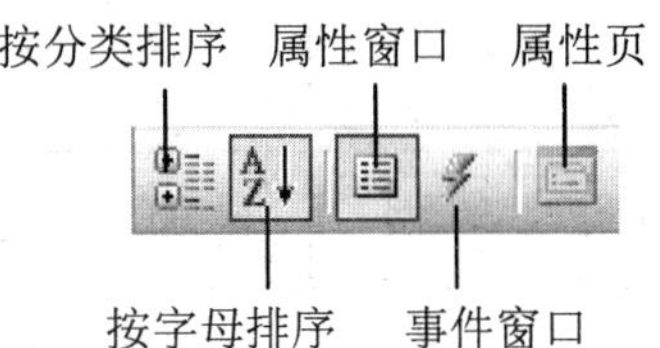

图 1.11　属性工具栏

(5) 工具箱：单击【视图】|【工具箱】命令或者单击工具栏上的工具箱按钮，打开【工具箱】，如图 1.12 所示。【工具箱】中列出了本地计算机所识别的控件，可根据应用程序设计需要将相应的控件拖放到设计视图的图面上。

3) 【项目】菜单

【项目】菜单中的命令主要用于项目的一些操作，如向项目中添加窗体等。如图 1.13 所示的是【项目】菜单中的各个命令。表 1-3 列出了【项目】菜单常用命令的快捷键及它们的功能描述。

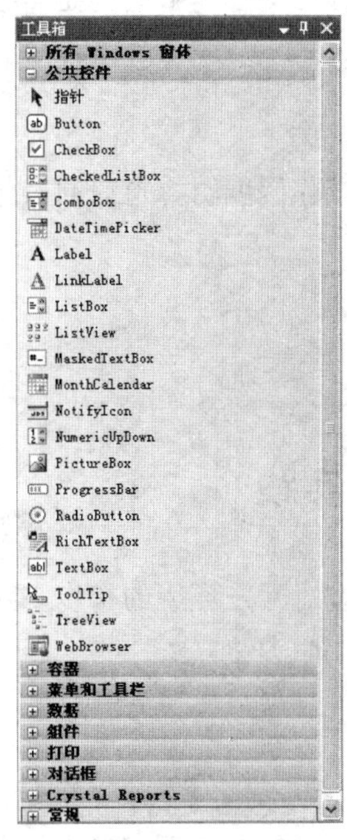

图 1.12　工具箱

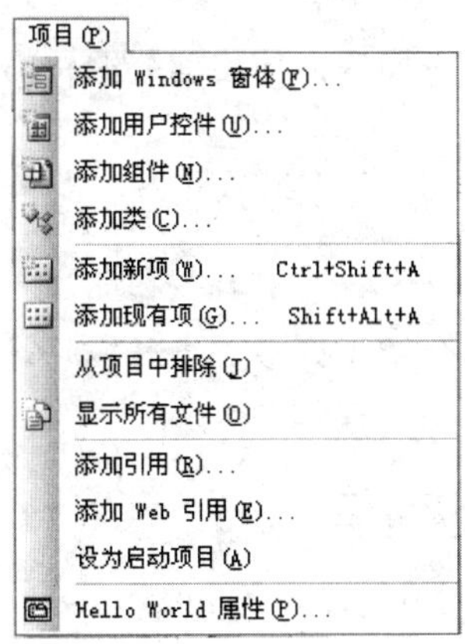

图 1.13　【项目】菜单

表 1-3　【项目】菜单常用命令的快捷键及功能描述

菜 单 命 令	快 捷 键	功 能 描 述
添加 Windows 窗体	——	弹出【添加新项】对话框，使用该对话框可向当前项目中添加 Windows 窗体
添加用户控件	——	弹出【添加新项】对话框，选择【用户控件】向当前项目添加用户控件
添加组件	——	弹出【添加新项】对话框，选择【组件类】向当前项目添加组件。单击【打开】按钮，可以从工具箱或者服务器资源管理器中选择合适的组件并拖动到设计器中
添加新项	Ctrl+Shift+A	弹出【添加新项】对话框，使用该对话框向当前项目添加所需条目
添加现有项	Shift+Alt+A	弹出【添加新项】对话框，使用该对话框，可以选择要加入当前项目的条目
从项目中排除	——	将选定项从项目中去除
显示所有文件	——	显示解决方案资源管理器中所有的文件
设为启动项目	——	将当前项目设置为启动项目
项目属性	——	当前项目的属性

2. 工具栏

工具栏是一系列工具按钮的组合。当鼠标停留在工具栏的按钮上面时，按钮凸起，主窗口底端的状态栏上显示出该按钮的一些提示信息；如果光标停留时间长一些，就会出现一个小的弹出式的【工具提示】窗口，显示出按钮的名称。工具栏上的按钮通常和一些菜单命令对应，提供了一种执行经常使用的命令的快捷方法。

3. 项目设计区

用户在开发应用程序的过程中，对于窗体的设计以及代码编辑等窗口的操作都将在项目设计区进行。

4. 浮动面板区

用于方便用户使用部分编辑窗口的停靠区域。

1.3　开发环境的初步实践

前面介绍了许多关于开发环境的操作，在这里将通过对开发环境的初步实践进一步了解它的使用过程。

1.3.1　创建项目

(1) 打开 Visual Studio 2008。

(2) 创建项目，方法有 3 种：第 1 种在前面介绍过了，在起始页窗口中单击【创建】选项中的【项目】按钮创建；第 2 种方法是单击【文件】菜单，选择【新建】|【项目】命

令创建；第3种方法是单击工具栏上的第1个【新建】按钮，选择【项目】创建。单击【项目】按钮后，将打开【新建项目】对话框，如图1.14所示。

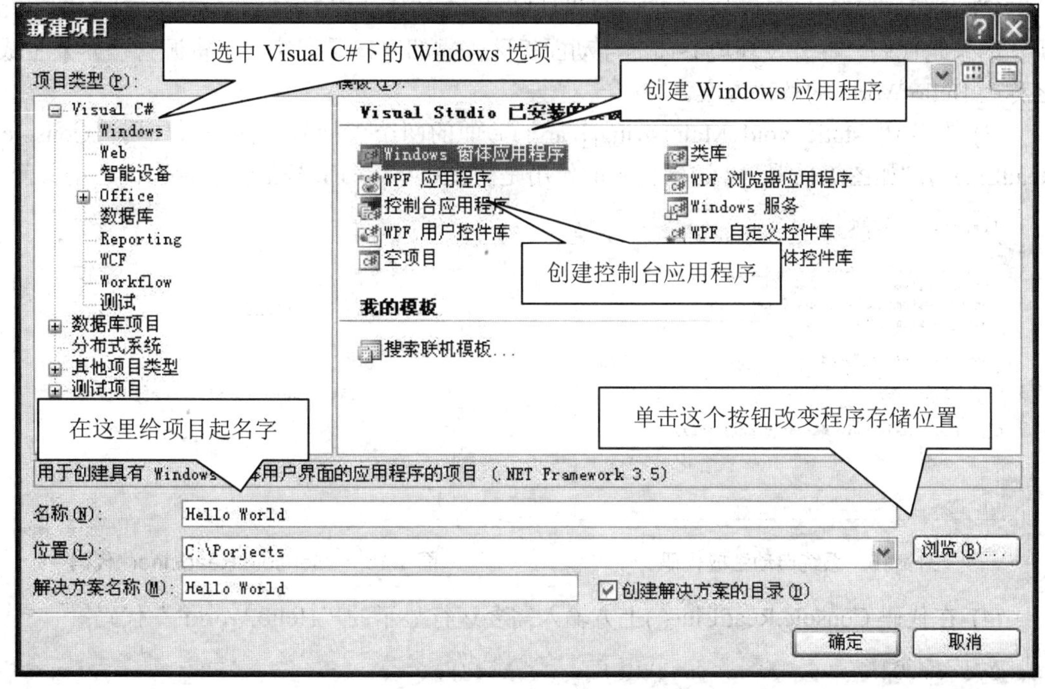

图1.14 【新建项目】对话框

(3) 在【项目类型】框内选中Visual C#项目下的Windows选项。

注意：很多初学者在同时安装了Visual Basic的情况下新建项目时，会选中Visual Basic下的Windows项，建立VB项目。

(4) 在【模板】列表框内选择【Windows应用程序】或者【控制台应用程序】项。

说明：本书将重点介绍【Windows应用程序】和【控制台应用程序】的编写，请读者熟记这两种应用程序的创建方法。

(5) 单击【位置】文本框右边的【浏览】按钮，选择一个文件夹对项目进行保存或者直接在文本框内进行手动更改。

(6) 在【名称】文本框内，项目名称默认为WindowsFormsApplication1，可以根据实际情况把项目名称改为自己喜欢的名字。

(7) 单击窗口右下角的【确定】按钮创建所要编写的应用程序。

注意：前面的7个步骤是本书后面的章节——创建【Windows应用程序】或者【控制台应用程序】所必须要做的相同的准备工作。

1.3.2 创建控制台应用程序

【例1-1】创建“Hello World!”控制台应用程序。

创建“Hello World!”控制台应用程序的步骤如下。

(1) 根据上述创建【控制台应用程序】的方法创建名称为 Hello World 的控制台应用程序。

(2) 创建好后在开发环境界面的项目设计区显示的是【代码】窗口并自动生成，如图 1.15 所示的系统代码。在开发环境界面的浮动面板区停靠的窗口【解决方案资源管理器】生成名称为 Hello World 的解决方案。

(3) 在代码 static void Main(string[] args)后面的两个大括号之间输入代码“Console. ReadLine( );”如图 1.16 所示，这句代码的作用是防止程序运行完毕后控制台窗口自动关闭。

```
Program.cs  起始页
Hello_World.Program
using System;
using System.Collections.Generic;
using System.Text;

namespace Hello_World
{
    class Program
    {
        static void Main(string[] args)
        {
        }
    }
}
```

图 1.15　系统自动生成代码

```
namespace Hello_World
{
    class Program
    {
        static void Main(string[] args)
        {
            Console.ReadLine();
        }
    }
}
```

图 1.16　Console.ReadLine( )代码

(4) 在代码 Console.ReadLine( )上方输入需要运行显示的“Hello World!”代码：

```
System.Console.WriteLine("Hello World!");
```

如图 1.17 所示，需要注意，后面章节所有标注有【控制台应用程序示例代码】的深灰色背景的代码块都按照这里所示的前 4 个步骤进行操作。

(5) 单击 Visual Studio 2008 上方工具栏中的【启动调试】按钮或者按 F5 键运行程序，这时弹出控制台窗口，显示如图 1.18 所示的运行结果。

```
namespace Hello_World
{
    class Program
    {
        static void Main(string[] args)
        {
            System.Console.WriteLine("Hello World!");
            Console.ReadLine();
        }
    }
}
```

图 1.17　输入“Hello World!”代码

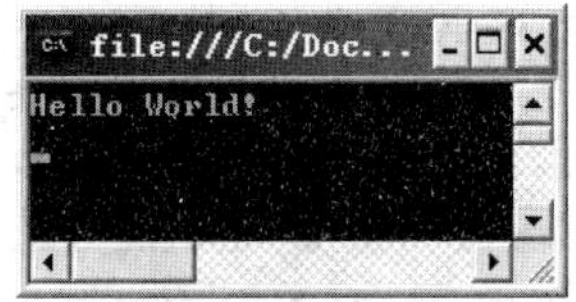

图 1.18　【例 1-1】运行结果

代码分析与讨论：

(1) 定义类。C#的每一个程序包括至少一个自定义类。这些类称为程序员自定义类或用户自定义类。在 C#中关键字 class 引导一个类的定义，其后接着类的名称(本例中是 Program)。关键字是 C#的保留字。class Program 后的左侧“{”表示开始一个类的定义，对应的右侧“}”用来结束类的定义(如果花括号不成对出现，会出现编译错误)。

(2) Main 方法。C#程序必须包含一个 Main 方法，而且必须按如图 1.16 所示的第 3 行的方法定义。Main 方法是程序的入口点，程序控制在该方法中开始和结束。该方法用来执行任务，并在任务完成后返回信息。void 关键字表明该方法执行任务后不返回任何信息。

Main 方法在类的内部声明，它必须具有 static 关键字，表明是静态方法。静态方法将在后面章节介绍。在“Hello World！”例中，Main 方法是 Program 类的成员。左侧“{”开始定义方法的主体内容，对应的右侧“}”用来结束方法的定义。

(3) 输入/输出。程序通常使用 .NET 框架的运行时库提供的输入/输出服务。Main 方法中有语句：

```
System.Console.WriteLine("Hello World!");
```

该语句的作用是使计算机打印双引号之间的字符串，人们将双引号之间的字符称为字符串。

在语句中还使用了 WriteLine 方法，它是类库中 Console 类的输出方法之一，WriteLine 方法在命令窗口中显示一行文字后，自动将光标移动到下一行。

接下来的语句使用了 ReadLine 方法：

```
Console.ReadLine();
```

ReadLine 方法是运行时库中 Console 类的输入方法之一，它用于输入字符串，按 Enter 键结束输入，这里使用它主要是为了防止程序提前退出。其他 Console 方法用于不同的输入/输出操作。

如果在程序开头包含以下 using 语句：

```
using System;
```

则可直接使用 Console 类和方法，无须使用完全限定名。例如：

```
Console.WrinteLine("Hello World!");
```

using System 语句引用一个由 Microsoft .NET 框架类库提供的名为 System 的命名空间。此命名空间包含 Main 方法中引用的 Console 类。命名空间提供了一种分层方法来组织一个或多个程序的元素。using 语句可以非限定地使用属于命名空间的类。“Hello World！”程序代码中使用 Console.WriteLine 作为 System.Console.WriteLine 的简写形式。

(4) 编译并运行程序：从 IDE 编译并运行程序。按 F5 键生成并运行(也可以选择【调试】菜单中的【启动】命令)。

1.3.3　创建 Windows 应用程序

【例 1-2】创建“Hello World！”Windows 应用程序。

创建“Hello World！”Windows 应用程序的步骤如下：

(1) 根据上述创建【Windows 应用程序】的方法创建名称为 Hello World 的 Windows 应用程序。

(2) 创建好后在开发环境界面的项目设计区显示【设计器】窗口，并自动生成名称为 Form1 的窗体编辑界面，在开发环境界面的浮动面板区停靠的窗口【解决方案资源管理器】生成名称为 Hello World 的解决方案。由于开发 Windows 应用程序通常要使用【工具箱】添加控件和【属性】窗口设置控件属性，所以打开【工具箱】以及【属性】窗口并停靠在浮动面板区。

在本书后面章节中创建【Windows 应用程序】时请参照这两个步骤。

(3) 从【工具箱】对话框中的【Windows 窗体】选项卡中，在 Button 控件上按住鼠标左键将其拖放到窗体上，使用同样的方法将 TextBox 控件拖放到窗体上。再向窗体添加 2 个 Button 控件，并用鼠标将它们拖到适当位置并调整其大小(选中要调整大小的控件并拖动其 8 个尺寸柄中的一个即可调整其空间大小)，如图 1.19 所示。

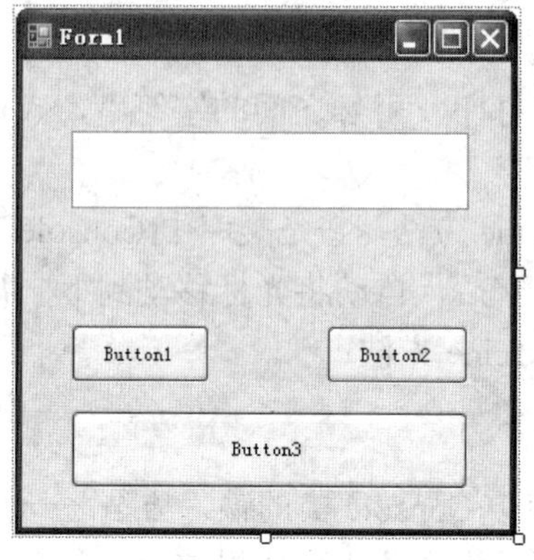

图 1.19　添加控件到窗体

(4) 按表 1-4 所示设置控件属性。

表 1-4　控件属性

控 件 名 称	属　　性	属 性 值
Button1	Text	显示
Button2	Text	消除
Button3	Text	弹出一个新的对话框显示 Hello World!
TextBox1	Multiline	Ture
TextBox1	TextAlign	Center

(5) 编写应用程序的代码。双击【显示】按钮生成事件，软件自动切换到代码编辑区并将光标定位于事件处理程序中。插入如图 1.20 所示的代码：

```
private void button1_Click(object sender, EventArgs e)
{
    textBox1.Text = "Hello World!"; //在文本框显示"Hello World!"
}
```

双击【清除】按钮，软件自动切换到代码编辑区，将光标定位于事件处理程序中，插入如图 1.20 所示的代码：

```
private void button2_Click(object sender, EventArgs e)
{
    textBox1.Text = ""; //将文本框显示的"Hello World!"清除
}
```

双击【弹出一个新的对话框显示 Hello World!】按钮，软件自动切换到代码编辑区，将光标定位于事件处理程序中，并插入如图 1.20 所示的代码：

```
private void button3_Click(object sender, EventArgs e)
{
    MessageBox.Show("Hello World!"); //弹出新对话框显示"Hello World!"
}
```

```
private void button1_Click(object sender, EventArgs e)
{
    textBox1.Text = "Hello World!";//在文本框显示Hello World!
}

private void button2_Click(object sender, EventArgs e)
{
    textBox1.Text = "";//将文本框显示的Hello World!清除
}

private void button3_Click(object sender, EventArgs e)
{
    MessageBox.Show("Hello World!");//弹出新对话框显示Hello World!
}
    }
}
```

图 1.20　添加代码

注意： 在插入编写的代码后面为程序添加了代码注释，在程序中加入代码注释可以提高程序的可读性，使程序易于阅读和理解。计算机在执行程序时是不会执行被批注的内容的。

以“//”开始的注释称为单行注释，它只对当前行有效。如：

//单行注释

以“/*”开始并以“*/”结束的注释称为多行注释。如：

/*这是一个多行注释，

Hello World*/

(6) 按 F5 键运行该应用程序，单击【显示】按钮在文本框中显示“Hello World!”，单击【清除】按钮将文本框显示的“Hello World!”清除，如图 1.21 所示，单击【弹出一个新的对话框显示 Hello World!】按钮，弹出一个对话框显示“Hello World!”，如图 1.22 所示。

图 1.21　例 1-2 运行结果

图 1.22　弹出对话框

实 训 指 导

1. 实训目的

(1) 熟悉 Visual Studio .NET 2008 集成开发环境(IDE)。

(2) 使用 Visual Studio .NET 2008 集成开发环境开发应用程序。

2. 实训内容

1) 第一个应用程序

单击【显示】按钮，在标签控件中显示【我的第 1 个应用程序】。

实训步骤：

(1) 新建一个 Windows 应用程序，并把项目命名为“Exp1-01”。

(2) 在窗体上放置 1 个 Button 控件和 1 个 label 控件，按图 1.23 所示的 Exp-01 控件分布图进行摆放，按照按钮上所显示的文字设置 Button 的 Text 属性。

(3) 双击【显示】按钮生成事件，并插入如下代码：

```
private void button1_Click(object sender, EventArgs e)
{
    label1.Text = "我的第 1 个应用程序！";
}
```

运行结果：运行程序，单击【显示】按钮，在 Label 控件显示【我的第 1 个应用程序】。

2) 乘法计算器

以乘数和被乘数作为输入项，积作为结果显示。

实训步骤：

(1) 新建一个 Windows 应用程序，并把项目命名为“Exp1-02”。

(2) 在窗体上放置 2 个 Button 控件、5 个 label 控件和 3 个 textbox 控件，按如图 1.24 所示的 Exp-02 控件分布图进行摆放，按照按钮上所显示的文字设置每个按钮的 Text 属性。

图 1.23 Exp1-01 控件分布图

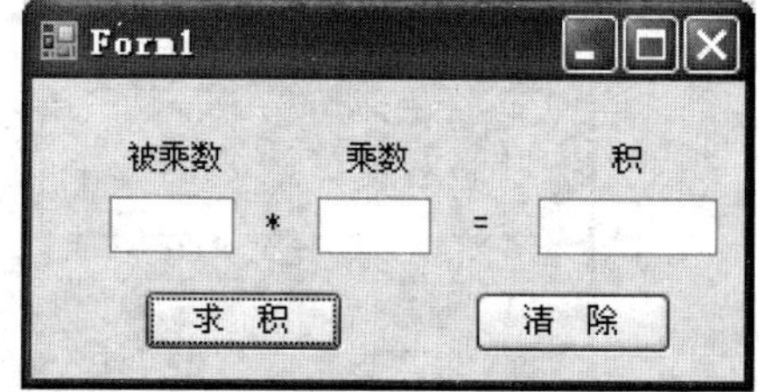

图 1.24 Exp1-02 控件分布图

(3) 双击【求积】和【清除】按钮生成事件，并插入如下代码：

```
private void button1_Click(object sender, EventArgs e)
{
    float num1 = 0;
    float num2 = 0;
```

```
    float result = 0;
    num1 = float.Parse(textBox1.Text);      //将文本框输入的字符转换成数值
    num2 = float.Parse(textBox2.Text);
    result = num1 * num2;
    textBox3.Text = result.ToString();      //将数值转换成字符
}
private void button2_Click(object sender, EventArgs e)
{
    textBox1.Text = "";
    textBox2.Text = "";
    textBox3.Text = "";
}
```

运行结果：运行程序，输入乘数与被乘数后，单击【求积】按钮，在文本框显示结果，单击【清除】按钮将文本框内容清空。

本 章 小 结

本章详细介绍了 C#语言的特点以及 Visual Studio .NET 2008 的安装和集成开发环境(IDE)，并通过实例讲解了如何利用开发环境创建和实现【Windows 应用程序】或者【控制台应用程序】。掌握并灵活运用本章所学内容至关重要，后继章节创建和实现【Windows 应用程序】或者【控制台应用程序】都必须运用到本章知识。

习　　题

1. 判断题

(1) C/C++语言的复杂性比 C#语言高。　(　　)

(2) 在 C#中保留了指针这一语法。　(　　)

(3) C#不适合开发与硬件密切相关的代码，比如网卡的驱动程序、数据采集系统的接口控制程序等。　(　　)

(4) 使用 .NET 类库来开发应用程序，依然需要原来 Visual C++的微软基础类(MFC)支持。　(　　)

(5) 源代码是一个应用程序的核心，没有源代码无法编译一个应用程序。　(　　)

(6) C#程序必须包含一个 Main 方法。　(　　)

(7) WriteLine 方法是类库中 Console 类的输入方法之一。　(　　)

(8) 以“//”开始的注释称为多行注释。　(　　)

2. 选择题

(1) C#语言从(　　)语言演化而来。

A. C 和 VB　　B. Delphi 和 C　　C. C 和 C++　　D. C++和 Java

(2) C#语言取消了(　　)语法。

A. 循环　　B. 指针　　C. 判断　　D. 数组

(3) C#语言使用的开发平台是(　　)。

A. Visual C++　　B. Delphi 7

C. Visual Stdio .NET 2008　　D. TURBO C

(4) 保存所有打开的文件使用的快捷键是(　　)。

A. Ctrl+S　　B. Ctrl+Shift+F　　C. Ctrl+F　　D. Ctrl+Shift+S

(5) .NET 是一个用于建立应用程序的平台，它在内部封装了大量的功能强大的(　　)，利用这些函数可以开发各类 Windows 应用软件。

A. 运行时库(CLR)　　B. 应用程序接口函数(API)

C. 扩展标识语言(XML)　　D. 微软基础类(MFC)

(6) 在【属性】窗口单击(　　)按钮可以显示【事件】窗口。

A.　　B.　　C.　　D.

(7) 编写完程序后，按(　　)键运行程序。

A. F3　　B. F5　　C. F10　　D. F11

(8) 在程序中加入(　　)可以提高程序的可读性，使程序易于阅读和理解。

A. 编写思路　　B. 代码注释　　C. 编写要求　　D. 代码分析

3. 填空题

(1) C#语言是一种________和________编程语言。

(2) C#语言主要从________继承而来，同时吸收了________的优点。

(3) C#语言的________可以消除软件开发中的许多常见错误并提供了包括类型安全在内的完整的________。

(4) 在简化语法的同时，C#语言并没有失去________。

(5) .NET 开发平台向广大的程序员提供了功能强大的____________________________。

(6) .NET 的核心是____________________________。

(7) .NET Framework 主要由两部分组成，一部分是最基本的__________，另一部分是__________。

(8) 一个解决方案中可以包含多个项目，它使用户能够方便地组织__________以及配置__________。

4. 简答题

(1) 简述 C#语言的特点。

(2) 说明 Main 方法的作用。

第2章 常用标准控件

教学提示

控件是Visual Studio.NET编程的基础，也是Visual Studio.NET可视化编程的重要工具，更是面向对象编程和代码重用的典范。控件是构成用户界面的基本元素，要编写具有实用价值的应用程序，必须掌握控件的属性、事件和方法。本章将介绍Visual Studio.NET中常用控件的使用方法。

教学要求

知识要点	能力要求	相关知识
生成和调整控件	(1) 熟练掌握控件的生成 (2) 了解对控件的调整和布局	(1) 生成控件的步骤和方法 (2) 调整控件的步骤和方法
控件的使用	(1) 能够熟练创建常用标准控件 (2) 掌握控件的一般属性和特有属性 (3) 掌握常用标准控件的使用方法	(1) 创建各种控件的方法 (2) 如何设置控件的属性 (3) 各控件在程序中的应用

什么是控件？在窗体上用于输入/输出信息的图形或文字符号称为控件。有很多控件是Windows本身的资源，如本章要介绍的按钮、标签、文本框等。

2.1 生成和调整控件

1. 生成控件

当需要在窗体上生成一个控件时，只要单击工具箱中相应的按钮，然后在窗体上拖动出相应大小的矩形框，窗体上就会生成一个大小相对应的控件。

具体的操作过程如下。

(1) 单击工具箱中相应的工具按钮，这一按钮呈现被按下状态，表明被选定。

(2) 移动鼠标到窗体上，这时鼠标的指针变成十字形，在需要放置控件的左上角位置按下鼠标左键。

(3) 在窗体范围内向右下方向拖动鼠标，这时窗体上会显示一个矩形框，当其大小合适时，松开鼠标左键，窗体上会显示一个相应大小的控件。

另外一种快捷的方法是在工具箱中相应的工具按钮上双击某控件，窗体上会出现一个系统默认大小的所选控件。

2. 调整空间尺寸与位置

选中窗体上添加的控件后，在控件的四周出现的小矩形框称为尺寸手柄。可用这些尺寸手柄调节控件的尺寸，也可用鼠标、键盘和菜单命令移动控件、锁定和解锁控件位置以及调节控件位置。

选中控件，然后移动鼠标指向调节柄，这时鼠标指针会变成双箭头形，按住鼠标左键，拖动鼠标到相应的位置后松开，控件就被调节到相应大小。这种操作如同在 Windows 中调节一个窗口的大小一样。

移动鼠标指向控件中央位置，按住鼠标左键，向希望的方向移动鼠标，到相应的位置后松开，控件就被移动到相应位置。

比较精确地调整控件的尺寸和位置可以通过快捷键来实现。

(1) Ctrl+Shift+方向(←↑→↓)组合键用来调整控件的尺寸。

(2) Ctrl+方向(←↑→↓)组合键用来移动控件。

实际上也可以在选中控件后，直接在其属性窗口中修改 Size 属性和 Location 属性，从而达到调整控件尺寸与位置的目的。

Visual Studio.NET 提供了控件之间的对齐基准线，当移动一个控件到与另一个控件平行或垂直位置时，Visual Studio.NET 会自动将两个或多个控件对齐到同一直线。

3. 控件组的布局

在窗体上放置了许多控件之后，如何快速调整控件的布局，就成为提高编程效率的关键。有关控件的布局技巧主要有以下几个方面。

1) 快速生成多个控件

在工具箱中双击一个工具按钮，就会在当前窗体上生成一个默认大小的控件，这是一个快速生成多个控件的方法。

2) 调整叠放次序

如果两个控件的范围有重叠，则后放在窗体上的控件将被视为上层，而覆盖与它重叠的下层控件的部分。通过【格式】|【顺序】菜单命令，可以调整控件的上下层顺序。其中【置于顶层】将被选控件设置为上层(前景)，而【置于底层】将被选控件设置为下层(背景)。

3) 选定多个控件

如果要选择窗体上的多个控件，可以在选定其中一个后按住 Ctrl 键或 Shift 键，再选择其他控件。也可以在窗体上拖画出一个矩形框，框内的控件就都被选定了。同时被选定的多个控件可以被同时移动，也可以通过拖动调节柄的方法同时改变其尺寸。

4) 调整布局

调整选定的控件组的布局可以通过【格式】菜单下的命令，或通过布局工具栏上的按钮进行调整。如图 2.1 所示为布局工具栏。【格式】菜单下的每个命令，布局工具栏中都存在与之相对应的按钮。

图 2.1　布局工具栏

注意：若布局工具栏没有出现，可以通过选择菜单上的【视图】|【工具栏】|【布局】命令来显示工具栏。

5) 锁定控件

要锁定所有控件位置，可在窗体设计器中单击鼠标右键，并在弹出的快捷菜单中选择【锁定控件】命令。这个操作将把窗体上所有的控件锁定在当前位置，以防止已处于理想位置的控件因不小心而移动。本操作只锁住选定窗体上的全部控件，而不影响其他窗体上的控件。【锁定控件】命令也可用来解除对控件位置的锁定。

通过 Visual Studio.NET 提供的成员自动列表功能，能够很容易地找到合适的布局方法。布局方法对于控件来说是通用的，也就是说无论是文本框控件、标签控件或是按钮控件，它们都有类似的布局方法。除了布局外，控件的其他属性一般也存在对应的属性操作方法，可以用来在运行时设置属性值。

在 Visual Studio.NET 中可以使用剪切、复制、粘贴命令对已经生成的控件对象进行操作，这样可以创建与原来的一样的控件，这也是重复生成多个控件的一个好方法。

利用以上这些操作多控件的命令和方法，可以方便地创建和灵活安排控件组，从而使自己的应用程序更加标准和正规。

2.2　控件的使用

每一个控件在 Visual Studio.NET 中都是一个对象，而在使用这个对象的过程中通常要设置对象的属性以及建立事件。

属性是对象所具有的一些可描述的特点，如尺寸、颜色等。

事件：使对象对某些预定义的外部动作进行响应，如鼠标单击、鼠标双击等。

2.2.1　标签控件

标签(Label)控件是最简单的控件。一般来说，应用程序在窗体中显示静态文本时使用标签控件，在运行状态标签控件中的文本为只读文本，用户不能进行编辑。因此，通常有注释的功能。其他控件如 TextBox 可以用标签控件来显示信息提示。

一般情况，标签大约有 20 个左右的属性，这些属性中很多都是所有对象的共有属性，如 Text、Location.X(左上角 *X* 轴坐标)和 Location.Y(左上角 *Y* 轴坐标)、Height(高度)、Width(宽度)、BackColor(背景色)、Font(字体)、Visible(可见性)等。

1. Name(名称)

控件的名称用来标识一个控件，以便在程序代码中通过这个名称来使用控件。

2. Text(标题)

Text 属性用来设置控件显示的内容，通过更改它的值，可以使控件显示不同的内容。

3. Size(尺寸)

Size 属性用来指定控件的高度(Height)和宽度(Width)，它的单位为像素，即屏幕上的一个点。如屏幕分辨率为 1024×768 指的是屏幕水平方向有 1024 个点，垂直方向有 768 个点。在属性窗口中设置这个属性有 2 种方法。

(1) 直接在 Size 属性中输入宽和高的值，并用逗号将它们分开。

(2) 展开 Size 属性前面的加号，并在展开的 Width 属性和 Height 属性中分别输入宽和高的值，如图 2.2 所示。

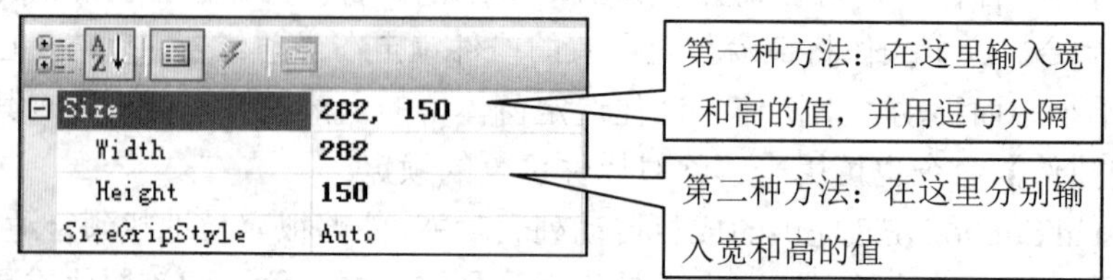

图 2.2　Size 属性

另外，也可以通过代码来改变当前控件的 Size 属性值：

```
this.Size = new Size(300, 200);
```

或直接访问 Width 属性和 Height 属性来改变窗体的宽度和高度。如：

```
this.Width = 300;
this.Height = 200;
```

4. Location(位置)

控件左上角相对于其容器左上角的坐标。程序设计中的屏幕坐标系统与数学中的几何坐标系统有所不同，当屏幕的分辨率为 1024×768 时，整个屏幕的左上角坐标为(0，0)，而右下角坐标为(1024，768)。也就是说屏幕坐标的 *Y* 轴方向与几何坐标的 *Y* 轴方向正好相反，如图 2.3 所示。

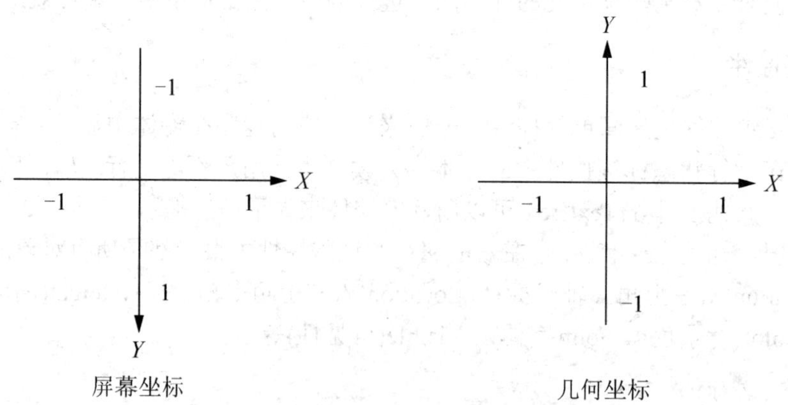

图 2.3　屏幕坐标和几何坐标

Location 属性的设置与 Size 属性的设置一样也有 2 种方法，即可以直接在 Location 属性中输入 *X* 和 *Y* 的坐标值，并用逗号分隔，也可以展开 Location 前面的加号并在 *X* 和 *Y* 内分别输入相应的坐标值，如图 2.4 所示。这里要注意，要使窗体按 Location 里的坐标值安置窗体，必须把窗体的 StartPosition 属性设置为 Manual。

可以通过代码来改变 Location 属性值：

```
this.Location = new Point(500,  500);
```

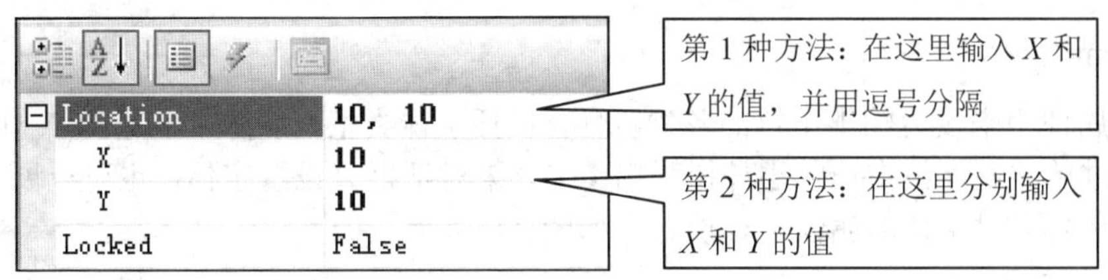

图 2.4　Location 属性

也可以直接访问 Top 属性和 Left 属性来改变窗体的 *X* 和 *Y* 的值。如：

```
this.Top = 500;
this.Left = 500;
```

5. BackColor(背景颜色)

BackColor 用来设置窗体的背景颜色(正文以外的显示区域颜色)，其值是一个 Color 类型值。Color 类型所表示的是一个 RGB 颜色值。在属性窗口中，可以通过单击属性值右边的有向下箭头的小按钮来选取一个颜色值。在弹出的颜色选择框内有 3 个选项卡：【系统】、【Web】、【自定义】，可以在里面单击选取不同的颜色，如图 2.5 所示。

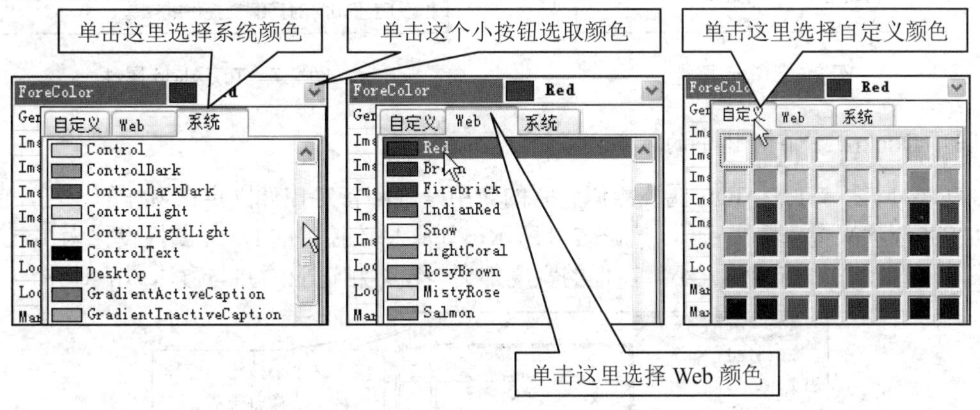

图 2.5　BackColor 属性

6. ForeColor(前景颜色)

ForeColor 用来定义控件的前景颜色(即文字的颜色)，其设置方法与 BackColor 属性相同。

7. Enabled(允许使用)

Enabled 属性用于设置对象是否可以使用，比如把窗体的 Enabled 属性设置为 false，将不能在窗体内做任何事情，甚至不能关闭窗体。它的值为 bool 类型，可以被设置为 true 或 false。可以通过如下代码来设置 Enabled 属性的值：

```
this.Enabled = false;
```

8. Visible(可见性)

Visible 属性用来设置控件的可见性。它的值为 bool 类型，如果将该属性设置为 false，则将隐藏该对象。

9. Font(字体)

Font 属性用来设置输出字符的各种特性，包括字体类型、字体大小等。在属性窗口中，既可以通过单击属性值右边的小按钮弹出【字体】对话框来设置字体，也可以展开 Font 属性左边的加号来对字体的属性进行设置，如图 2.6 所示。

10. TextAlign(文本对齐方式)

TextAlign 属性用于设定控件中显示文本的对齐方式，共有 3 个可选项：Left 表示左对齐，为系统默认值；Right 表示右对齐；Center 表示居中，如图 2.7 所示。

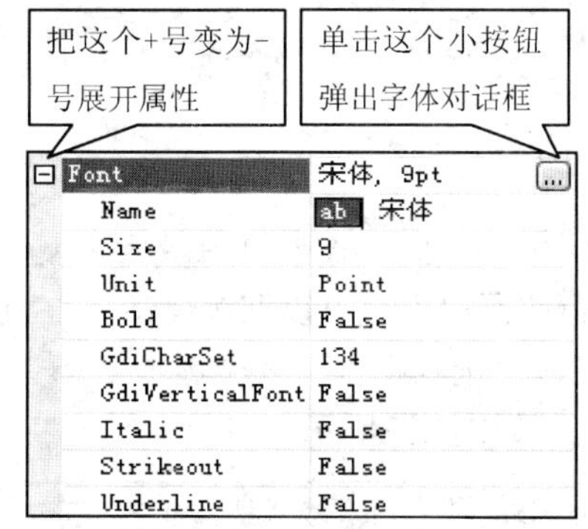

图 2.6　Font 属性

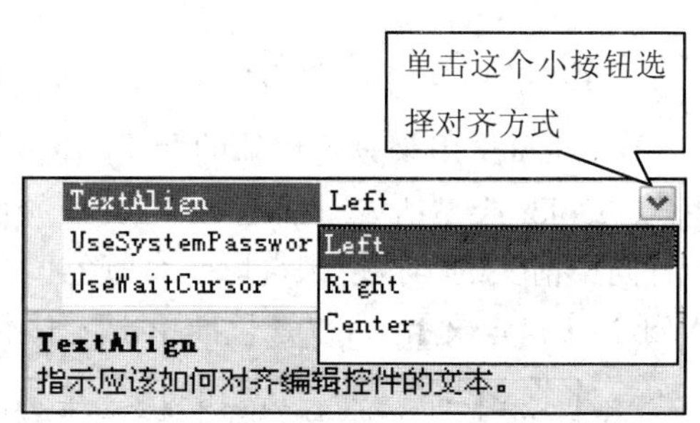

图 2.7　TextAlign 属性

11. Dock(控件在窗体中的对齐方式)

Dock 属性与 TextAlign 属性相似。它的作用是强制特定控件固定在窗体的一侧，或者使用 Fill 选项来覆盖整个窗体。如图 2.8 所示，如果将该控件的 Dock 属性设置为 Top，就会发现不管窗体如何调整大小，控件的宽度都会与窗体相适应，并与窗体顶部对齐。

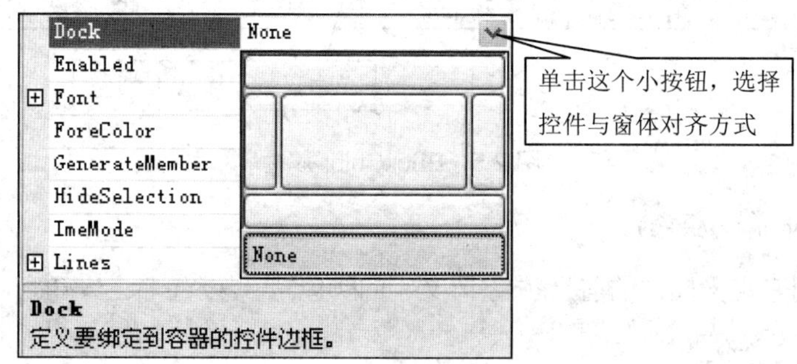

图 2.8　Dock 属性

12. BorderStyle(边框样式)

BorderStyle 属性用于设定标签的边框形式，共有 3 个设置值：None 表示无边框，FixedSingle 表示边框为单直线型，Fixed 3D 表示边框为凹陷型，该属性的默认值为 None。

13. AutoSize(根据内容调整标签)

AutoSize 属性用于设定标签的大小是否根据标签的内容自动调整。共有 2 个选项，true 表示自动调整大小，而 false 表示允许手动调整大小。

2.2.2　按钮控件

按钮(Button)控件是最常用的控件。一般来说，按钮控件允许用户通过单击来执行操作。每当用户单击按钮时，即调用 Click 事件处理程序。Click 事件可将代码放入 Click 事件处理程序来执行所选择的任意操作。按钮上显示的文本包含在 Text 属性中。如果文本宽度超出按钮宽度，则自动换行。但是，如果控件无法容纳文本的总体高度，则将剪裁文本。由于按钮的大部分属性已经在讲解标签控件时介绍，这里只介绍按钮的一个属性。

FlatStyle(按钮外观)：FlatStyle 属性可以设置按钮的外观。属性设置为 FlatStyle.Flat 时，按钮显示为 Web 风格的平面外观，当设置为 FlatStyle.Popup 时，当鼠标指针经过该按钮时它不再是平面外观，而是呈现标准的 Windows 按钮外观。

【例 2-1】 通过单击按钮改变标签显示内容的颜色、背景颜色和位置。

(1) 按 1.3.1 节中介绍的方法创建一个 Windows 应用程序，将项目名称命名为 ChangeColor。

(2) 将窗体 From1 的 Text 属性更改为【标签控制】，然后在窗体上放置 8 个 Button 控件，并分别按如图 2.9 所示的【标签控制】对话框进行摆放，按标注给每个 Button 重命名(修改 Name 属性)，按按钮上所显示的文字设置每个 Button 的 Text 属性。

(3) 添加 4 个 Label 控件，并按图 2.9 进行摆放，将最上方 Label 控件命名为“lblShow”，并将 Text 属性设置为【点击按钮观察我的改变】。

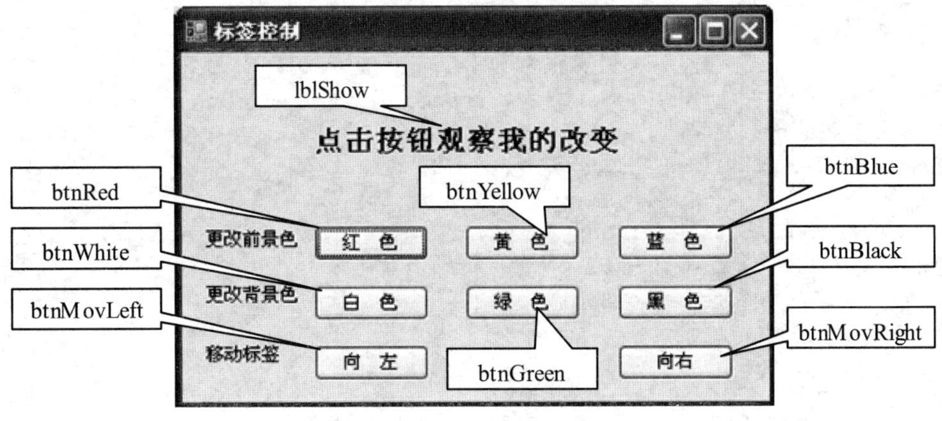

图 2.9　例 2-1 控件分布图

注意： 给控件命名时必须保持良好的习惯，控件命名使用驼峰(camel)命名法，首先书写控件名称简写，后面是描述控件动作或功能的英文单词，英文单词可以是一个也可以是多个。对控件的命名应该做到见名知意。这样命名主要是为了方便代码的交流和维护；不影响编码的效率，不与大众习惯冲突；使代码更美观、阅读更方便；使代码的逻辑更清晰、更易于理解。

(4) 双击每个按钮生成相应的 Click 事件，或者选择属性窗口的事件按钮，在可用事件的列表中，单击 Click 在事件名称右侧的框中输入事件处理程序的名称，然后按 Enter 键生成事件。

(5) 在每个事件方法中输入相应的代码，程序代码如下：

```
private void btnRed_Click(object sender, EventArgs e)
{    //改变前景色为红色
    lblShow.ForeColor = Color.Red;
}
private void btnYellow_Click(object sender, EventArgs e)
{    //改变前景色为黄色
    lblShow.ForeColor = Color.Yellow;
}
private void btnBlue_Click(object sender, EventArgs e)
{    //改变前景色为蓝色
    lblShow.ForeColor = Color.Blue;
}
private void btnWhite_Click(object sender, EventArgs e)
{    //改变背景色为白色
    lblShow.BackColor = Color.White;
}
private void btnGreen_Click(object sender, EventArgs e)
{    //改变背景色为绿色
    lblShow.BackColor = Color.Green;
}
private void btnBlack_Click(object sender, EventArgs e)
{    //改变背景色为黑色
    lblShow.BackColor = Color.Black;
}
private void btnMovleft_Click(object sender, EventArgs e)
{    //lblshow 标签控件向左移动 5 个坐标
    lblShow.Left = lblShow.Left - 5;
}
private void btnMovright_Click(object sender, EventArgs e)
{    //lblshow 标签控件向右移动 5 个坐标
    lblShow.Left = lblShow.Left + 5;
}
```

运行结果如下。

运行程序，单击设置前景色的【红色】、【黄色】和【蓝色】按钮观察 lblShow 的前景色的变化。单击设置背景色的【白色】、【绿色】和【黑色】按钮观察 lblShow 的背景色的变化。单击位置移动的【向左】和【向右】按钮观察 lblShow 标签控件的位置变化。

从本例可知，不仅可以在属性窗口中对控件的属性进行控制，还可以以代码的方式对属性进行设置，只需用控件名加上“.”号再加上属性名称就可以访问相应的属性值。

代码分析如下。

1～12 行代码演示了利用 ForeColor 属性更改标签控件的前景色。

13～24 行代码演示了利用 BackColor 属性更改标签控件的背景色。

25～32 行代码演示了利用 Left 方法更改标签控件的坐标。

2.2.3 文本框控件

文本框(TextBox)控件又称为文本框，是最常用的输入/输出文本数据的控件，也是应用程序设计中使用频率最高的控件，用户可以使用该控件编辑和显示文本。

文本框控件有如下特有的属性。

1. Maxlength

Maxlength 属性用于设定文本框中最多可容纳的字符数。当设定为 0 时，表示可容纳任意多个输入字符，最大值为 32 767。若将其设置为正整数值，则这一数值就是可容纳的最多字符数。

注意： 在使用中文时要注意一个汉字也是作为一个字符处理的，这和以前每个汉字作为两个字符处理是不同的，在使用中要特别注意。

2. MultiLine

MultiLine 属性用于设定文本框中是否允许显示和输入多行文本。它有两个选择值：当设为 true 时，表示允许显示和输入多行文本，当要显示或输入的文本超过文本框的右边界时，文本会自动换行，在输入时也可以按 Enter 键强行换行；当设为 false 时，不允许显示和输入多行文本，当要显示或输入的文本超过文本框的边界时，将只显示一部分文本，并且在输入时也不会对 Enter 键做换行的反应(该属性也可以通过单击在文本框控件上的小三角按钮进行设置)。

3. PasswordChar

PasswordChar 属性用于设定文本框是否用于输入口令类文本。对于设置输入口令的对话框，这一属性非常有用。当把这一属性设定为一个非空字符串时(如常用的“*”，或其他任意的字符)，运行程序时用户输入的文本只会显示这一非空字符，但系统接收的却是用户输入的文本。系统默认为空字符，此时用户输入的可显示文本将直接显示在文本框中。

说明： 如果将 Multiline 属性设置为 true，则设置 PasswordChar 属性不会产生任何视觉效果。如果对 PasswordChar 属性进行了设置，则不管将 Multiline 属性设置为 true 还是 false，均不允许使用键盘在控件中执行剪切、复制和粘贴的操作。

4. ReadOnly

ReadOnly 属性用于设定程序运行时能否对文本框中的文本进行编辑。这是一个布尔型的属性，当选择 true 时，表示运行程序时不能编辑其中的文本，当选择 false 时则相反，这是系统的默认值。

5. ScrollBars

ScrollBars 属性用于设置文本框中是否带有滚动条，有如下 4 个可选值。

None：表示不带有滚动条。

Horizontal：表示带有水平滚动条。

Vertical：表示带有垂直滚动条。

Both：表示带有水平和垂直滚动条。这一属性一般要和 Multiline 属性协调使用。

6. TabStop

TabStop 属性用于设定在运行时用户能否用 Tab 键跳入该文本框。它是一个布尔型的属性，当选择 true 时，表示可以跳入，当选择 false 时表示不能跳入，这时如果需要进入这一文本框，就需要用鼠标单击这一文本框。使用 Tab 键在窗体各控件上跳转是 Windows 的一个系统功能，跳转的顺序是由 TabIndex 属性来决定的。在进行应用程序界面设计时，特别是数据输入窗体界面设计时，应该设计好每个控件的跳转顺序，以方便用户通过无鼠标操作来快速地输入数据。

7. Text

Text 属性用于设置文本框中显示的文本。这是文本框的默认属性，也是最重要的属性。它可以在设计阶段进行设置，也可以在程序中设置，还可以在程序中使用这一属性取得当前文本框中的文本。

8. WordWrap

WordWrap 指示多行文本框控件在必要时是否自动换行到下一行的开始。如果多行文本框控件可以换行，则属性值为 true；如果当用户输入的内容超过了控件的右边缘时，文本框控件自动水平滚动，则为 false。默认值为 true。如果此属性设置为 true，则不管 ScrollBars 属性设置什么，都不会显示水平滚动条。

9. SelectionStart

SelectionStart 用于获取或设置文本框中选定的文本起始点。属性值为文本框中选定文本的起始位置。如果控件中没有选择任何文本，则此属性指示新文本的插入点。如果将此属性设置为超出了控件中文本长度的位置的值，则选定文本的起始位置将放在最后一个字符之后。

10. AcceptsReturn

如果 AcceptsReturn 属性为 true 且文本框占多行，那么按 Enter 键就会创建新一行。如果为 false，按 Enter 键就会单击窗体的默认按钮。

【例 2-2】通过文本框和按钮控件制作用户登录测试。

(1) 按 1.3.1 小节介绍的方法创建一个 Windows 应用程序，将项目名称命名为 LoginDemo。

(2) 将窗体 Form1 的 Text 属性更改为【登录测试】，然后在窗体上放置 3 个 TextBox 控件，并分别按如图 2.10 所示进行摆放，按标注修改 Name 属性，将 txtUser 的 Maxlength 属性设置为 8，txtPwd 的 Maxlength 属性设置为 6，txtWelcome 的 ReadOnly 属性设置为 true，MultiLine 属性设置为 true。

(3) 添加 3 个 label 控件，并按如图 2.10 所示的【登录测试】对话框进行摆放，按标签上所显示的文字设置每个 label 的 Text 属性。

(4) 添加 1 个 Button 控件并按如图 2.10 进行摆放，按标注修改 Name 属性，按标签上所显示的文字设置 Text 属性。

(5) 双击【点击登录】按钮生成相应的 Click 事件。

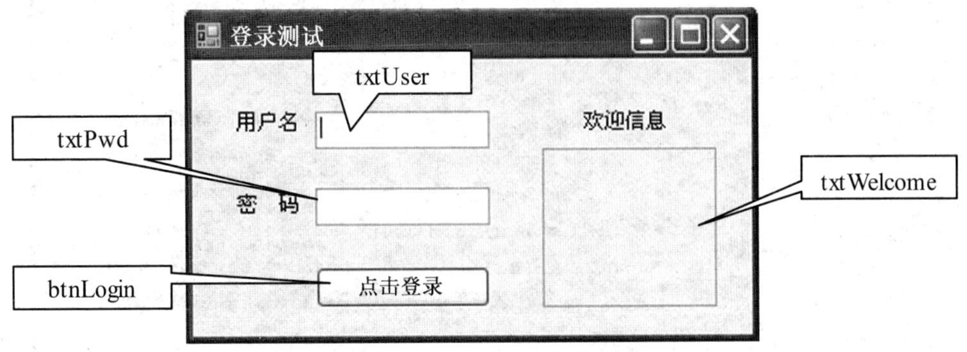

图 2.10　【登录测试】对话框

(6) 在事件方法中输入相应的代码，程序代码如下：

```
1  private void btnLogin_Click(object sender, EventArgs e)
2  {
3      txtWelcome.Text = "欢迎" + txtUser.Text + "您登录的密码是" + txtPwd.Text;
4  }
```

运行结果：

运行程序，分别在 txtUser 和 txtPwd 输入用户名和密码后单击【点击登录】按钮，则将在 txtWelcome 文本框中显示欢迎信息。

代码分析：

第 3 行代码演示了如何提取文本框内的字符并将它与其他字符结合显示在另一文本框内。

2.2.4　MSDN 的使用

上一章中已经对 MSDN Library 的安装进行过介绍，本小节将对 MSDN 的使用做一个简单的介绍。

MSDN(Microsoft Developer Network)是使用微软开发工具进行开发所必备的参考资料，它是十分全面的联机帮助文档，包含了微软最新的软件编程技术，有 MFC 的全部内容，并对每个函数、类都做了充分详细的解释。

当程序员在进行开发时遇到一些类或者方法等方面的问题时，想知道如何入门，可以通过以下两种方法进入 MSDN，第 1 种方法是在 Visual Studio 2008 的主界面窗口上按 F1 键；第 2 种方法是使用【帮助】|【索引】菜单可进入到 MSDN 的主界面进行查找：输入要查找的关键字，通常是函数名或类名，便可得到相应的用法说明。

【例 2-3】通过按钮控件弹出消息框，并在文本框获取返回值。

本例中要通过单击按钮弹出消息框，但由于消息框不属于工具箱控件，并不能直接生成使用，为了让读者能更全面地了解消息框的使用，可以利用刚刚提到的 MSDN 搜索消息框的相应用法、函数的类型。如图 2.11 所示，在查找栏中输入“消息框”便可得到消息框的多种用法。

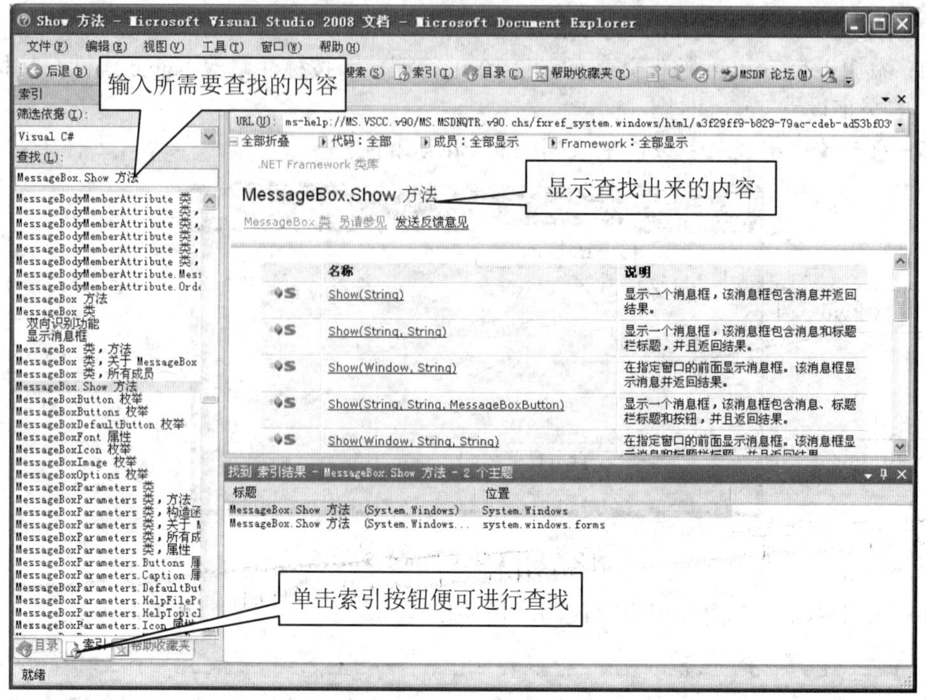

图 2.11　MSDN 操作界面

消息框(MessageBox)能根据程序员的编程需要，在应用软件使用过程中弹出消息框，显示相应的提示信息以及选择按钮，使用户可以选择不同的操作，然后通过用户的操作返回一个值，代表用户单击了哪个按钮，主要的方法是 MessageBox.Show。

MessageBox.Show 方法的重载类型较多，其常用的函数原型为：

```
MessageBox.Show(Text, Caption, Buttons, Icon, DefaultButton)
```

参数说明如下。

(1) Text：必选项，消息框的正文。

(2) Caption：可选项，消息框的标题。

(3) Buttons：可选项，消息框的按钮设置，默认为只显示【确定】按钮。

例如 MessageBoxButtons.OK 只显示【确定】按钮。

更多的按钮参数设置见表 2-1。

表 2-1　按钮参数设置

参　数	作　用
OK	只显示【确定】按钮
OKCancel	显示【确定】和【取消】按钮
AbortRetryIgnore	显示【终止】、【重试】和【忽略】按钮
YesNoCancel	显示【是】、【否】和【取消】按钮
YesNo	显示【是】和【否】按钮
RetryCancel	显示【重试】和【取消】按钮

(4) Icon：对话框中显示的图标样式默认为不显示任何图标。

例如 MessageIcon.Question 显示问号图标。

常用的图标样式参数设置见表 2-2。

表 2-2　常用的图标样式参数设置

参　　数	图 标 类 型
Question(提问)	?
Information(信息)	i
Error(错误) Stop(停止)	⊗
Warning(警告)	!
None	不显示任何图标

(5) DefaultButton：可选项，对话框中默认选中的按钮设置。DefaultButton 默认按钮参数设置见表 2-3。

表 2-3　Default 默认按钮参数设置

参　　数	作　　用
DefaultButton1	第 1 个 button 是默认按钮
DefaultButton2	第 2 个 button 是默认按钮
DefaultButton3	第 3 个 button 是默认按钮

当用户单击弹出的消息框的某个按钮时，系统会自动返回一个 DialogResult 枚举类型值，使用这个值可进一步完善程序的编程操作。返回值可包括表 2-4 中 Show 方法的返回值。

表 2-4　Show 方法的返回值

返 回 值	说　　明
Abort	通常从标签为【中止】的按钮发送
Cancel	通常从标签为【取消】的按钮发送
Ignore	通常从标签为【忽略】的按钮发送
No	通常从标签为【否】的按钮发送
None	从对话框返回了 Nothing，这表明有模式对话框继续运行
OK	通常从标签为【确定】的按钮发送
Retry	通常从标签为【重试】的按钮发送
Yes	通常从标签为【是】的按钮发送

可以通过以下代码获取消息框的返回值：

```
DialogResult dr = MessageBox.Show();
textBox1.Text = dr.ToString();
```

(1) 新建一个 Windows 应用程序，将项目名称命名为 MessageBoxTest。

(2) 将窗体 Form1 的 Text 属性更改为【消息框测试】，然后在窗体上放置 6 个 Button 控件并分别按如图 2.12 所示的【消息框测试】对话框进行摆放，按标注修改每个 Button 的 Name 属性。按标签上所显示的文字修改每个 Button 的 Text 属性。

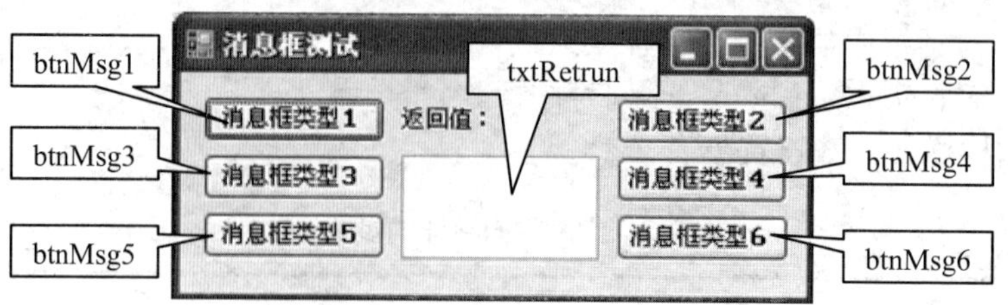

图 2.12　【消息框测试】对话框

(3) 添加 1 个 TextBox 控件，并按如图 2.12 所示的【消息框测试】对话框进行摆放，按标注修改 TextBox 的 Name 属性。

(4) 添加 1 个 label 控件，并按如图 2.12 所示的【消息框测试】对话框进行摆放，按标签上所显示的文字修改 label 的 Text 属性。

(5) 双击每个按钮生成相应的 Click 事件。

(6) 在每个事件方法中输入相应的代码，程序代码如下：

```
private void btnMsg1_Click(object sender, EventArgs e)
{
    DialogResult dr = MessageBox.Show("消息内容", "返回值 确定 1",
        MessageBoxButtons.OK, MessageBoxIcon.Question);
    txtReturn.Text = dr.ToString();
}
private void btnMsg2_Click(object sender, EventArgs e)
{
    DialogResult dr = MessageBox.Show("消息内容", "返回值 确定 1 取消 2",
        MessageBoxButtons.OKCancel, MessageBoxIcon.Asterisk);
    txtReturn.Text = dr.ToString();
}
private void btnMsg3_Click(object sender, EventArgs e)
{
    DialogResult dr = MessageBox.Show("消息内容",
        "返回值 终止 3 重试 4 忽略 5",
        MessageBoxButtons.AbortRetryIgnore,
        MessageBoxIcon.Error);
    txtReturn.Text = dr.ToString();
}
private void btnMsg4_Click(object sender, EventArgs e)
{
    DialogResult dr = MessageBox.Show("消息内容",
        "返回值 是 6 否 7 取消 2", MessageBoxButtons.YesNoCancel,
        MessageBoxIcon.Exclamation);
    txtReturn.Text = dr.ToString();
}
private void btnMsg5_Click(object sender, EventArgs e)
{
    DialogResult dr = MessageBox.Show("消息内容", "返回值 是 6 否 7",
        MessageBoxButtons.YesNo, MessageBoxIcon.Hand);
    txtReturn.Text = dr.ToString();
}
```

```
private void btnMsg6_Click(object sender, EventArgs e)
{
    DialogResult dr = MessageBox.Show("消息内容", "返回值 重试4 取消2",
        MessageBoxButtons.RetryCancel, MessageBoxIcon.Information);
    txtReturn.Text = dr.ToString();
}
```

运行结果：

运行程序，单击消息框测试中的几种消息框类型按钮弹出不同的消息框类型，并在返回值中获取所选择的按钮。

代码分析：

消息框的返回值是一个 DialogResult 枚举类型，声明一个 DialogResult 类型的实例 dr 用于存放消息框的返回值，并通过 dr.ToString( )将其显示在文本框内。

2.2.5　计时器

计时器(又称时钟，Timer)是一个非可视控件，在工具箱的组件栏可以找到。它能有规律地以一定的时间间隔激发计时器事件而执行相应的程序代码。

Timer 控件的 Interval 属性表示两个计时器事件之间的时间间隔，其值以 ms(毫秒)为单位。如果希望每 1s 产生一个计时器事件，那么 Interval 属性值应设置为 1000。

Enabled 决定 Timer 控件的激活状态。如果 Enabled 的值为 true，计时器将每隔 Interval 所指示的时间数触发一次计时器事件 Tick，这个事件也是 Timer 控件的唯一事件。

【例 2-4】Timer 的使用。

操作步骤如下。

(1) 新建一个 Windows 应用程序项目，并命名为 TimerDemo。

(2) 把窗体命名为 frmTimer，Text 属性设置为【Timer 的使用】。

(3) 在窗体上放置一个 Button，命名为 btnMove，Text 属性设置为【动起来】。

(4) 在窗体上放置一个 Label，命名为 lblLogo，把它的 BackColor 属性设置为 Orange；Text 属性设置为【移动的标签】。

(5) 从【工具箱】的【组件】栏中向窗体拖入一个 Timer 控件。所有控件的摆放位置如图 2.13 所示。

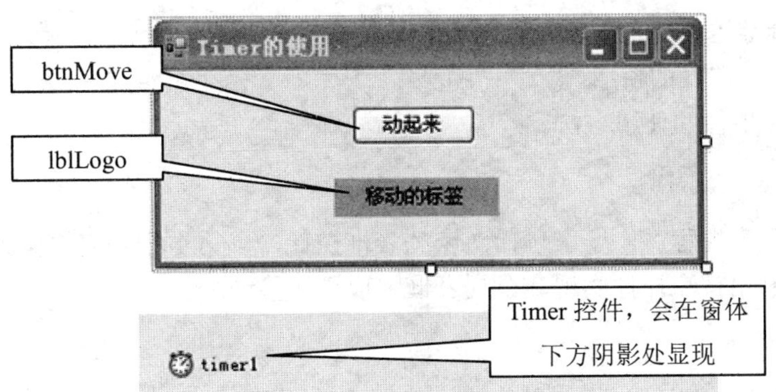

图 2.13　【例 2.4】控件分布图

(6) 双击窗体，生成一个窗体的 Load 事件。双击按钮生成一个 Click 事件，生成 timer 控件的 Tick 事件，打开代码窗口，在其中输入如下代码：

```
1 private int direction = 5;
2 private void btnMove_Click(object sender, EventArgs e)
3 {   //启动定时器
4     timer1.Enabled = true;
5 }
6 private void timer1_Tick(object sender, EventArgs e)
7 {   //如果 lblLoge 移动时超出窗体边界
8     if (lblLogo.Left <= 0 || lblLogo.Right >= this.Width)
9     {   //改变 lblLogo 的移动方向
10        direction = -direction;
11    }
12    lblLogo.Left -= direction; //通过改变 Left 属性移动 lblLogo
13 }
```

运行结果：

运行程序，单击【动起来】按钮，让标签控件在窗体内自动移动，在组合框内选择不同的项，查看效果上的变化。

代码分析：

第 1 行代码给主窗体声明了一个成员变量 direction，并把它的初值设置为 5，表示标签每次移动的距离，可以修改这个数值。

第 8 行判断标签控件是否超出窗体的左边界或右边界，lblLogo.Right 表示标签的右边距窗体左边界的距离。

本例使用了一些后面章节才讲述的内容，读者在这里只需关注 Timer 控件的使用。

实 训 指 导

1. 实训目的

(1) 常用标准控件的各种特性和用途。
(2) 常用标准控件的使用。
(3) ListBox 控件的使用方法。

2. 实训内容

创建一个列表框程序，要求包括 2 个列表框控件，以第 1 个列表框作为默认的添加和删除选项，并利用按钮控件实现 2 个列表框中项目的移动。

3. 实训步骤

(1) 新建一个 Windows 应用程序，并把项目命名为 Exp2。
(2) 将窗体 From1 的 Text 属性更改为【选项移动】，然后在窗体上放置 2 个 ListBox 控件，并分别按如图 2.14 所示的实训控件分布图进行摆放，按标注给每个 ListBox 重命名(修改 Name 属性)。

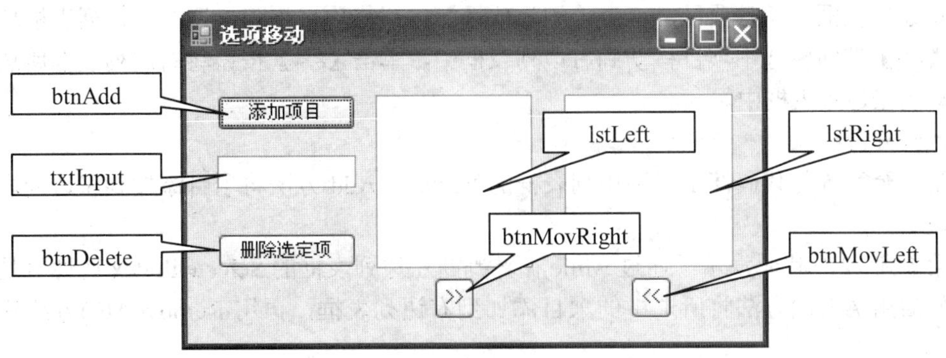

图 2.14　实训项目控件分布图

(3) 添加 4 个 Button 控件，并按如图 2.14 所示的实训控件分布图进行摆放，按标注给每个按钮重命名(修改 Name 属性)，按标签上所显示的文字设置每个按钮的 Text 属性。

(4) 添加 1 个 TextBox 控件，并按如图 2.14 所示的实训控件分布图进行摆放，按标注给 TextBox 重命名(修改 Name 属性)。

(5) 双击各个按钮生成 Click 事件，并插入如下代码：

```
private void btnAdd_Click(object sender, EventArgs e)
{  //在左边列表框添加文本框输入项目
    lstLeft.Items.Add(txtInput.Text);
    txtInput.Text = "";
}
private void btnMovRight_Click(object sender, EventArgs e)
{  //设计一个循环选择多项
    while (lstLeft.SelectedIndex > -1)
    { //在右边的列表框添加左边列表框选中的选项，移动后删除左边列表框选中项
        lstRight.Items.Add(lstLeft.Items[lstLeft.SelectedIndex]);
        lstLeft.Items.RemoveAt(lstLeft.SelectedIndex);
    }
}
private void btnMovLeft_Click(object sender, EventArgs e)
{
    while (lstRight.SelectedIndex > -1)
    { //在左边的列表框添加右边列表框选中的选项，移动后删除右边列表框选中项
        lstLeft.Items.Add(lstRight.Items[lstRight.SelectedIndex]);
        lstRight.Items.RemoveAt(lstRight.SelectedIndex);
    }
}
private void btnDelete_Click(object sender, EventArgs e)
{  //删除左边列表框选中项
    lstLeft.Items.RemoveAt(lstLeft.SelectedIndex);
}
```

运行结果：

运行程序，在文本框输入字符串后单击【添加项目】按钮在左边列表框添加一个项目，选中左边列表框中任意项目，单击【删除项目】按钮将项目删除。选中左边列表框项目，单击【>>】按钮将选中项目移动到右边列表框中，单击【<<】按钮将右边列表框所选中项目移动到左边列表框中。

代码分析：

第 1 至第 5 行代码演示了利用列表框的 Items 的 Add 方法将项目添加到左边列表框的过程。

第 6 到 12 行代码演示了通过 while 循环判断左边列表框的 SelectedIndex 属性值是否为-1，然后用 Add( )方法将所选中的项目添加到右边列表框，再用 RemoveAt( )方法移除所选项。

第 22 到 25 行代码演示了利用列表框的 Items 的 RemoveAt( )方法删除左边列表框选中的项目。

本 章 小 结

本章主要向读者介绍了 Visual C#.NET 中常用标准控件以及消息框的使用方法并通过实例讲解了如何将常用标准控件应用到编程当中去。掌握并灵活运用本章所学内容至关重要，后续章节将进一步介绍使用控件进行编程的学习方法。

习　　题

1. 判断题

(1) 锁定控件操作不能锁定全部控件。 (　　)
(2) 标签控件是用来显示动态文本的。 (　　)
(3) 需要文本框多行显示可以修改 MultiLine 属性为 true。 (　　)
(4) 单击控件可以生成控件的 Click 事件。 (　　)
(5) 文本框是应用程序设计中使用率最高的控件。 (　　)
(6) 修改 SelectionIndices 属性可以在列表框选择多个项目。 (　　)
(7) 文本框可以通过修改 Text 属性修改文本框内容。 (　　)
(8) MessageBoxButtons 默认为只显示【确定】按钮。 (　　)

2. 选择题

(1) 最简单的控件是(　　)。
A. 标签控件　B. 按钮控件　C. 文本框　D. 列表框
(2) 修改控件的 BackColor 属性可改变控件的(　　)。
A. 大小　B. 前景色　C. 背景色　D. 长宽

(3) 修改(　　)属性可修改按钮控件的外观。

A. BorderStyle　　B. FlatStyle　　C. BackColor　　D. foreColor

(4) 设置文本框的(　　)属性用于输入口令类的文本。

A. Name　　B. ReadOnly　　C. Text　　D. PasswordChar

(5) 在列表框控件中，修改(　　)属性可预设列表框中显示的项目。

A. Items　　B. DataSource　　C. SelectionMode　　D. Sorted

(6) 在设计器中双击按钮控件能生成(　　)事件。

A. DoubleClick　　B. Click　　C. Enter　　D. Change

(7) MessageBox.Show(Text, Title, Buttons, Icon, Default)方法中，修改消息框的标题可以设置哪个参数？(　　)

A. Text　　B. Title　　C. Buttons　　D. Icon

(8) 消息框的按钮显示为 “是”和“否”，应将 Buttons 设置为(　　)。

A. MessageBoxButtons.OKCancel　　B. MessageBoxButtons.YesNoCancel

C. MessageBoxButtons.YesNoCancel　　D. MessageBoxButtons.YesNo

3. 填空题

(1) 在窗体上用于________的图形或文字符号称为控件。

(2) ________是对象所具有的一些可描述的特点。

(3) 使对象对某些预定义的外部动作进行响应称为________。

(4) 设置________属性可以调整文本对齐方式。

(5) Button 控件最常用的事件是________。

(6) 用户可以使用________控件编辑和显示文本。

(7) 在 Windows 中，使用列表框输入数据是________的重要手段。

(8) MessageBox 最常用的方法是________。

4. 简答题

(1) 简述生成控件的操作过程。

(2) 消息框有多少种 Button 参数设置？

5. 编程题

(1) 设计一个应用程序，通过单击按钮改变标签显示内容的颜色为“紫色”、“深蓝”，背景颜色为“粉红”、“橙色”并使标签的位置上下移动。

(2) 设计一个应用程序，通过单击按钮改变当前按钮的位置。

(3) 编写一个程序：要求将一个人的姓名、电话、通信地址作为输入项，单击【提交】按钮在文本框显示这个人的联系信息。

(4) 设计一个列表框程序，要求利用文本框添加项目到右边的列表框，通过按钮控件实现 2 个列表框之间进行的项目转换。

(5) 设计一个消息框程序，要求显示 5 种常用的消息框类型。

第3章 数据类型

教学提示

变量实际指向一个存储了数据值的内存地址，变量的数据类型决定了如何将这些数据值存储到内存中，不同的数据类型占用不同大小的内存空间，使用时要根据数据选择合适的数据类型，有时根据需要将类型数据进行转化。

教学要求

知识要点	能力要求	相关知识
标识符和关键字	(1) 掌握标识符的含义及命名规范 (2) 掌握 C#中的关键字	(1) 规范命名的意义 (2) 标识符命名规范
常量与变量	(1) 能够声明变量并给变量赋值 (2) 能够声明常量并给常量赋值	(1) 强类型语言的含义 (2) 变量的使用方法 (3) 常量的使用方法
整型数据	(1) 能够正确书写各种整型常量 (2) 掌握各整数类型的大小和取值范围 (3) 能够在各种进制中对整数进行转换	(1) 整型常量的两种表现形式 (2) 整型常量后缀的使用 (3) 各种进制间相互转换的方法
实型数据	(1) 能够正确书写各种实型常量 (2) 掌握各实数类型的取值范围和精度 (3) 掌握浮点型和 decimal 类型之间的区别	(1) 实型常量的两种表现形式 (2) IEEE754 标准 (3) 银行家舍入法
字符型及字符串	(1) 能够正确使用转义字符 (2) 掌握判断字符类型的方法 (3) 掌握字符和字符串的区别	(1) 转义字符的使用方法 (2) 字符的常用方法 (3) 字符串的常用方法
数据转换	(1) 能够正确使用隐式数值转换 (2) 能够正确使用显式数值转换	(1) 隐式数值转换的原则 (2) 数值转换的方法

什么是数据类型？就像在学校中为师生安排宿舍一样，有男教师、女教师、男学生、女学生几种不同类型的人员，必须为他们分别安排合适的宿舍，否则就会很难管理。在计算机中，应用程序也是要处理各种不同类型的数据，如整数、小数和字符等，这些就称为数据类型。

先来认识几个最常见的数据类型。

(1) int：表示整数，如 1、20、-999。

(2) double：表示实数，如 2.5、3.1415926。

(3) bool：表示一个布尔值，只有两种值，即真(true)和假(false)。

(4) char：表示字符，如'a'、'3'、'&'。

(5) string：表示字符串，如"abcdef"、"你好，世界！"。

3.1 关键字和标识符

1. 关键字(keyword)

上面讲到“int”表示一个整数，这说明“int”对于 C#编译器来说有着特定的含义，它代表了整数类型。C#中一些被赋予特定的含义、具有专门用途的字符串称为关键字(又称保留字)。表 3-1 列出了 C#的关键字。

表 3-1 C#的关键字

abstract	as	base	bool	break
byte	case	catch	char	checked
class	const	continue	decimal	default
delegate	do	double	else	enum
event	explicit	extern	false	finally
fixed	float	for	foreach	goto
if	implicit	in	int	interface
internal	is	lock	long	namespace
new	null	object	operator	out
override	params	private	protected	public
readonly	ref	return	sbyte	sealed
short	sizeof	stackalloc	static	string
struct	switch	this	throw	true
try	typeof	unchecked	uint	ulong
unsafe	ushort	using	virtual	void

2. 标识符(identifier)

C#语言对各种变量、方法和类等要素命名时使用的字符序列称为标识符。可以这样理解，凡是可以自己起名字的地方都称为标识符，都遵守标识符的规则。如在第一个程序“Hello World!”中：

```
Console.WriteLine("Hello World! ");
```

Console 和 WriteLine 都是标识符，Console 是类名，WriteLine 是方法名。

C#标识符命名规则如下。

(1) 不能与系统关键字重名。

(2) 标识符由字母、下划线、数字或中文组成。

(3) 标识符应以字母、中文或下划线开头。

(4) 标识符中间不能包含空格。

(5) C#标识符对大小写敏感。

例如下面的标识符：

```
numberOfStudent, i, a12, 张三, Stu_Name, _name    //合法
$a, abc#              //不合法，特殊字符只能使用下划线
2count                //不合法，以数字开头
string, return        //不合法，与系统关键字重名
```

注意：一般情况下，尽管可以这样做，也不要使用中文命名标识符。尽量起有意义的名字，做到见名知意。比如看到 studentCount 就立刻可以想到它表示学生的人数。而 X9ad 就不是一个好名称，猜不透它是代表一个序列号、一个商标、还是一种机器名。这样的名字会给阅读代码的人带来困惑。

3.2 常量与变量

一个程序要运行，就要先描述其算法。描述一个算法应先说明算法中要用的数据，数据以常量或变量的形式来描述。每个常量或变量都有数据类型。

3.2.1 变量

1. 变量的含义

顾名思义，在程序运行过程中，其值可以改变的量称为变量。变量是存储信息的单元，它对应于某个内存空间，用变量名代表其存储空间。程序能在变量中存储值和取出值。这好比超市的货架(内存)，货架上摆放着商品(变量)，当商品卖出后可以在货架上摆上其他的商品。

2. 变量的声明和赋值

C#语言是强类型语言。强类型语言要求程序设计者在使用数据之前必须对数据的类型进行声明。使用强类型语言有很多好处，例如，错把一个字符串当做整数，编译器就会产生错误信息提示。在程序设计中很多的错误是发生在数据类型的误用上的，强类型语言能够检查出尽可能多的数据类型方面的错误。另一方面使用强类型语言也能更清楚地表达作者的意图，使代码更具可读性。

变量用来存放数据，在使用变量前必须对它进行声明。变量声明的一般形式为：

类型 变量名

如：

```
int i;                      //声明一个整型变量 i
string studentName;         //声明一个字符串变量 studentName
```

可以把相同类型的变量声明在一起，相互之间用逗号分隔。如：

```
int i, j, k;                          //声明 3 个整型变量 i、j、k
string studentName, teacherName;      //声明 2 个字符串变量
```

可以在声明变量的同时对它进行赋值，这又称为初始化。用赋值运算符“=”给变量赋值，如：

```
int i = 100;                  //声明一个整型变量i，并把它的初值设为100
int i=50, j=60, k = 100;      //声明3个整型变量并分别赋值
int i, j, k = 100;            //只给k赋了值，i和j只声明没有赋值
```

如果多个变量的值相同，也可以这样写：

```
int i, j, k;                  //声明3个变量
i = j = k = 100;              //给3个变量同时赋值，使它们的值都为100
```

变量在使用之前必须先对其进行初始化，初始化之后可以多次改变它的值。变量在声明之后，使用它不需要再次声明。

【例 3-1】控制台应用程序示例代码。

```
int i;                      //声明一个变量i，此时它的值为空，必须赋值后才能使用
i = 100;                    //把值100赋给i
Console.WriteLine(i);       //打印i的值
i = 200;                    //i的值变为200
i = 300;                    //i的值变为300
Console.WriteLine(i);       //打印i的值
```

运行结果：

```
100
300
```

代码分析：

第1次打印i时，i的值为100。第2次打印i时，之前分别给i赋值为200和300，这时取最近一次i的值，打印结果为300。

3.2.2 常量

1. 常量的含义

在数学运算中，经常要用到圆周率，假设在程序中大量地使用圆周率进行计算，就可以声明一个常量来代替圆周率。一方面可以防止诸如把3.141 59写成3.141 56的错误，保证整个程序使用的都是同一个圆周率；另一方面假设由于要求更高的精度，需要把原来使用的3.14改为3.141 592 6，这时只需更改常量的声明就可以在整个程序中使用更高精度的圆周率了，这样使得程序的维护变得非常简单。

在程序运行过程中，其值不能被改变的量称为常量。使用常量可以提高代码的可读性并使代码更易于维护。常量是有意义的名称，用于代替在应用程序的整个执行过程中都保持不变的数字或字符串。

常量区分不同的类型，如12、0、−9为整型常量，4.23、−69.5为实型常量，'b'、'5'、'&'为字符常量，"你好世界！"为字符串常量。也可以用一个标识符代表一个常量，这就需要对常量进行声明。

【例 3-2】控制台应用程序示例代码。

```
const string HELLO_WORLD = "你好世界！";   //声明一个字符串常量
Console.WriteLine(HELLO_WORLD);            //在程序中使用常量
```

此例用一个标识符“HELLO_WROLD”代表一个常量，这种标识符形式的常量称为符号常量。

2. 常量的声明

常量的一般书写方式如下：

```
const 类型 常量名 = 表达式
```

(1) 类型只能是数值或字符串。

(2) 常量名应该全部使用大写，每个单词之间用下划线分隔便于程序员很容易地认出常量。

(3) 表达式是必需的，即在声明常量的同时必须给它赋值。表达式可以是一个值，也可以是一个算术表达式，其中不能包含变量，但可以包含其他符号常量。例如：

```
const double PI=3.1415926;       //代表圆周率
const int MOMTH_IN_YEAR=12;      //代表一年有 12 个月
const double MY_VALUE=3 * PI;    //可以包含符号常量
int i = 1;                       //声明一个变量
const int CONST_I = i+10;        //错误，不能包含变量
```

3.3 整 型 数 据

3.3.1 整型常量

整型常量即整常数。C#语言整常数可用以下两种形式表示。

(1) 十进制整数，如 365、-36、0。

(2) 十六进制整数。以数字“0”加上字母“x”或“X”开头的数是十六进制数，如：0xA 表示十进制的 10；-0x100 表示十进制的-256；0x9c 和 0X9C 都表示十进制的 156。

3.3.2 整型变量

C#语言中包含表 3-2 中的 9 种整数类型。

表 3-2 整数类型列表

类 型	说 明	取 值 范 围	其 他 名 称
sbyte	8 位有符号整数	-128～127	
byte	8 位无符号整数	0～255	
char	16 位 Unicode 字符	0～65 535	
short	16 位有符号整数	-32 768～32 767	Int16
ushort	16 位无符号整数	0～65 535	UInt16
int	32 位有符号整数	-2 147 483 648～2 147 483 647	Int32
uint	32 位无符号整数	0～4 294 967 295	UInt32
long	64 位有符号整数	-9 223 372 036 854 775 808～9 223 372 036 854 775 807	Int64
ulong	64 位无符号整数	0～18 446 744 073 709 551 615	UInt64

其中 char 是字符类型(本章后面会详细介绍),它的本质就是一个 16 位无符号整数。char 类型的字符集与 Unicode 字符集相对应。虽然 char 的表示形式与 ushort 相同，但是一种类型上允许实施的所有操作并非都可以用在另一种类型上。

整型常量可以使用字母“L”和“U”所组成的后缀，“U”代表无符号，“L”代表 64 位整数，如-125U、250UL。另外在代码中使用整型常量 1 时，由于 1 符合以上任一种整数类型(char 除外)的取值范围，编译器会把它当做哪一种整型呢？请参考以下规则。

(1) 如果该整数没有后缀，则它属于以下所列的类型中第 1 个能够表示其值的那个类型：int、uint、long、ulong。这表示编译器会把 1 当做 int 类型，而把 2147483648 当做 uint 类型，显然 2147483648 已经超出了 int 的取值范围。

(2) 如果该整数带有后缀 U 或 u,则它属于以下所列的类型中第 1 个能够表示其值的那个类型：uint，ulong。

(3) 如果该整数带有后缀 L 或 l，则它属于以下所列的类型中第 1 个能够表示其值的那个类型：long，ulong。

(4) 如果该整数带有后缀 UL、Ul、uL、ul、LU、Lu、lU 或 lu，则它属于 ulong 类型。

注意：尽量使用大写“L”而不是小写“l”做后缀。小写字母“l”容易与数字“1”混淆。

各种整型的取值范围不需要死记硬背，可以通过 MinValue 属性和 MaxValue 属性取得。

【例 3-3】控制台应用程序示例代码。

```
Console.WriteLine("byte 的最小值为: " + byte.MinValue +
    "  最大值为: " + byte.MaxValue);
Console.WriteLine("int 的最小值为: " + int.MinValue +
    "  最大值为: " + int.MaxValue);
Console.WriteLine("long 的最小值为: " + long.MinValue +
    "  最大值为: " + long.MaxValue);
```

运行结果如图 3.1 所示。

```
byte的最小值为: 0  最大值为: 255
int的最小值为: -2147483648  最大值为: 2147483647
long的最小值为: -9223372036854775808  最大值为: 9223372036854775807
```

图 3.1　例 3-3 运行结果

从本例可以看出，使用整数类型的 MinValue 属性和 MaxValue 属性可以访问到类型的最大值和最小值。

如果希望运算结果中的数字以二进制、十六进制、八进制的方式来显示，可以使用 Convert.ToString( )方法，如例 3-4 程序代码。

【例 3-4】控制台应用程序示例代码。

```
int i = int.Parse(Console.ReadLine()); //读取键盘输入的数字
Console.WriteLine(i + "的二进制为: " + Convert.ToString(i, 2));
Console.WriteLine(i + "的八进制为: " + Convert.ToString(i, 8));
Console.WriteLine(i + "的十六进制为: " + Convert.ToString(i, 16));
```

运行结果：运行程序，输入一个整数，如 125，按 Enter 键，屏幕上显示如下。

```
125 的二进制代码为：1111101
125 的八进制代码为：175
125 的十六进制代码为：7d
```

本例的第 1 行 Console.ReadLine( )方法的作用如下：程序运行到这句代码时会暂时停止运行，屏幕上光标闪动，等待用户输入一行字符，当用户输入完并按 Enter 键后，电脑即可通过 Console.ReadLine( )方法读取用户输入的字符。由于读取的是字符串类型，这里需要通过 int.Parse 方法把用户输入的字符串转化成整数，并赋给整型变量 i。

Convert.ToString( )方法把一个整数转换为字符串。这个方法有 2 个参数(括号内的表达式有多个时，多个表达式之间用逗号分隔)，第 1 个参数表示将要被转换成字符串的整数，第 2 个参数表示将以什么样的方式显示这个数字。2 代表将以二进制的方式显示数字，8 代表以八进制的方式显示数字，16 代表以十六进制的方式显示数字。

有时可能希望用户输入二进制、八进制、十六进制的数字，而在程序中需要把它们显示成十进制数。这时，可以使用 Convert.ToInt32( )方法。

【例 3-5】 控制台应用程序示例代码。

```
string bin = "10111001";        //声明一个二进制数组成的字符串
string oct = "2516";            //声明一个八进制数组成的字符串
string Hex = "6A9B";            //声明一个十六进制数组成的字符串
//以下代码将所有字符串转化成十进制数显示
Console.WriteLine(Convert.ToInt32(bin, 2));
Console.WriteLine(Convert.ToInt32(oct, 8));
Console.WriteLine(Convert.ToInt32(Hex, 16));
```

运行结果：

```
185
1358
27291
```

本例使用 Convert.ToInt32( )方法将由数字组成的字符串转化成一个 32 位整数。这个方法的第 1 个参数表示将要被转化成数字的字符串，第 2 个参数指定这个字符串表示的是多少进制的整数。2 表示二进制，8 表示八进制，16 表示十六进制。

3.4 实型数据

3.4.1 实型常量

实数在 C#语言中又称为浮点数。实数有以下 2 种表示形式。

(1) 十进制数形式。十进制数由数字和小数点组成。0.123、.123、123.0、0.0 都是十进制数形式。

(2) 指数形式。指数形式如 123e3 或 123E3 都代表 123×10^3。但注意字母 e(或 E)之前必须有数字，且 e 后的指数必须为整数，如 e3、2e3.5、.e3、e 等都不是合法的指数形式。

3.4.2　实型变量

1. 浮点型

IEEE 754 标准规定了 2 种基本浮点格式：单精度和双精度，C#实现了表 3-3 中的两种精度的浮点格式，即实数类型。其中，float 表示单精度浮点数，double 表示双精度浮点数。

IEEE 754 标准是被业界广泛使用的标准。它的主要起草者是加州大学伯克利分校数学系教授 William Kahan，他帮助 Intel 公司设计了 8087 浮点处理器(FPU)，并以此为基础形成了 IEEE 754 标准，Kahan 教授也因此获得了 1987 年的图灵奖。了解 IEEE 754 标准可访问网站：http://www.ieee.org/。

表 3-3　实数类型列表

类　型	说　明	取值范围	精　度	其他名称
float	32 位浮点数	±1.5e−45 到±3.4e38	7 位	Single
double	64 位浮点数	±5.0e−324 到±1.7e308	15～16 位	Double

实型常量可以使用字母“F”和“D”所组成的后缀。

(1) 以 F 或 f 为后缀的实数的类型为 float。例如，实数 1f、1.5f、1e10f 和 123.456F 的类型都是 float。

(2) 以 D 或 d 为后缀的实数的类型为 double。例如，实数 1d、1.5d、1e10d 和 123.456D 的类型都是 double。

默认情况下，赋值运算符(“=”)右侧不带后缀的实数会被 C#编译器自动认定为 double。为此，应使用后缀 f 或 F 初始化 float 变量，如：

```
float x = 3.5f;
```

注意： 如果把 3.5f 后面的“f”去掉，将导致编译错误(关于这一点将在稍后的数值的隐式转换中详细介绍)。

表 3-3 所示的精度表示实数所能包含的有效位，如例 3-6。

【例 3-6】控制台应用程序示例代码。

```
float f = 123456789f;
Console.WriteLine(f);
f = 12345.6789f;
Console.WriteLine(f);
```

运行结果：

```
1.234568E+08
12345.68
```

可以看到，float 最多只能包含 7 位有效的数字，数字 123456789 存放在 float 类型中将会被舍去最后 2 位，并进行舍入计算(0.0789 进行舍入计算后变为 0.08)，使得第 7 位数字由 7 变为 8。经过例 3-6 的演示可知 float 类型的精度非常低，而且使用 float 类型和 double 类型进行混合运算时，往往会出现意想不到的效果，如例 3-7。

【例 3-7】控制台应用程序示例代码。

```
float f = 2.58f;
double d = f + 6.1;
Console.WriteLine(d);
```

运行结果：8.67999992370605。

这样的结果让人感到吃惊，出现这样的错误的原因是 float 的小数部分的存储结构跟 double 不同，在数字从 float 类型转换为 double 类型时出现偏差。由于 C#默认把一个小数当成 double 类型，应当尽量使用 double 而不是 float 进行浮点运算。

浮点数在进行数学运算时不会抛出异常，如例 3-8。

【例 3-8】控制台应用程序示例代码。

```
1 Console.WriteLine(2e300 * 2e300);
2 Console.WriteLine(100d / 0d);
3 Console.WriteLine(0d / 0d);
```

运行结果：

```
正无穷大
正无穷大
非数字
```

第 1 行代码中，2e300*2e300 的结果超出了 double 的表示范围，这时返回正无穷大。数学运算中，除数不能为 0，但在这里，除数为 0 的结果也是正无穷大。最后一行代码 0/0 返回“非数字”又表示为“NaN”。其实所有的这些结果都是根据 IEEE 754 标准来制定的。

Math.Round( )方法用于将值舍入到最接近的整数或指定的小数位数，它有 2 个参数，第 1 个参数表示将要进行舍入的实数，第 2 个参数为整数，表示要保留小数点后几位数。关于舍入，中国通行的标准是大家非常熟悉的四舍五入。但 IEEE 754 根本不支持四舍五入，比如 1.25 保留小数点后 1 位，进行四舍五入后，结果应该为 1.3，但事实并非如此。

【例 3-9】控制台应用程序示例代码。

```
Console.WriteLine(Math.Round(1.24, 1));
Console.WriteLine(Math.Round(1.25, 1));
Console.WriteLine(Math.Round(1.26, 1));
Console.WriteLine(Math.Round(1.35, 1));
```

运行结果：

```
1.2
1.2
1.3
1.4
```

可以看到，1.24、1.26 和 1.35 舍入后的值分别为 1.2、1.3 和 1.4，这与四舍五入完全一致，但 1.25 舍入后结果为 1.2。这是因为在 IEEE 754 标准中使用的是银行家舍入法(又称“就近舍入法”或“四舍六入五成双”)，而 C#完全遵循 IEEE 的这个标准。

银行家的舍法与四舍五入只有一点不同，对0.5的舍入采用取偶数的方式。如图3.2所示，离1.25最近的2个只有1位小数的数字为1.2和1.3，舍入的结果将选择最后一位为偶数的数字1.2。同理，也可以推断出1.35舍入后为1.4。

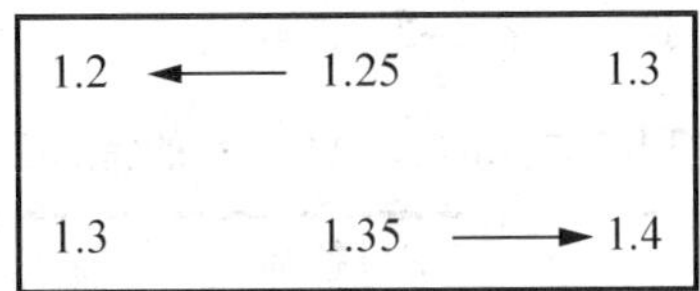

图3.2 银行家舍入法

如果在求和计算中使用四舍五入一直算下去，误差可能会越来越大。机会均等才公平，也就是向上和向下各占一半才合理。在大量计算中，从统计角度来看，高1位分别是偶数和奇数的概率正好都是50%。欧洲银行使用的也正是银行家舍入法。

2. decimal类型

decimal关键字表示128位数据类型。与浮点型相比，decimal类型具有更高的精度和更小的范围，这使它适合于财务和货币计算。decimal 类型的大致范围和精度见表3-4。

表3-4 decimal类型

类　型	占用空间	取值范围	精　度
decimal	128位	±1.0 × 10e−28 ～±7.9 × 10e28	28～29位有效位

如果希望实数被视为decimal类型，请使用后缀m或M，例如：

```
decimal myMoney = 300.5m;
```

如果后缀没有m，数字将被视为double类型，从而导致编译错误。

decimal类型在进行数学运算时，如果出现超出范围或除零现象，将会抛出异常。建议进行财务货币计算时，统一使用decimal类型。

3.5 字符型数据

字符数据类型char用来处理Unicode字符。Unicode字符是16位字符，用于表示世界上多数已知的书面语言。char变量以无符号16位数字的形式存储，取值范围为0～65 535。每个数字代表一个Unicode字符。

Unicode的前128个编码(0～127)对应于标准美国键盘上的字母和符号。这前128个编码与ASCII字符集中定义的编码相同。随后的128个编码(128～255)表示特殊字符，如拉丁字母、重音符号、货币符号以及分数。其余的编码用于表示不同种类的符号，包括世界范围的各种文本字符、音调符号以及数学和技术符号。

3.5.1 字符常量

C#语言的字符常量是用单引号(即撇号)括起来的一个字符。如：'a'、'x'、'D'、'? '、'$'和'1'都是字符常量。注意，'a'和'A'是不同的字符常量。

除了以上形式的字符常量外，C#语言还允许用一种特殊形式的字符常量，就是以一个“\”开头的字符序列。例如，'\n'表示一个换行符，它代表一个“换行”符。这种非显示字符难以用一般形式的字符表示，故规定用这种特殊形式表示。

常用的以“\”开头的特殊字符见表 3-5。

表 3-5 常用的以“\”开头的特殊字符

转义序列	字符名称	Unicode 编码
\'	单引号	0x0027
\"	双引号	0x0022
\\	反斜杠	0x005C
\0	空	0x0000
\a	警报	0x0007
\b	退格符	0x0008
\f	换页符	0x000C
\n	换行符	0x000A
\r	回车	0x000D
\t	水平制表符	0x0009
\v	垂直制表符	0x000B

表 3-5 中列出的字符称为转义字符，意思是将反斜杠“\”后面的字符转变成另外的意义。由于“\”在 C#中已经表示为转义字符标识，如果要打印它，需要使用“\\”。表的最后一列表示这个字符的十六进制 Unicode 编码，可以使用“\x”加上十六进制编码代表相应的字符。“\n”、“\x000A”、“\xA”和“\xa”是同一个意思。

【例 3-10】控制台应用程序示例代码。

```
1 Console.Write("\"\x48\x65\x6c\x6c\x6f\r\n");
2 Console.Write("\x57\x6f\x72\x6c\x64\x21\"\a");
3 Console.ReadLine();
```

运行结果：在屏幕打印以下文字并发出一声警报。

```
“Hello
World!”
```

本例使用转义字符在屏幕上打印“Hello World!”，多个转义字符在一起时可以把它们放在双引号内。在 Windows 操作系统中，“\r\n”表示换行，而 UNIX 操作系统中使用“\n”表示换行。可以使用 Environment.NewLine 属性获得一个适合于当前操作系统的换行符。如可以把【例 3-10】的第 1 行代码改为：

```
Console.Write("\"\x48\x65\x6c\x6c\x6f" + Environment.NewLine);
```

3.5.2 字符变量

字符变量用来存放字符常量，注意只能放一个字符，不要以为在一个字符变量中可以放一个字符串(包括若干字符)。

字符变量的定义形式如下：

```
char c1, c2;
```

它表示 c1 和 c2 为字符型变量，各可以放一个字符，为此可以用以下语句对 c1、c2 赋值：

```
c1 = 'a';
c2 = 'b';
```

一般以 2 个字节来存放 1 个字符，或者说 1 个字符变量在内存中占 2 个字节。

表 3-6 列出了一些常用的操作字符的方法。

表 3-6　常用操作的字符方法

方法名称	作　用
Char.IsDigit( )	判断字符是否属于十进制数字
Char.IsLetter( )	判断字符是否属于字母
Char.IsLower( )	判断字符是否属于小写字母
Char.IsUpper( )	判断字符是否属于大写字母
Char.IsControl( )	判断字符是否属于控制字符
Char.ToLower( )	将指定字符转换为小写
Char.ToUpper( )	将指定字符转换为大写

【例 3-11】 控制台应用程序示例代码。

```
for (char c = '\0';; c = Convert.ToChar(Console.ReadLine()))
{
    if (char.IsDigit(c))            //判断是否是数字字符
    {
        Console.WriteLine(c+"这是一个数字");
    }
    else if (char.IsLetter(c))    //判断是否是字母
    {
        Console.WriteLine(char.ToUpper(c)+"是一个字母");
    }
}
```

运行结果如图 3.3 所示。

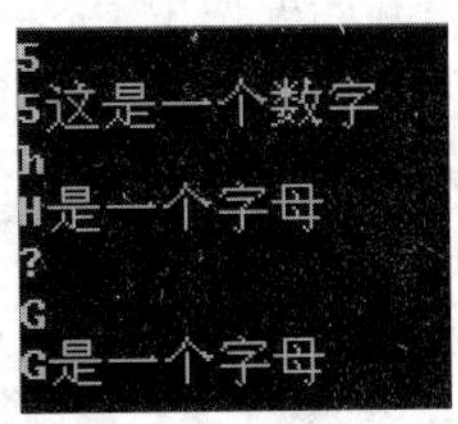

图 3.3　例 3-11 运行结果

本例使用了判断和循环的知识，它们将在后面的章节进行讲述，这里只需要了解字符的一些常用方法的使用就行了。第 1 行代码用一个循环从键盘读取用户所输入的字符，注意这里只能输入一个字符，超过一个字符将引发异常。最后 1 行代码用 char.ToUpper( )方法将字符转化为大写并输出。如果用户输入的字符既非数字也非字母，将不会有任何反应。

3.6　字符串型数据

3.6.1　字符串常量

字符串是任何一个应用程序使用得最多的类型之一。字符串常量是由一对双引号括起来的字符序列。例如：

```
"How do yo do? "
"你好世界！"
"1234567890abcd"
```

都是字符串常量。它和字符常量不同，字符常量表示的是一个字符，字符串常量是包含多个字符的集合。不能将字符串常量赋给字符变量。如：

```
char c = "abc"; //错误：不能将字符串转换成字符型
```

注意： 初学者经常使用中文输入法的双引号来括住字符串，这是非法的。中文标点符号只能出现在用英文标点符号""括起来的字符串内。

3.6.2　字符串变量

字符串变量用来存放字符串常量，它的定义形式如下：

```
string s1;                      //定义一个字符串变量 s1
string s2="Hello World! ";      //定义一个字符串变量 s2，并进行初始化
```

可以使用“+”号连接多个字符串，并生成一个新的字符串，如：

```
string s1 = "Hello ";
string s2 = s1 + "World!";      //s2 在运算完毕后的值为："Hello World!"
```

在程序中，一个文件的路径需要以字符串的形式来表示，如："C:\Docs\Source\a.txt"。而经过字符这一节的学习，得知“\”被作为转义字符的标识。如果要表示一个反斜杠，必须使用“\\”，这个路径应该写成："C:\\Docs\\Source\\a.txt"才能正确地被表达。在 C#中有了另一个更方便的解决方案：在字符串开始处使用“@”可以使得转义字符不被处理。这样以上路径就可以写成：@"C:\Docs\Source\a.txt"。

可以使用字符串的 IndexOf( )方法在字符串中搜索指定的字符或字符串的索引，如例 3-12。

【例 3-12】 控制台应用程序示例代码。

```
string s = "HELLO WORLD!";
Console.WriteLine(s.IndexOf('L'));
Console.WriteLine(s.IndexOf("OR"));
Console.WriteLine(s.IndexOf("OK"));
```

运行结果：

```
2
7
-1
```

第 2 行代码，寻找字符“L”在“HELLO WORLD!”中的位置，它将返回字符串中第 1 个出现“L”的位置的索引。索引从 0 开始算起，如图 3.4 所示。

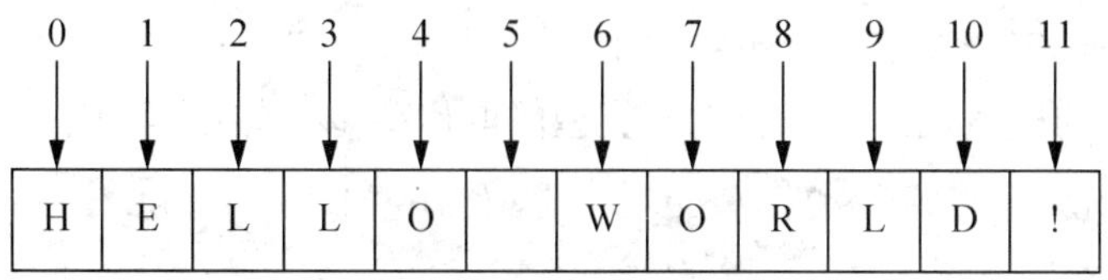

图 3.4　例 3-12 字符串索引图

第 3 行代码，寻找字符串“OR”在“HELLO WORLD!”中的位置，如果找到将返回“OR”的第 1 个字母“O”所在位置的索引。

第 4 行代码，寻找字符串“OK”，由于无法找到，所以返回-1。返回-1 表示无法找到相匹配的字符或字符串。

可以使用 Trim( )方法剪除字符串两边的空格，使用 ToUpper( )方法把字符串内所有的字母转化为大写，如例 3-13。

【例 3-13】控制台应用程序示例代码。

```
string s = "  Hello World!  ";              //字符串常量两边带空格
s = s.Trim();                               //剪除变量 s 内含字符串的两边的空格
s = s.ToUpper();                            //把变量 s 内字符串全部变成大写
Console.WriteLine("[" + s + "]");           //为了显示字符串两边无空格，加上括号
```

运行结果：[HELLO WORLD!]

3.7　隐式数值转换

隐式转换指的是由 C#内部实现的将一种类型转化为另一种类型的过程，它不需要人为地编写代码去实现。隐式转换可能在多种情况下发生，包括在赋值语句中和数据间混合运算及调用方法时。如表达式：

```
double d = 10f + 9 + 'a' + 2.5;
```

由于等号左边变量 d 是一个 double 类型，所以右边表达式的计算结果必须是一个 double 类型。由于各种数据类型间无法进行混合运算，所以在运算之前，必须把每个数据转化为同一种同时可以包容这几种数据的类型，由于 2.5 是 double 型，所有类型将先转换为 double 型后才进行计算。

(1) 10f 是一个 float 类型，它将被隐式转化为 double 型再进行运算。

(2) 9 被计算机认为是 32 位整型 int，在这里也需要被隐式转化为 double 型。

(3)“a”是一个字符型数据，它的本质是一个 16 位无符号整数，也可以隐式转化为 double 型。“a”的 Unicode 编码是 97，这里它将被转化为双精度浮点数 97。

(4) “2.5”是一个实型常数，如果没有后缀，计算机默认将一个实型常数认做 double 型，不需要进行隐式转化。

最终，表达式将转化为 10d+9d+97d+2.5d，运算结果为 118.5。

对于数字而言，一种类型可以转换为哪几种类型不需要死记硬背，只需理解以下两个原则就可以了。

(1) 目标类型占用空间不能比源类型小。

(2) 目标类型的取值范围可以容纳源类型的取值范围，如以下程序：

```
int i = 128L;          //失败，long 占用 64 位的空间，int 占用 32 位的空间
int i = 100;           //32 位有符号整型变量
uint ui = 200;         //32 位无符号整型变量
long l = I;            //成功，int 隐式转换为 long
ulong ul = I;          //失败，int 类型包含负数，这是无符号整数所没有的
int j = ui;            //失败，uint 的一部分数值超出了 int 的取值范围
long k = ui;           //成功
int a = 2F;            //失败，浮点数无法隐式转换成整数
float f = I;           //成功，32 位整数可以转换为 32 位浮点数，但有可能损失精度
int b = 'a';           //成功，字符本身是一个无符号的 16 位整数
```

有两点例外如下。

(1) 不存在浮点型和 decimal 类型间的隐式转换。

(2) 不存在到 char 类型的隐式转换，如以下程序：

```
int i = 'a';           //成功，i 的值为 97
char c = 97;           //失败，数字类型无法隐式转化为字符类型
```

需要注意，从 int、uint 转换为 float 以及从 long 转换为 double 都可能会导致精度的损失。这是因为 float 的有效位数是 7 位，而 int 的有效位数可以达到 10 位。

有时在给 64 位整数赋值时需要小心，如例 3-14。

【例 3-14】控制台应用程序示例代码。

```
1 int maxInt = int.MaxValue;
2 long n = maxInt+1;
3 Console.WriteLine(n);
```

运行结果：-2147483648。

这样的结果会让人大吃一惊，long 型完全可以容纳 maxInt + 1 的值，为什么会出现溢出呢？这是因为在进行 maxInt + 1 的运算时，编译器首先会把“+”号两边的值转换成一个可以容纳它们的类型，而两个值都是 32 位整型，所以它们没有进行转换而直接进行计算。而计算结果存放在 int 内导致溢出后再转换为等号左边的 long 型，所以结果变为负数。实际上如果直接把 maxInt 替换为常数值 2147483647 将无法通过编译。要解决这个问题只需把“+”两边值中的一个变为 long 型，这里可以把 1 变为 long 型，第 2 行代码进行如下改动就可以得到正确的结果：

```
long n = maxInt+1L;
```

3.8　显式数值转换

有时可能需要把一个 long 型转化为 int 型，或者把一个整数转化为字符类型，这时可以使用显式转换。显式转换其实是告诉编译器自己在做什么，并且知道这样的后果。强制转换的一般形式为：

(类型)(表达式)，如例 3-15。

【例 3-15】控制台应用程序示例代码。

```
int i = (int)128L;    //成功，i 的值为 128
char c = (char)97;    //成功，c 的值为'a'
Console.WriteLine("i=" + i);
Console.WriteLine("c=" + c);
```

运行结果：

```
i=128
c=a
```

例 3-14 出现的问题也可以通过显式转换来解决，只需把 maxInt 强制转化为 long 型就可以得到正确的结果。

【例 3-16】控制台应用程序示例代码。

```
int maxInt = int.MaxValue;
long n = (long)maxInt + 1;    //把 maxInt 强制转换成 long 型
Console.WriteLine(n);
```

运行结果：2147483648。

当把一个范围大的类型强制转化为范围小的类型时，有可能导致溢出。把例 3-16 稍加修改，变为例 3-17。

【例 3-17】控制台应用程序示例代码。

```
int maxInt = int.MaxValue;
long n = (long)maxInt*2 + 1;
int i = (int)n; //强制转换
Console.WriteLine(i);
```

运行结果：-1。

实 训 指 导

1. 实训目的

(1) 掌握各种类型变量的使用和相互间的转换。

(2) 掌握利用较简单的表达式实现程序逻辑的方法。

(3) 掌握逻辑运算符和关系运算符在程序中的应用。

2. 实训内容

本次实训将制作一个非常简单的进制转换器，程序非常简单，但需要用到不少还未学习的知识点。在实训时对代码不必完全了解，而只需关注已经学过的那部分知识。

3. 实训步骤

(1) 新建一个 Windows 应用程序，并把项目命名为“Exp3”。

(2) 把窗体命名为 MainForm，Text 属性设置为【进制转换器】。

(3) 在窗体上放置 1 个 TextBox，命名为 txtCalc，将 TextAlign 属性设置为 Right。

(4) 在窗体上放置 4 个 RadioButton，按如图 3.5 所示的控件分布图进行命名及修改 Text 属性。在 rdoBin、rdoOct、rdoBcd、rdoHex 4 个控件的 Tag 属性中依次输入“2”、“8”、“10”、“16”。

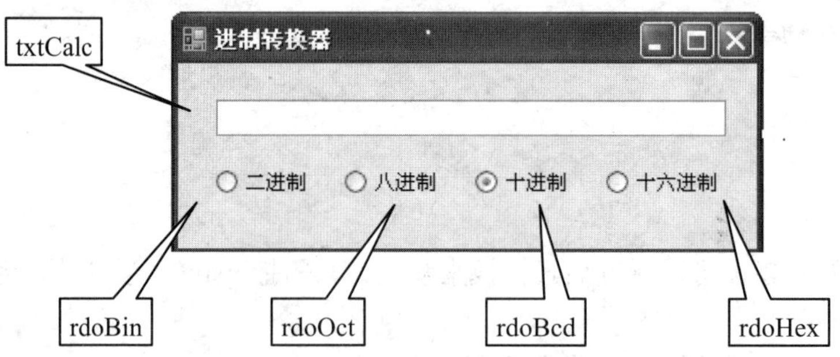

图 3.5　进制转换器控件分布图

(5) 同时选中(用鼠标框选或按住 Ctrl 键点选)所有这 4 个 RadioButton，打开事件窗口，在 CheckedChanged 事件右侧文本框内输入“rdo_CheckedChanged”，然后按 Enter 键，为它们生成同一个事件，这样所有 RadioButton 都共享同一个事件方法。

(6) 在代码窗口中输入如下代码(注意代码为斜体字的由系统自动生成，无需输入)：

```
int oldHex = 10;                          //记录当前所使用的进制
private void rdo_CheckedChanged(object sender, EventArgs e)
{
    RadioButton rdo = (RadioButton)sender;//将事件发起者转换为RadioButton控件
    object obj = rdo.Tag;                 //获取控件 Tag 属性的内容
    int newHex = Convert.ToInt32(obj);    //将 Tag 里的内容转换为整数
    if (txtCalc.Text != "")               //如果文本框不为空，则进行进制转换
    {   //获取文本框内的数字
        int oldNum = Convert.ToInt32(txtCalc.Text, oldHex);
        //转换为新的进制，并在文本框内显示
        txtCalc.Text = Convert.ToString(oldNum, newHex);
    }
    oldHex = newHex;                      //记录新的进制
}
```

本次实训所制作的进制转换器可用于将数字转换为各种进制，下章所讲的位运算可借助这个程序加深理解。为了减少代码量，将所有 RadioButton 生成一个共用事件，这意味着

单击任何一个 RadioButton，都会执行 rdo_CheckedChanged 事件方法里的代码。关于 RadioButton(单选按钮)控件，将在第 10 章进行详细介绍。

第一行代码声明了一个整型变量 oldHex，用于存放当前文本框所显示数字的进制。请注意这行代码写在 MainForm 类里面，rdo_CheckedChanged 方法的外面。写在类里面、方法外面的变量为成员变量，关于类的概念请在完成本书学习后参考本书二维码中的视频进行学习。成员变量 oldHex 对于 MainForm 类里的所有方法可见。

第 2、3、13 行代码为 4 个 RadioButton 控件的共用事件方法，为系统自动生成，无需输入。

第 4～6 行代码的功能为获取用户单击的 RadioButton 所代表的进制。第 2 行代码 rdo_CheckedChanged 事件中有一个 sender 参数，当某控件触发了一个事件，这个控件会被包装成 odject 类型参数 sender 传递给事件方法。在事件方法中需要将它还原成本来的面目才能使用，第 4 行代码使用强制类型转换将 sender 转换为 RadioButton。

知道用户单击了哪个 RadioButton 后还需要知道这个 RadioButton 所代表的进制。这个程序巧妙地将进制存放在每个 RadioButton 的 Tag 属性内。Tag 属性内存放的也是 object 类型对象，要正常使用需要还原为本来的面目。第 5、6 行代码正是将 Tag 属性中包含的内容还原为整数。4～6 行代码可用一句代码完成：

```
int newHex = Convert.ToInt32(((RadioButton)sender).Tag);
```

第 7 行代码是一个条件判断语句，将在第 7 章介绍，它判断文本框内文本是否为空。

第 9 行代码，获取文本框内的数字，注意文本框内不一定是 10 进制数字，为了得到正确的数字，必须使用 Convert.ToString( )方法进行换。

第 10 行代码将数字转换为相应的进制，并在文本框内显示。

思考： 在程序运行时，如果在文本框内输入字母或在二进制状态下输入的数字不是 0 或 1，将会发生错误，在学习完本书第 12 章后才会对这类问题有完整的解决方案，到时大家可以尝试制作一个功能更为强大的进制转换器。

本章小结

本章详细介绍了 C#语言中的各种基本数据类型及其相互间的转换，应重点掌握哪些数据类型间可以隐式转换，在什么条件下进行隐式转换，哪些数据类型间的转换又必须在显式下进行。

习 题

1. 填空题

(1) 一个无符号整型数据在内存中占 2Byte，则无符号整型数据的取值范围为________。

(2) 符合 IEEE 规范的浮点类型包括________和________两种。

(3) 字符变量以 char 类型标识，它在内存中占________位(bit)。
(4) 若有定义：char c = '\010'；则变量 c 中包含的字符个数为________。
(5) 12 +'a' 的结果为________。
(6) Math.Round(2.24)=________。
(7) char.IsDigit('b')的结果为________。
(8) C#语言的各类数据类型之间提供 2 种转换：________和________。

2. 判断题

(1) bool 类型只有两种值，为真(true)和假(false)。 (　　)
(2) int a = 2.5 语句定义了一个实数。 (　　)
(3) 在 C#语言中实数不能进行模运算。 (　　)
(4) 在标识符的命名中不能包含空格。 (　　)
(5) 以下标示符 numberOfStudent、2count、_name、string 都合法。 (　　)
(6) 变量在使用之前必须先对其值进行初始化，之后无法再次改变它的值。 (　　)
(7) 执行完 int i，j，k = 100；后，i，j，k 的值都为 100。 (　　)
(8) 表达式 18 / 4 * sqrt(4.0) / 8 值的数据类型为 int。 (　　)

3. 选择题

(1) 下列哪个是合法的标识符？(　　)
A. _book　　B. 5files　　C. +static　　D. −3.14159
(2) 下列哪个数代表单精度浮点数？(　　)
A. 0652　　B. 3.4457D　　C. 0.298f　　D. 0L
(3) 下列哪个数代表十六进制整数？(　　)
A. 0123　　B. 1900　　C. fa00　　D. 0xa2
(4) 下列哪个是反斜杠字符的正确表示？(　　)
A. \\　　B. *\\　　C. \　　D. \'\',
(5) 若有语句 char a;，要求把字符 a 赋给变量 a，下面的表达式正确的是(　　)。
A. a="a"　　B. a='a'　　C. a="97"　　D. a='97'
(6) 已知字母 A 的 ASCII 码为十进制数 65，且 i 为整型，则执行语句 i='A'+'6'-'3'后，i 中的值为(　　)。
A. D　　B. 68　　C. 不确定的值　　D. C
(7) 设有定义变量：char w； int x； float y； double z；则表达式 w*x+z-y 值的数据类型为(　　)。
A. float　　B. char　　C. int　　D. double
(8) 下列哪个隐式数值转换是正确的(　　)。
A. int i = 128L；　　B. int a = 2F；　　C. int b = 'a'；　　D. int j = ui；

4. 简答题

(1) 说明 C#标识符命名规则。
(2) 简单说明银行家舍入法。

5. 编程题

(1) 字符检查：从键盘输入一个字符，检查输入字符是否为字母字符或数字，如果不是，则在标签控件显示“您输入的是字母、数字以外的字符”。如果是字符或数字，则输出该字母字符的整数值。

(2) 求圆的面积和周长，从键盘输入半径，求出圆的面积和周长并在文本框显示。

(3) 编写一个程序，输入 3 个整数，求 3 个数的和、积、平均值。

(4) 定义一个字符串“welcome”，求出 e、c、m 在字符串中的位置。

(5) 从键盘输入小写字符串，并将字符串转换为大写字符串。

教学提示

运算符和表达式是C#程序设计中的最基础也是最重要的一个部分，内容相对枯燥，但细细品味却乐趣无穷。它可以锻炼程序设计中的思考能力和思维方法。

教学要求

知 识 要 点	能 力 要 求	相 关 知 识
运算符	(1) 熟练使用各种运算符 (2) 能够按操作数的数目来区分运算符	(1) 算术运算符的使用 (2) 逻辑运算符的使用 (3) 赋值运算符的使用 (4) 关系运算符的使用
表达式	(1) 熟练使用各类表达式 (2) 熟练使用混合表达式	(1) 各类表达式的使用方法 (2) 混合表达式的使用方法
运算符优先级	(1) 掌握各类运算符的优先级 (2) 掌握混合表达式中的计算顺序	(1) 运算符优先级顺序 (2) 运算符优先级在程序中的使用

表达式由操作数(operand)和运算符(operator)构成，运算符指示对操作数进行什么样的运算。C#语言中提供了大量的运算符。表4-1分类列举了C#语言中的部分运算符。

表 4-1　运算符分类列表

<table>
<tr><th>运算符类别</th><th>运　算　符</th></tr>
<tr><td>基本算术运算</td><td>+　–　*　/　%</td></tr>
<tr><td>递增、递减</td><td>++　--</td></tr>
<tr><td>位移</td><td><<　>></td></tr>
<tr><td>逻辑</td><td>&　|　^　!　–　&&　||</td></tr>
<tr><td>赋值</td><td>=　+=　–=　*=　/=　%=　&=　|=　^=　<<=　>>=</td></tr>
<tr><td>关系</td><td>==　!=　<　>　<=　>=</td></tr>
<tr><td>字符串串联</td><td>+</td></tr>
<tr><td>成员访问</td><td>.</td></tr>
<tr><td>索引</td><td>[]</td></tr>
<tr><td>转换</td><td>()</td></tr>
<tr><td>条件运算</td><td>?:</td></tr>
</table>

运算符按所要操作的操作数的数目，又可分为以下 3 类。

(1) 一元运算符：一元运算符带 1 个操作数并使用前缀表示法(如–x)或后缀表示法(如 x++)。

(2) 二元运算符：二元运算符带 2 个操作数并且全都使用中缀表示法(如 x + y)。

(3) 三元运算符：只有一个三元运算符?:，它带 3 个操作数并使用中缀表示法(如 c? x: y)。

4.1 算术运算符

4.1.1 基本算术运算符

1. +：加法运算符或正值运算符

当加法运算符或正值运算符用在加法运算时，为二元运算符，如 5+6。当它用在正值运算符时为一元运算符，如+5(当然，这样写不会有任何意义)。

2. –：减法运算符或负值运算符

当减法用在减法运算时，为二元运算符，如 5–6。当它用在正值运算符时为一元运算符，如–5。

3. * ：乘法运算符

乘法运算符用于进行乘法运算，如 5*6。

4. /：除法运算符

除法运算符用于进行除法运算，如 5/6。需要注意的是如果除数和被除数都为整数，则结果也为整数，它会把小数舍去(并非四舍五入)，如：5/3 的结果为 1，–5/3 的结果为–1。如果想让 2 个整数相除的结果为浮点数，则需要先把其中的一个整数强制转换为浮点数，如：(double)5/3 的结果为 1.66666666666667。

5. %：模运算符

模运算符用于计算第 2 个操作数除第 1 个操作数后的余数。在 C#语言中，所有数值类型都具有预定义的模数运算符。例如：下面的情况。

(1) 5 % 2 的结果为 1。

(2) –5 % 2 的结果为–1。

(3) 5.0 % 2.2 的结果为 0.6，结果为 double 值。

(4) 5.0m % 2.2m 的结果为 0.6，结果为 decimal 值。

4.1.2 递增、递减运算符

递增(++)、递减(––)运算符是一元运算符，它们的作用是使变量的值增加 1 或减少 1，例如：

“++i，––i”在使用 i 之前，先使 i 的值加(减)1，“i++，i––”在使用 i 之后，使 i 的值加(减)1

递增和递减运算符不能用于常量表达式。无论++i 和 i++都相当于执行 i = i + 1，但执行的顺序会有所不同。

“j = i++;”相当于执行“j = i; i = i + 1;”“j = ++i;”相当于执行“i = i + 1; j = i;”

注意： 递增和递减运算符只能用于变量，而不能用于常量或表达式，6++或(a+b)++都是不合法的。

4.1.3 位移运算符

1. <<: *左移运算符*

左移运算符是一个二元运算符，用于位运算，它的作用是将第 1 个操作数向左移动第 2 个操作数指定的位数。第 2 个操作数的类型必须是 int。

【例 4-1】 控制台应用程序示例代码。

```
int a = 45;          //声明变量a，并赋初值为45
int b = a << 1; //把a值左移1位，并将结果赋给整数b
Console.WriteLine("a=" + a + " b=" + b); //打印a和b的值
```

执行完以上两句代码后，a 和 b 的值如下。

a 的二进制值为 00000000000000000000000000101101，十进制值为 45。

b 的二进制值为 00000000000000000000000001011010，十进制值为 90。

可以观察到，上述操作使得所有的数左移一位，因左移而在右边空出来的位数补 0，操作完成后，a 的值不变，b 的值变为 a 位移后的值。左移一位相当于把左边操作数乘 2 并返回。如果位移多位则得出以下结果。

b = a << i 相当于把 $a\times2^i$ 的结果赋给 b。

左移使得高序位被摒弃，如果有 1 被摒弃，它的结果就不符合以上公式了，如

二进制数为 01110000000000000000000000000000，左移 2 位后

结果为 11000000000000000000000000000000。

可以观察到，最左边的 2 个位“01”在左移完成后消失了。

注意： 除非程序对速度的要求极其苛刻，否则不要使用左移来代替乘法运算。

通过以上的学习，可以简单推理出任何 32 位的整数，如果左移 32 位以上，因为所有的位都会被移出左边，所以其结果都会为 0。事实上结果并非如此，1<<32 的结果为 1，而 1<<34 的结果为 4。由结果可以得知，1<<32 相当于 1<<0，而 1<<34 则相当于 1<<2，从而推断出：1<<i 相当于 1<<(i % 32)。这是因为 C#中规定：如果第 1 个操作数是 int 或 uint (32 位数)，则移位数由第 2 个操作数的低 5 位给出(2^5=32)；如果第 1 个操作数是 long 或 ulong(64 位数)，则移位数由第 2 个操作数的低 6 位给出(2^6=64)。

2. >>: *右移运算符*

右移运算符和左移运算符类似，它的作用是将第 1 个操作数向右移动第 2 个操作数所指定的位数。第 2 个操作数的类型必须是 int。

【例 4-2】 控制台应用程序示例代码。

```
int a = 45;                    //声明变量a，并赋初值为45
```

```
int b = a >> 1;              //把 a 值右移一位，并将结果赋给整数 b
Console.WriteLine("a=" + a + "  b=" + b); //打印 a 和 b 的值
```

执行完以上两句代码后，a 和 b 的值如下。

a 的二进制值为 00000000000000000000000000101101，十进制值为 45。

b 的二进制值为 00000000000000000000000000010110，十进制值为 22。

可以观察到，最右边的位(低位)被摒弃，而高位补 0。和左移一样，如果第 1 个操作数为 int 或 uint(32 位数)，则移位数由第 2 个操作数的低 5 位给出。如果第 1 个操作数为 long 或 ulong(64 位数)，则移位数由第 2 个操作数的低 6 位给出。

有符号整数的最左边的位(最高位)用于存放符号，如果最高位为 0，表示这是一个正数。如果最高位为 1，表示这是一个负数，以下以 32 位有符号整数 int 为例。

二进制数　00000000000000000000000000000001，十进制为 1；

二进制数　10000000000000000000000000000001，十进制为-2147483647。

C#语言中规定，如果右移运算中的第 1 个操作数为 int 或 long，则最高位设置为符号位。如果第 1 个操作数为 uint 类型或 ulong 类型，则最高位填充 0。这就是说，在对有符号整数 int 和 long 进行右移运算时，如果数字为正数，则最高位填充 0，如果数字为负数，则最高位填充 1，如例 4-3。

【例 4-3】控制台应用程序示例代码。

```
int a = -2147483647;
int b = a >> 3;              //把 a 值右移 3 位，并将结果赋给整数 b
Console.WriteLine(b);        //打印变量 b 的值
```

执行完以上两句代码后，a 和 b 的值如下。

a 的值为 10000000000000000000000000000001，十进制值为-2147483647。

b 的值为 11110000000000000000000000000000 十进制值为-268435456。

4.2　逻辑运算符

逻辑运算符(表 4-2)用于对二进制数进行按位操作，俗称位运算。位运算有着极其广泛的应用，在本书二维码中，专门制作了 3 个视频对它进行详细讲解。

表 4-2　逻辑运算符分类列表

运算符	名　称	操作数类型
&	逻辑与运算符	整型、布尔型
|	逻辑或运算符	整型、布尔型
^	逻辑异或运算符	整型、布尔型
!	逻辑非运算符	布尔型
～	求补运算符	整型
&&	条件与运算符	布尔型
||	条件或运算符	布尔型

1. &：逻辑与(逻辑 AND)运算符

&逻辑与运算符可以用于整型和布尔型数值。对于整型操作数，&计算操作数的逻辑按位“与”。对于 bool 操作数，&计算操作数的逻辑“与”。

(1) 当操作数为 bool 值时，当且仅当 2 个操作数均为 true 时，结果才为 true。

true & true 的结果为 true。

true & false 的结果为 false。

false & false 的结果为 false。

(2) 当操作数为整型时，则进行位运算，如：100 & 45 的结果为 36。

【例 4-4】控制台应用程序示例代码。

```
Console.WriteLine(100 & 45);
```

代码分析：

100 的二进制为：00000000000000000000000001100100

45 的二进制为：　00000000000000000000000000101101　　AND

结果为 36：　　　00000000000000000000000000100100

根据以上计算可以观察到，只有当 2 个操作数相对应的位同为 1 时，计算结果中相对应的位才为 1，否则为 0。

&逻辑与操作经常用于取整数中某个位的值，比如要知道某个整数 a 的右边第 3 个位的值是 0 还是 1，只需要把 a 与 4(二进制为 100)进行&运算就可以了。

a & 4 的结果为 0 表明 a 的右边第 3 位为 0。

a & 4 的结果不等于 0 表明 a 的右边第 3 位为 1。

【例 4-5】控制台应用程序示例代码。

```
int a = 12;
int b = 9;
Console.WriteLine("a&4={0}", a & 4); //打印a&4 的值
Console.WriteLine("b&4={0}", b & 4); //打印b&4 的值
```

运行结果：

```
a&4=4
b&4=0
```

a 的值为 12，二进制表示为 1100。

b 的值为 9，二进制表示为 1001。

数字 4 的二进制表示为(0100)，除了第 3 位为 1 外，其余的位都为 0，任何数与 0 进行&运算结果都为 0。当 a 的左边第 3 位为 1 时，第 3 位的结果才为 1，此时最终整个表达式的运算结果才不等于 0。

2. |：逻辑或(逻辑 OR)运算符

| 逻辑或运算符可以用于整型和布尔型数值。对于整型操作数，| 计算操作数的逻辑按位“或”。对于 bool 操作数，| 计算操作数的逻辑“或”。

(1) 当操作数为 bool 值时，当且仅当 2 个操作数均为 false 时，结果才为 false，或者说只要有 1 个操作数为 true，结果就为 true。

true | true 的结果为 true。

true | false 的结果为 true。

false | false 的结果为 false。

(2) 当操作数为整型时，则进行位运算，如：100 | 45 的结果为 109

100 的二进制表示为：00000000000000000000000001100100

45 的二进制表示为：　00000000000000000000000000101101　　　OR

结果为 109：　　　　00000000000000000000000001101101

根据以上计算可以观察到，只有当 2 个操作数的相对应的位有 1 个为 1 时，计算结果中相对应的位为 1，只有当 2 个位都为 0 时结果才为 0。

| 操作经常用于设置整数中某个位的值为 1，比如要设置某个整数 a 的右边第 3 个位的值为 1，只需要把 a 与 4(二进制为 100)进行 | 运算就可以了。运算过程如右(只抽取后 4 位进行演示)：

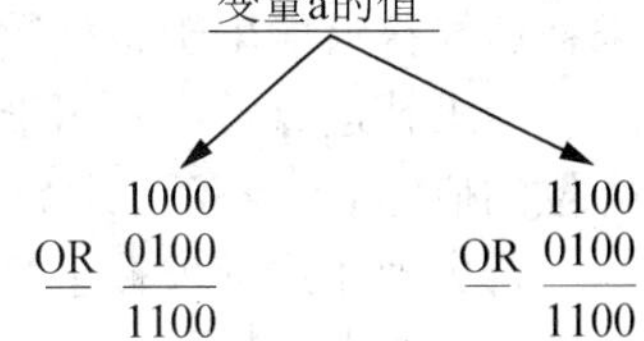

根据以上计算过程可以观察到，无论变量 a 的右边第 3 位数字是 0 还是 1，相应位的运算结果都为 1，而其他位的运算结果不变。

3. ^：逻辑异或(逻辑 XOR)运算符

^ 逻辑异或运算符可用于整型和 bool 型数值。对于整型，^ 将计算操作数的按位“异或”。对于 bool 操作数，^ 将计算操作数的逻辑“异或”。

(1) 当操作数为 bool 值时，当且仅当只有一个操作数为 true 时结果才为 true。或者说 2 个操作数相同时结果为 false，2 个操作数不同时结果为 true。

true ^ true 的结果为 false。

true ^ false 的结果为 true。

false ^ false 的结果为 false。

(2) 当操作数为整型时，则进行位运算，如 100 ^ 45 的结果为 73。

100 的二进制表示为：00000000000000000000000001100100

45 的二进制表示为：　00000000000000000000000000101101　　　XOR

结果为 73：　　　　　00000000000000000000000001001001

根据以上计算可以观察到，只有当 2 个操作数的相对应的位不同时，计算结果中相对应的位为 1，当 2 个位相同时，结果才为 0。

^ 操作经常用于加密运算，一个整数对另一个整数进行两次异或运算，会得到原来的值。如：65^30=95，95^30=65。

^ 运算符也可以用于对整数某个位进行取反操作，如要将整数 a 的右边第二个位取反，只需将 a 与 2(二进制的 0010)进行异或操作即可。观察运算结果可以发现，变量 a 的第二位由 0 变为 1 或由 1 变为 0，其他位不变。

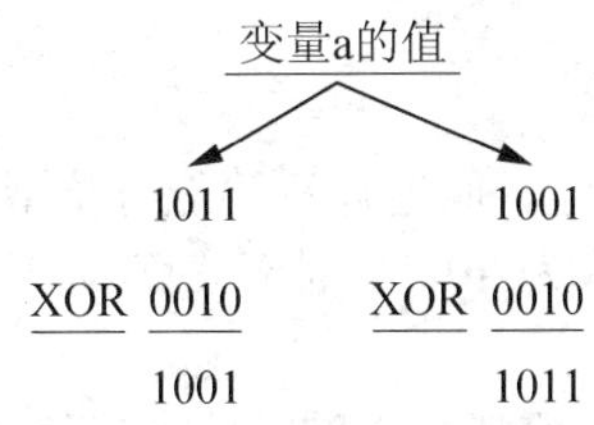

4. !：逻辑非(逻辑 NOT)运算符

！逻辑非运算符只能用于 bool 型数值，它是对操作数求反的一元运算符。当操作数为 false 时返回 true；当操作数为 true 时返回 false。

！ false 的结果为 true。

！ true 的结果为 false。

5. ～：求补运算符

～求补运算符和！逻辑非运算符功能相似，可以视为是！逻辑非运算符的整型版。～求补运算符只能用于整型数值，它对操作数执行按位求补运算，其效果相当于反转每一位。

～求补运算符经常用于设置整数中某个位的值为 0，比如要设置某个整数 a 的右边第 3 个位的值为 0，运算过程如下。

首先把 4 进行求补运算。

4 的二进制表示为：00000000000000000000000000000100。

求补后的结果为：11111111111111111111111111111011。

然后把求补后的数与 a 进行与运算。右面的图例只抽取最后 4 位进行演示。

变量a的值

1000	1100
AND 0011	AND 1011
1000	1000

根据以上计算过程可以观察到，无论变量 a 的右边第 3 位数字是 0 还是 1，相应位的运算结果都为 0，而其他位的运算结果不变。

6. &&：条件与(条件 AND)运算符

&&条件与运算符只能用于 bool 型数值，它与&运算符的功能完全一样，执行其 bool 操作数的逻辑“与”运算。

true && true 的结果为 true。

true && false 的结果为 false。

false && false 的结果为 false。

注意：&&运算符与&运算符的区别在于，&&运算符不能对整型进行计算。另外，对于 x && y，如果 x 为 false，则不计算 y(因为不论 y 为何值，“与”操作的结果都为 false)。这被称为“短路”计算。也就是说使用 && 运算符进行条件计算，比使用&运算符速度更快些。

7. ||：条件或(条件 OR)运算符

|| 运算符和 && 运算符一样，只能用于 bool 型数值，它与 | 运算符的功能完全一样，执行其 bool 操作数的逻辑“或”运算。

true || true 的结果为 true。

true || false 的结果为 true。

false || false 的结果为 false。

|| 运算符与 | 运算符的区别在于，|| 运算符不能对整型进行计算。另外它也会进行“短路”计算，即对于 x || y，如果 x 为 true，则不计算 y(因为不论 y 为何值，“或”操作的结果都为 true)。

&& 和 || 操作符大量运用于条件判断语句。&& 运算符相当于汉语的“并且”。比如说

“如果有钱并且有足够的时间，我就去桂林旅游”，这句话表明，只有同时满足了有钱和有时间这两个条件，结果(去旅游)才能成立，两个条件缺一不可。|| 运算符相当于汉语的“或者”。比如去书屋借书，老板说“如果你抵押身份证或学生证，就可以借书”，这句话表明，满足有身份证和有学生证之中的任何一个条件，结果(借书)就能成立。

4.3　赋值运算符和表达式

赋值符号 = 就是赋值运算符，它的作用是将一个数据赋给一个变量。比如，x=10 的作用是执行一次赋值操作，把常量 10 赋给变量 x。string s="abcdef"是声明一个字符串变量 s，并把字符串"abcdef "赋给 s。=运算符两侧的操作数的类型必须一致(或者右边的操作数必须可以隐式转换为左边操作数的类型)。

4.3.1　复合赋值运算符

一方面，为了简化程序，使程序看上去精练；另一方面，为了提高编译效率，C#语言允许使用复合赋值运算符。在赋值运算符前面加上其他运算符，就可以构成复合赋值运算符。如果在=前加一个+运算符，就成为复合赋值运算符+=。例如，可以有以下结果。

a += 10 等价于 a = a + 10。

x *= y + 6 等价于 x = x * (y + 6)。

x %= 5 等价于 x = x % 5。

以 a += 10 为例来说明，它相当于使 a 进行一次自加 10 的操作。即先使 a 加 10，再把结果赋给 a。同样，x *= y + 6 的作用是使 x 乘以(y+6)，再将结果赋给 x。为了方便记忆，可以这样理解。

(1) a+=b。(其中 a 为变量，b 为表达式)

(2) a+=b。(将有下划线的 a+移到=号右侧)

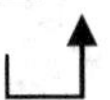

(3) a=a+b。(在=号左侧补上变量名)

注意：如果 b 是包含若干项的表达式，则相当于它有圆括号。

例如下面的运算。

(1) x%=y+3。

(2) x%=　(y+3)。

(3) x=x%(y+3)。(不要写成 x=x%y+3)

初学者对于 a=a+1 这样的表达式可能会感到疑惑，因为在数学中，这样的式子肯定是不对的，a 怎么会等于 a+1 呢？在 C#中等号是用来赋值的，a=a+1 表示先取出变量 a 的值加 1，得到的结果再赋给变量 a。数学中的等于号在 C#中用关系运算符 == 来表示更贴切些。

C#语言规定可以使用 10 种复合赋值运算符。

(1) +=：加法赋值运算符。

(2) -=：减法赋值运算符。

(3) *=：乘法赋值运算符。

(4) /=：除法赋值运算符。

(5) %=：取模赋值运算符。

(6) &=：与赋值运算符。

(7) |=：或赋值运算符。

(8) ^=：异或赋值运算符。

(9) <<=：左移赋值运算符。

(10) >>=：右移赋值运算符。

4.3.2 赋值表达式

由赋值运算符将一个变量和一个表达式连接起来的式子称为“赋值表达式”。它的一般形式如下：

<变量> <赋值运算符> <表达式>

如 a = 5 是一个赋值表达式。对赋值表达式求解的过程是：将赋值运算符右侧的“表达式”的值赋给左侧的变量。而“表达式”又可以是一个赋值表达式，例如以下 4 种。

(1) a = b = c = 6：表示把 6 分别赋给 a、b、c，运行完毕后，a、b、c 的值都为 6。

(2) a = 6 + (c = 5)：表示把 5 赋给变量 c，然后再把 5+6 的值赋给变量 a。运行完毕后，a 的值为 11，c 的值为 5，它相当于：

```
c = 5;
a = 6 + c;
```

(3) a = (b = 7) + (c = 8)：运行完毕后，a 的值为 15，b 的值为 7，c 的值为 8。它相当于以下语句：

```
b = 7;
c - 8;
a = b + c;
```

(4) a = (b = 10) / (c = 2)：运行完毕后，a 的值为 5，b 的值为 10，c 的值为 2。它相当于以下语句：

```
b = 10;
c = 2;
a = b / c;
```

注意：虽然以上赋值表达式(包括本章后面的一些代码)看上去非常简洁，但还是不建议使用以上方式书写代码(a=b=c=6 这种形式除外)，这样的代码很容易把人弄得晕头转向。即使在阅读和书写这些代码时非常轻松，但也不要忘记，它有可能使阅读这些代码的人变得无所适从。大多数时候，应该把程序的可读性放在第一位。在这里介绍它的用意是让初学者见识这类代码，以达到更好地领会概念及锻炼逻辑思维的目的。

4.4　关系运算符和关系表达式

“关系运算”实际上是“比较运算”，将两个值进行比较，判断比较的结果是否符合给定的条件。例如，x > 5 是一个关系表达式，大于号“>”是一个关系运算符，如果 x 的值为 6，则满足给定的 x > 5 的条件，因此关系表达式的值为“真”(true)；如果 x 的值为 3，不满足 x > 5 的条件，则称关系表达式的值为“假”(false)。

4.4.1　关系运算符

C#语言规定可以使用以下 6 种关系运算符。

(1) ==：等于。

(2) !=：不等于。

(3) <：小于。

(4) >：大于。

(5) <=：小于或等于。

(6) >=：大于或等于。

注意： 初学者很容易把=和==搞混淆。一定要记住，=是赋值运算符，而==是关系运算符。

a = 3 表示把整数 3 赋给变量 a。

a == 3 表示把 a 的值与 3 进行比较，并返回 true 或 false。

【例 4-6】 控制台应用程序示例代码。

```
1 int a;
2 Console.WriteLine(a=3);
3 Console.WriteLine(a==3);
```

运行结果：

```
3
true
```

上述代码第 1 行声明一个变量 a，并没有赋初值。第 2 行代码把 3 赋给变量 a 并打印表达式的结果，显示“3”。第 3 行代码打印表达式 a==3 的值，由于第 2 行代码使 a 的值变为 3，所以这里 a == 3 返回“真”，打印“true”。

4.4.2　关系表达式

用关系运算符将 2 个表达式连接起来的式子，称为关系表达式，例如下面的代码。

a > 3

a * b >= c + d

(a = 6) > (b = 7)

'a'!= 'b'

'a'> 3

关系表达式的值是一个 bool 值(或者说关系表达式返回一个 bool 值)，即 true 或 false。例如，关系表达式 6 == 2 的值为 false，6 >= 0 的值为 true。

4.5　字符和字符串运算符

由于字符可以隐式转换为整型(字符的 Unicode 编码值)，很多时候，字符会被当做一个整型数值来处理。比如以下例子。

'a'+ 6　的结果为 103，字符 a 被隐式转换为 97，再与 103 相加。

'a' * 'b'　的结果为 9506，相当于 97*98。

'a'> 'b'　的结果为 false。

在 C#中，加法运算符(+)又可以作为字符串串联运算符，在字符串运算中它起到了连接字符串的作用。

"a"+ "b"　的结果为"ab"。

"早上" + "好! "的结果为"早上好!"。

字符在跟字符串进行加法运算时，也会被转换为字符串进行处理，例如：'a'+"bcdef" 的结果为 "abcdef"，由于"+"运算符可以用于字符串操作，所以 'a' 首先被隐式转换为字符串 "a"，再与字符串 "abcdef" 进行连接操作。

4.6　其他运算符

1. 点运算符

点运算符. 用于成员访问。点运算符指定类型或命名空间的成员，可以把它理解为中文的“……的……”。比如，TextBox 类的对象 txtName 有一个 Text 属性，可以使用 txtName.Text 来访问它：

```
txtName.Text = "张三";              //让文本框内显示“张三”这两个字
string str = txtName.Text;         //把 Text 属性的值赋给字符串变量 str
```

txtName.Text 可以这样去读：“txtName 的 Text 属性”。

2. 索引运算符

索引运算符[ ]用于数组、索引器，表示按[ ]内指定的索引去访问数组或索引器中的相应元素的内容。数组将在第 7 章进行讲述。

3. 转换运算符

转换运算符( )除了用于指定表达式中的运算顺序外，圆括号还用于指定强制转换或类型转换，例如下面的运算。

x + (y + z)把 y + z 用圆括号括起来表示先执行 y+z。

(int)12.3 表示把 Double 类型的值 12.3 强制转换为整型，结果为 12。

(char)97 表示把整数值 97 强制转换为字符类型，结果为 a。

4. 条件运算符

条件运算符 ?: 根据布尔型表达式的值返回两个值中的一个。条件运算符要求有 3 个操作对象，它是 C#中唯一的一个三元运算符，格式如图 4.1 所示。

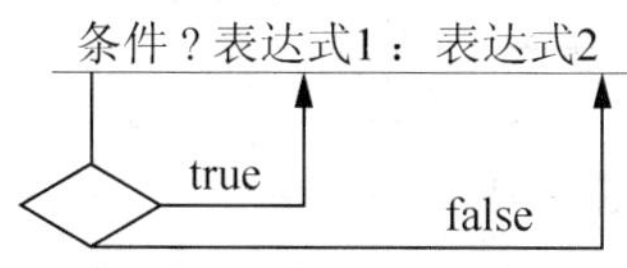

图 4.1　条件运算符格式

以上表达式说明，先求解条件，若为真(true)，则求解表达式 1，此时表达 1 的值就作为整个条件表达式的值；若条件为假(false)，则求解表达式 2，表达式 2 的值就是整个条件表达式的值。

max =　a > b ? a : b 的执行结果就是将条件表达式的值赋给 max，也就是将 a 和 b 二者中的大者赋给 max。其中 a > b ? a : b 为条件表达式，a>b 是条件，如果 a>b 返回真，则条件表达式的值为 a 的值，并把它赋给 max。如果 a>b 返回假(a 小于或等于 b)，则条件表达式的值为 b 的值，并把它赋给 max 的值。

这里需要注意，条件运算中的条件必须是一个关系表达式，也就是说这个表达式必须返回一个布尔值。例如：max = a−b ? a : b 是错误的，a−b 不会返回一个 bool 值。

【例 4-7】控制台应用程序示例代码。

```
int a = 3;
int b = 4;
int max = a > b ? a : b;        //取 a 和 b 的大的值赋给变量 max
Console.WriteLine(max);
```

运行结果：4。

4.7　运算符优先级

当表达式包含多个运算符时，运算符的优先级控制各运算符的计算顺序。例如，表达式 x+y*z 按 x+(y*z)计算，显然*运算符的优先级比+运算符高。

表 4-3 列出了运算符从最高到最低的优先级顺序。

当操作数出现在具有相同优先级的两个运算符之间时，运算符的顺序关联性控制运算的执行顺序如下。

(1) 除了赋值运算符和条件运算符外，所有的二元运算符都从左向右执行运算。例如，x+y+z 按(x+y)+z 计算。

表 4-3　运算符优先级列表

<table>
<tr><th></th><th>类　别</th><th>计算顺序</th><th>运 算 符</th></tr>
<tr><td>高</td><td>基本</td><td></td><td>x.y　f(x)　a[x]　x++　x--</td></tr>
<tr><td></td><td>一元</td><td></td><td>+　-　!　~　++x　--x　(T)x</td></tr>
<tr><td></td><td>乘除</td><td></td><td>*　/　%</td></tr>
<tr><td></td><td>加减</td><td></td><td>+　-</td></tr>
<tr><td></td><td>位移</td><td></td><td><<　>></td></tr>
<tr><td></td><td>关系</td><td></td><td><　>　<=　>=</td></tr>
<tr><td></td><td>相等</td><td></td><td>==　!=</td></tr>
<tr><td></td><td>逻辑 AND</td><td></td><td>&</td></tr>
<tr><td></td><td>逻辑 XOR</td><td></td><td>^</td></tr>
<tr><td></td><td>逻辑 OR</td><td></td><td>|</td></tr>
<tr><td></td><td>条件 AND</td><td></td><td>&&</td></tr>
<tr><td></td><td>条件 OR</td><td></td><td>||</td></tr>
<tr><td></td><td>条件</td><td></td><td>?:</td></tr>
<tr><td>低</td><td>赋值</td><td></td><td>=　*=　/=　%=　+=　-=　<<=　>>=　&=　^=　|=</td></tr>
</table>

(2) 赋值运算符和条件运算符(?:)从右向左执行运算。例如，x=y=z 按 x=(y=z)计算。

优先级和顺序关联性都可以用圆括号控制。例如，x + y * z 先将 y 乘以 z，然后将结果与 x 相加，而(x + y) * z 先将 x 与 y 相加，然后再将结果乘以 z。

4.7.1　算术运算符优先级

【例 4-8】控制台应用程序示例代码。

```
int a = 3;
int b = -a++;
Console.WriteLine(a);
Console.WriteLine(b);
```

以上代码中，-a++中是按(-a)++运算还是按-(a++)来运算呢？查看表 4-2 可以得知，a++的优先级大于-a，并且，(-a)是一个表达式，前面已经提到过，表达式不能进行自加运算，(-a)++是不合法的，所以，以上程序是按-(a++)来进行运算的。因为 a++是在表达式运算完毕后再进行自加的，所以首先让 b 的值等于-a，也就是-3，然后 a 进行自加得 4，运行结果如下。

```
4
-3
```

如果把上述示例中的“-a++”改为“-++a”，如下所示。

【例 4-9】控制台应用程序示例代码。

```
int a = 3;
int b = -++a;
Console.WriteLine(a);
Console.WriteLine(b);
```

则先对 a 进行自加，变为 4，然后再把-a 的值赋给变量 b，运行结果为：

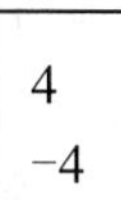

但是，如果把“-++a”改为“---a”或者“+++a”，则编译器报错，这是因为-a 与--a 具有相同的优先级，这时编辑器会把它变为--(-a)，而(-a)是一个表达式，并不能进行自加或自减，所以这样的表达式是错误的。

4.7.2　关系运算符优先级

通过观察表 4-2 可以对关系运算符的优先级总结出如下几点。

(1) (<，>，<=，>=)这 4 种关系运算符优先级相同，而(==，!=)这 2 种关系运算符的优先级相同。前 4 种高于后 2 种。

(2) 关系运算符的优先级低于算术运算符。

(3) 关系运算符的优先级高于赋值运算符。

以上优先级顺序如图 4.2 所示。

图 4.2　优先级顺序

例如以下等效关系。

a > b + c　　等效于 a > (b + c)。

a + b != a * b　等效于(a + b) != (a * b)。

a == b > c　　等效于 a == (b > c)。(a 必须为一个 bool 值)

a = b > c　　等效于 a = (b > c)。(a 必须为一个 bool 值)

表达式 a-3>b=5-c 是错误的，下面对它进行分析。在这个表达式里，由于优先级最高的是 2 个减号，所以表达式变为：由于(a - 3) > b = (5 - c)而关系运算符>的优先级高于赋值运算符=，所以表达式进一步演化为：((a - 3) > b) = (5 - c)。

这个表达式的意思是，要给一个表达式赋值是不合法的，编译不能通过。只需给表达式加上( )变为 a - 3 > (b = 5 - c)，表达式就合法了。这里仍需要注意，由于=的优先级低于-，所以表达的意思是 a - 3 > (b = (5 - c))，如果只是希望先给 b 赋初值 5 再进行运算，就需要把表达式改为：a - 3 > ((b = 5) - c)。

4.7.3　逻辑表达式和运算符优先级

用逻辑运算符将关系表达式或逻辑量连接起来就是逻辑表达式。逻辑表达式的值是一个 bool 值，也就是说，它只能返回 true 或 false。在一个逻辑表达式中，通常使用 3 种运算符，按优先级从高到低的顺序进行如下排列。

(1) !：逻辑非。

(2) &&：条件与。

(3) ||：条件或。

逻辑运算符中的“&&”和“||”优先级低于关系运算符，“!”高于算术运算符。它们的关系如图 4.3 所示。

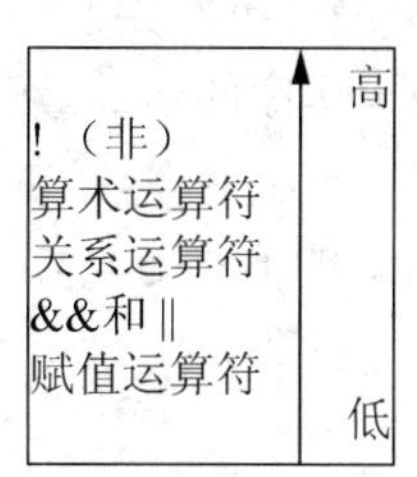

图 4.3　优先级顺序

a > b && x > y　的计算顺序为：(a > b) && (x > y)。

a == b || x == y　的计算顺序为：(a == b) || (x == y)。

!a || a > b 的计算顺序为：(!a) || (a > b)。

在逻辑表达式中，尽量不要使用自加或自减运算，否则有可能会出现意想不到的效果。

【例 4-10】控制台应用程序示例代码。

```
int a = 3;
bool b = a++ < 2 || a == 4;
Console.WriteLine(b);
```

执行结果：true。

表达式 a++ < 2 || a == 4 中，由于 ||运算符优先级最低，所以执行顺序为：(a++ < 2) || (a == 4)。

首先执行 a++<2，这时 a 的值为 3，3<2 返回 false，执行完后，a 进行自加变为 4。然后，执行表达式(a == 4)，由于 a 的值为 4，所以返回 true。这样整个表达式变为 false || true，程序的运行结果为 true，现在看这个表达式没有什么问题，但是如果把||运算符两边的表达式调换位置，变为：a == 4 || a++ < 2。

再次运行，发现结果居然变成了 false。同样的表达式，只是调换了一下位置，为什么会变成这样呢？下面来进行分析。

表达式首先执行(a==4)，由于这时 a 的值为 3，所以返回 false。然后执行 a++ < 2，这时，a 的值仍为 3，3<2 返回 false。这样，整个表达式变为 false || false，程序的运行结果为 false。

在逻辑表达式中，并不是所有的逻辑运算符都被执行，只是在必须执行下一个逻辑运算符才能在求出表达式的解时，才执行该运算符。

(1) a && b && c。只有 a 为真时，才需要判别 b 的值(如果 a 为假，整个表达式的值肯定为假)。只有 a 和 b 都为真的情况下才需要判别 c 的值。为了验证这种情况，将前面的例子进行小小的修改。

【例 4-11】控制台应用程序示例代码。

```
int a = 3;
bool b = (a == 4) && (a++ < 2);  //把||改为&&
Console.WriteLine(a);             //注意，这里改为打印 a 的值
```

执行结果：3。

从运行结果可以看到，a 的值没有任何的改变。这是因为首先执行表达式(a==4)，而 a 的值为 3，所以返回 false，这样就跳过表达(a++ < 2)，直接把 false 赋给变量 b。a++没有被执行，a 的值自然就没有改变了。这个例子更进一步地说明了为什么不要在逻辑表达式中使用自加或自减操作符。另外，也说明在写程序遇到类似情况时，尽量把最有可能为假的表达式放在最前面，并把最有可能为真的表达式放在最后面。这样可以减少程序的运算量，加快运行速度。

(2) a || b || c。只要 a 为真，就不必判断 b 和 c(如果 a 为真，整个表达式的值肯定真)。只有 a 和 b 都为假时才判别 c。为了验证，把例 4-11 进行小小的修改。

【例 4-12】控制台应用程序示例代码。

```
int a = 3;
```

```
bool b = (a == 3) || (a++ < 2); //把&&改为||, a==4 改为 a==3
Console.WriteLine(a);
```

执行结果：3。

这一次，a 的值还是没有改变。这是因为表达式首先执行(a==3)，它返回 true，所以不再执行后面的表达式，也就是没有执行 a++，这样 a 的值就没有改变了。在写程序时，如果遇到类似情况，尽量把最有可能为真的表达式放在最前面，并把最有可能为假的表达式放在最后面。

熟练掌握 C#语言的关系运算符和逻辑运算符后，可以巧妙地用一个逻辑表达式来表示一个复杂的条件。例如，判别某一年 year 是否为闰年。闰年的条件是符合下面二者之一：①能被 4 整除，但不能被 100 整除；②能被 400 整除。

【例 4-13】控制台应用程序示例代码。

```
1 int year=2007;
2 bool b = year % 4 == 0 && year % 100 != 0 || year % 400 == 0;
3 Console.WriteLine(year + "年" +(b ? "是" : "不是") + "闰年");
```

执行结果：2007 年不是闰年。

第 2 句代码中，由于&&和 || 运算符的优先级低于关系运算符和算术运算符，所以逻辑表达式可以改为：

(year % 4 == 0) && (year % 100 != 0) || (year % 400 == 0)

而根据表 4-2 可以得知 && 的优先级高于 || ，所以逻辑表达式的最终运算顺序为：

((year % 4 == 0) && (year % 100 != 0)) || (year % 400 == 0)

如果 year 为闰年，则返回 true，否则返回 false，并将返回值赋给布尔型变量 b。

可以加一个“！”用来判别非闰年，例如：

bool b = !(year % 4 == 0 && year % 100 != 0 || year % 400 == 0);

使用如下表达式也能达到相同的效果：

bool b = year % 4 != 0 && year % 100 == 0 || year % 400 != 0;

第 3 句代码中的(b?"是":"不是")使用的是三元运算符，首先判别 b 的值是 true 还是 false，如果为 true，则表达式返回"是"，否则返回"不是"。由于三元运算符?:的优先级最低，所以如果把它两边的圆括号去掉，整个表达式便变为：

year + "年" + b ? "是" : "不是" + "闰年"。

则编译器报错，这样会使表达式的运算顺序变为：

(year + "年" + b) ? "是" : ("不是" + "闰年")。

这显然不是原来的意图，也不能通过编译。

实 训 指 导

1. 实训目的

(1) 掌握控制台应用程序的基本编写方法。

(2) 掌握利用较简单的表达式实现程序逻辑。

(3) 掌握逻辑运算符和关系运算符在程序中的应用。

(4) 掌握如何在程序中使用混合表达式。

2. 实训内容

抓按钮游戏：窗体内有一按钮，当鼠标靠近时会自动弹开，需用鼠标单击按钮方能完成游戏。

3. 实训步骤

(1) 新建一个 Windows 应用程序，并把项目命名为“Exp4”。

(2) 把窗体命名为 MainForm，Text 属性设置为“抓按钮游戏”

(3) 在窗体上放置 1 个 Button 并命名为 btnCatchMe，Text 属性设置为“来抓我啊！”。

(4) 双击按钮，生成一个 Click 事件并选中窗体，在事件窗口中双击 MouseMove 事件。在代码窗口中输入如下代码：

```
private void btnCatchMe_Click(object sender, EventArgs e)
{   //抓到按钮时弹出一个对话框
    MessageBox.Show("抓到我了，算你聪明！", "抓到了",
        MessageBoxButtons.OK, MessageBoxIcon.Information);
}
const int BORDER = 50;                      //鼠标距离按钮多远时，按钮移动
const int SPACE = 20;                       //按钮每次移动的距离
private void MainForm_MouseMove(object sender, MouseEventArgs e)
{
    int x = e.X;                            //鼠标的 x 轴坐标
    int y = e.Y;                            //鼠标的 y 轴坐标
    int left = btnCatchMe.Left;             //按钮左边距
    int right = btnCatchMe.Right;           //按钮右边距
    int top = btnCatchMe.Top;               //按钮上边距
    int bottom = btnCatchMe.Bottom;         //按钮下边距
    /* 鼠标到按钮附近 border 个像素 */
    if (x > left - BORDER && x < right + BORDER &&
        y > top - BORDER && y < bottom + BORDER)
    {
        btnCatchMe.Top += y > top ? - SPACE: SPACE;
        if (btnCatchMe.Top < 0 || btnCatchMe.Bottom > this.Height)
        {   //超出上下边界时
            btnCatchMe.Top = this.Height / 2;
        }
        btnCatchMe.Left += x > left ? - SPACE: SPACE;
        if (btnCatchMe.Left < 0 || btnCatchMe.Right > this.Width)
        {   //超出左右边界时
            btnCatchMe.Left = this.Width / 2;
        }
    }
}
```

运行程序，移动鼠标，试图单击按钮，看看会有什么样的效果。

这次实训使用了条件判断语句(if 语句)，这将在第 5 章讲述。另外，窗体的 MouseMove 事件代表鼠标移动时所发生的事件。第 10 行代码和 11 行代码的 e.X 和 e.Y 中的 e 是事件的参数，通过它可以访问到鼠标当前坐标。

17、18 行代码是判断鼠标是否在按钮周围指定像素的距离内，如图 4.4 所示，大方框表示鼠标到达这个范围后，按钮将会移动。每条边如何计算已经标注出来。

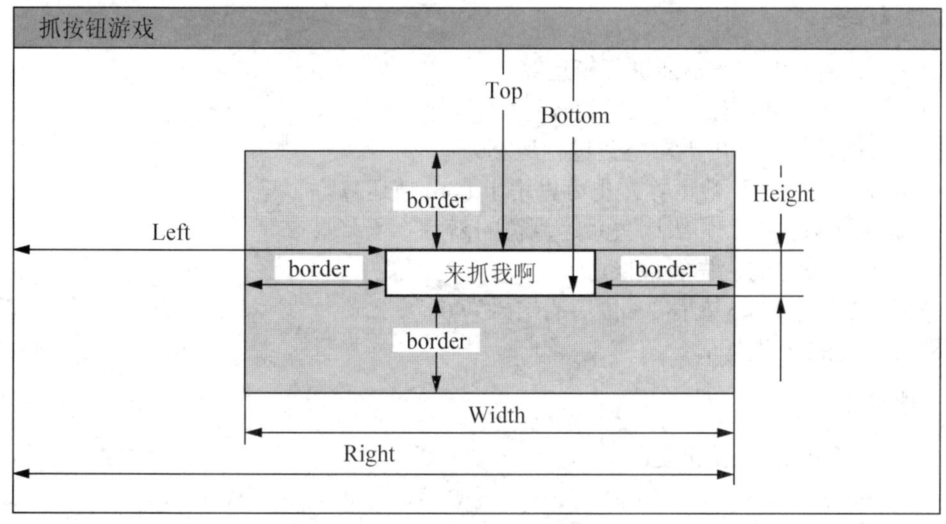

图 4.4　鼠标范围示意图

思考：

当前的常量 border 和 space 的数值使得很难用鼠标单击按钮，尝试调整这个参数，以使游戏难度降低。请问是把这 2 个参数调大还是调小才能更容易地完成游戏？

本章小结

本章详细介绍了 C#中的各种运算符和表达式的使用方法及注意事项，并重点介绍关系表达式、逻辑表达式及运算符优先级。掌握并灵活运用本章所学内容至关重要，它直接影响了后续章节的判断语句及循环语句的学习。

习　题

1. 填空题

(1) C#语言中唯一的三元运算符是________。

(2) 108 % 12 的结果是________。

(3) 10.4 % 3.1 的结果是________。

(4) 8 / 3 的结果是________。

(5) 1 << 1 的结果是________。
(6) 10 >> 1 的结果是________。
(7) 表达式 x = 3 * (y = 6) 的值为________。
(8) 3>2 && 5!=6 的结果是________。
(9) !(5 < 6) && '2' > '3' 的结果是________。
(10) '6' * '7' 的结果是________。

2. 判断题

(1) 在 C#语言中实数不能进行模运算。 ( )
(2) 在 C#语言中只有一个三元运算符。 ( )
(3) &&操作符可以用于对整数进行运算。 ( )
(4) &既可以用于整数运算，也可以用于 bool 值运算。 ( )
(5) 算术运算符的优先级比关系运算符的高。 ( )
(6) 赋值运算符的优先级最低。 ( )
(7) 把 32 位整数 65 左移 33 位后的结果为 0。 ( )
(8) '2' * '3'的结果为 6。 ( )

3. 选择题

(1) !false || !true 的结果是( )。
A. false B. true C. 0 D. 1
(2) 假设 b 的初值为 5，那么表达式 b *= b -= b + b 的值为( )。
A. 25 B. 5 C. -5 D. -25
(3) 程序：

```
int a = 6;
int b = 7;
int min = a < b ? a : b;
Console.WriteLine(min);
```

的执行结果为( )。
A. 15 B. 6 C. 7 D. -1
(4) 程序：

```
int a = 6;
Console.Write(-a++);
Console.Write(-a--);
Console.Write(-++a);
```

的执行结果为( )。
A. -6-7-7 B. -7-8-8 C. -6-7-8 D. -7-8-9
(5) 程序：

```
int a = 3;
int b = a+++a+++a++;
Console.Write(a);
Console.Write(b);
```

的执行结果为(　　)。

A. 511　　B. 513　　C. 612　　D. 613

(6) '5' + 12 的结果是什么数据类型？(　　)

A. char　　B. string　　C. int　　D. double

(7) 关于运算符 & 和 && 以下说法正确的是(　　)。

A. &和&&都可以用于整型和布尔型数值的运算

B. &可以用于布尔型数值运算，而&&不能

C. &和&&都不能用于布尔型数值的运算

D. &可以用于整型数值运算，而&&不能

(8) 关于逻辑表达式，以下说法错误的是(　　)。

A. 表达式 a && b && c 中，只有 a 为真时，才需要判别 b 的值

B. 表达式 a && b && c 中，只要 a 为假，就必须判别 b 的值

C. 表达式 a || b || c 中，只要 a 为真，就不必判别 b 和 c 的值

D. 表达式 a || b || c 中，只要 a 为假，就必须判别 b 的值

4. 简答题

(1) 试述逻辑运算符 & 和条件运算符 &&之间的区别。

(2) 从高到低排列【&& 和 ||】、【算术运算符】、【赋值运算符】、【! (非)】、【关系运算符】的优先级顺序。

5. 编程题

(1) 从键盘上输入 4 个数，编写程序，计算出这 4 个数的平均值。

(2) 编写一个应用程序，要求用户用 2 个文本框输入 2 个数，并将它们的和、差、积、商显示在标签(Label)中。

(3) 编写一个应用程序，输入以摄氏为单位的温度，输出以华氏为单位的温度。摄氏转化为华氏的公式为

$F = 1.8*C + 32$(F 为华氏温度，C 为摄氏温度)

(4) 一个称为“身体质量指数”(BMI)的量用来计算与体重有关的健康问题的危险程度。BMI 按以下的公式计算：

$\mathrm{BMI} = W/h^2$

其中 W 是以 kg 为单位的体重。h 是以 m 为单位的身高。大约 20～25 的 BMI 的值被认为是“正常的”，编写一个应用程序，输入体重和身高并输出 BMI。

教学提示

在现实中，经常需要根据不同的情况做出不同的动作，比如考试成绩大于或等于60分就是及格，如果小于60分就是不及格。在程序中，要实现这样的功能就需要使用条件判断语句。

教学要求

知识要点	能力要求	相关知识
if语句	(1) 熟练使用if语句 (2) 熟练使用if…else语句 (3) 熟练使用if…else if语句	(1) if语句的表现形式及使用方法 (2) if…else语句的表现形式及使用方法 (3) if…else if语句的表现形式及使用方法
switch语句	(1) 熟练使用switch语句 (2) 能够在switch语句和if…else if语句之间进行转换	(1) switch语句的表现形式及使用方法 (2) switch语句和if…else if语句之间的转换方法
判断语句的嵌套	能够使用嵌套判断语句来实现复杂的逻辑	(1) 判断语句嵌套的一般形式 (2) 对判断语句进行嵌套的方法

C#语言中条件判断语句有以下两种。

(1) if 语句。

(2) switch语句，又称为开关语句。

条件判断语句和循环语句(第6章会讲到)是所有程序设计语言的最基础的内容，也是核心内容，它们无处不在，通过灵活地运用这两种语句，可以实现复杂的逻辑运算。学会条件判断语句的语法并不困难，但要把复杂的算法通过这些语句表达出来需要经过不断的摸索和锻炼。

5.1 if语句

5.1.1 if语句概述

if语句是用来判断所给定的条件是否满足，根据判定的结果(真或假)决定所要执行的操作。if语句的一般表示形式为：

```
if (表达式)
{
        语句块
}
```

(1) 首先使用关键字“if”，后面紧接着圆括号，圆括号里面可以是一个表达式或是一个 bool 变量，或者干脆是一个布尔常量“true”或“false”(当然，在 if 后直接放置布尔常量没有任何意义)。表达式可以是关系表达式或逻辑表达式，总之圆括号中的表达式所返回的一定是布尔值 true 或 false。例如：

```
if (a == 100)                  //关系表达式
if (a > 100 && a < 150)        //逻辑表达式
if (a)                         //变量 a 只能是一个布尔型变量
if (true)                      //布尔常量 true，这样做没有任何意义
```

初学者最常犯的错误是使用单个等号测试是否相等，如 if(x=3){...}。在 C#语言中，x=3 是赋值表达式，而不是逻辑表达式，不能作为 if 语句的表达式。这样的语句不能被编译，把它改为 x==3 就可以了。

(2) if 表达式后紧接着的是大括号，而语句块则包含在大括号中，表示这个语句块受大括号上面的 if 语句控制。语句块本身就是程序代码，它可以是一条语句，也可以是多条语句，当语句块只包含一条语句时，可以把大括号省略掉，例如：

```
if (a > 100)
   Console.WriteLine("a 大于 100");
```

注意： 即使语句块只有一条语句，也应该给它加上大括号，这符合编写的规范。另外 if 后面语句块中的所有语句都应该缩进一个制表符 tab 或长度相当的空格，表示它们受控于以上 if 语句。这样的代码更加容易阅读，易于理解。

(3) 当 if 的表达式返回 true 值时，将执行大括号里的语句块，当表达式返回 false 值时，将跳过语句块，执行大括号后面的语句，如图 5.1 所示。

【例 5-1】判断分数合法性。

通常考试的分数范围为 0～100，要求输入一个分数，单击【提交】按钮，如果分数不合法，则提示用户，并停止程序运行。

操作步骤：

(1) 新建一个 Windows 应用程序项目并命名为 TestScore。

(2) 把窗体 Form1 命名为 frmMain，并在窗体上放置 1 个 Button 控件，命名为 btnPost；放置 1 个 TextBox 控件，命名为 txtScore；放置 1 个 Label 控件，命名为 lblResult。

按表 5-1 设置各控件属性后，其效果如图 5.2 所示。

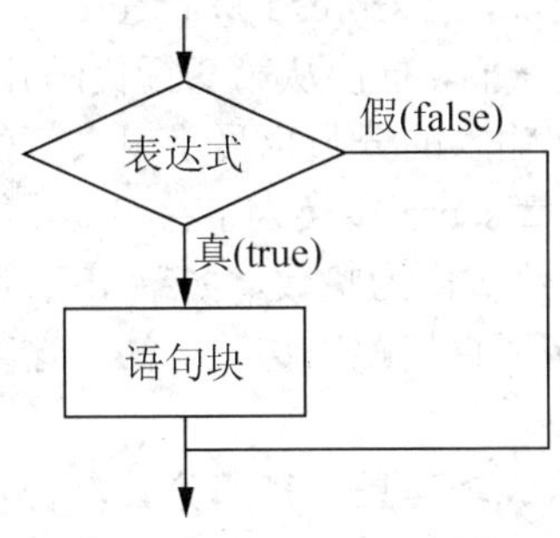

图 5.1　if 语句执行流程图

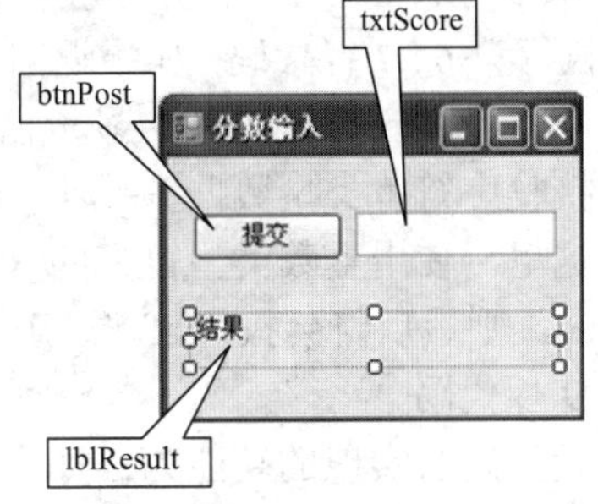

图 5.2　例 5-1 控件分布图

表 5-1 例 5-1 控件属性值列表

控件名称	属　性	属性值
frmMain	Text	分数输入
btnPost	Text	提交
lblResult	AutoSize	false
	Text	结果

(3) 双击 btnPost，生成一个按钮的单击事件，并输入如下代码：

```
1 private void btnPost_Click(object sender, EventArgs e)
2 {
3     int score = int.Parse(txtScore.Text);
4     if (score > 100 || score < 0)
5     {
6        lblResult.Text="输入失败，分数不合法！";
7        return;
8     }
9     lblResult.Text = "输入成功，分数为：" + score.ToString();
10 }
```

运行程序，在 txtScore 文本框内输入“90”，然后单击【提交】按钮，lblResult 标签显示“输入成功，分数为 90”。在文本框内输入“120”，再次单击【提交】按钮，则标签显示“输入失败，分数不合法”。

代码分析：

第 3 行代码的作用是把文本框内的分数保存到局部变量 score 内。分数是由用户输入到文本框内，而文本框内只能保存文本，为了可以对分数进行数学运算，需要首先把它转换为整数。Int.Parse( )方法的作用就是把圆括号内的字符串转换为整数。当然，如果用户在文本框内输入了字母或中文则会弹出一个异常，如何处理异常后面的章节会讲到，这里先忽略这种可能。

第 4 行代码判断分数的范围，确定其是否合法，可以尝试把 score>100 || score<0 翻译为中文的“分数小于零或者分数大于 100”，这样更好理解一些。

第 6 行代码让标签控件显示“输入失败，分数不合法”。

第 7 行代码 return 的作用是跳出方法 btnPost_Click( )的执行，而不执行方法体内的其余代码。它使按钮的单击事件提前结束。

第 6、7 行代码在 if 语句所属的大括号之内。也就是说，当 score>100 || score<0 返回 true 时，则执行第 6、7 行代码，如果返回的是 false，则跳过它们，直接从第 9 行代码开始执行。

第 9 行代码在标签控件中显示输入成功信息，并把输入的分数也显示出来。由于 Text 属性只接收字符串类型数据，所以，必须把整数类型变量 score 转换为字符串，才能显示成功。在这里，使用整数类型自带的 ToString( )方法把分数转换为整数。如果 if 表达式返回的是 true，则最后将会执行 if 语句所控制的 return 语句而直接跳出这一方法，这时将不会执行第 9 行代码。

整段代码所实现的功能为：如果分数合法，则显示成功信息并打印分数，否则显示失败信息。

注意： 初学者很容易犯的一个错误是在 if 表达式后面加分号，这样写程序依然可以运行，但执行的结果会变得不可预测。如图 5.3 所示，当在 if 表达式后面加上分号以后，代码的意思实际上由图 5.3(a)变为了图 5.3(b)。也就是说，无论表达式返回的结果是什么，语句块都将会执行，它不再受 if 语句控制。请在上例中的 if 表达式后面加上分号，运行程序，输入不同的分数，看看执行结果如何，思考为什么会得出这样的结果。

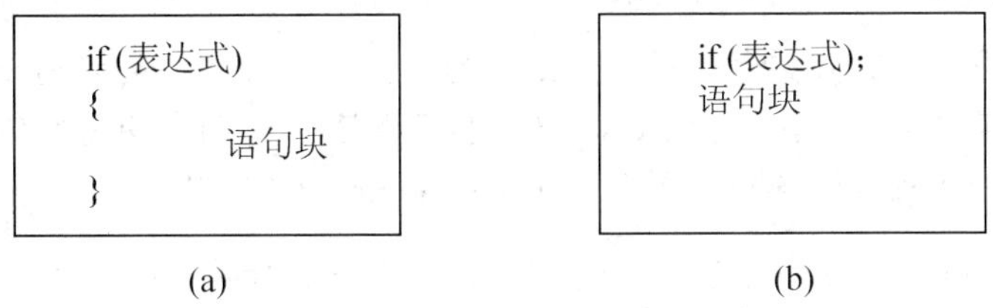

图 5.3 在 if 表达式后面添加分号

5.1.2 if...else 语句

当一个判断语句只存在两种可能的结果时，可以使用 if...else 语句来表达。它的表现形式为：

```
if (表达式)
{
        语句块 1
}
else
{
        语句块 2
}
```

当 if 表达式返回 true 时，执行语句块 1。如果返回 false，则执行 else 后面的语句块 2，如图 5.4 所示。为了便于理解，可以把它翻译为中文的“如果…就…，否则…”。

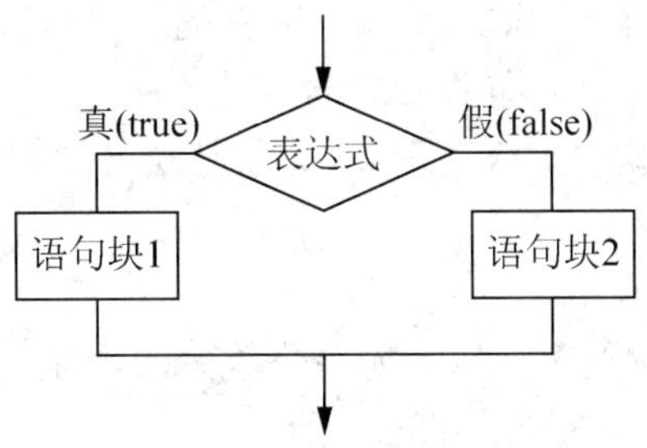

图 5.4 if...else 语句执行流程

可以对例 5-1 使用 if...else 进行如下改造：

```
private void btnPost_Click(object sender, EventArgs e)
{
    int score = int.Parse(txtScore.Text);
    if (score < 0 || score > 100)
```

```
    {
        lblResult.Text = "输入失败，分数不合法！";
    }
    else
    {
        lblResult.Text = "输入成功，分数为：" + score.ToString();
    }
}
```

这段代码把例 5-1 的 if 语句中的 return 去掉，然后把最后一句放到 else 子句中，这样做的效果与原来是一样的。由于 if…else 语句的特点是 if 子句中的内容与 else 子句中的内容是相斥的，只能执行其中一个，因此不再需要 return 语句强制跳出方法的执行。

注意： 在使用 if…else 语句时，尽量把最有可能被执行的语句块放在 if 子句内，尽量把出错提示的代码放在 else 子句内。这样写代码更符合规范，更符合逻辑。以上的代码则正好相反，把出错提示代码放在了 if 子句内，为此需要对它进行如下改进：

```
private void btnPost_Click(object sender, EventArgs e)
{
    int score = int.Parse(txtScore.Text);
    if (score >= 0 && score <= 100)
    {
        lblResult.Text = "输入成功，分数为：" + score.ToString();
    }
    else
    {
        lblResult.Text = "输入失败，分数不合法！";
    }
}
```

这一次对正确的可能进行了判断，score>=0 && score<=100 翻译成中文就是“如果分数大于等于 0 并且分数小于等于 100，就……”，它的效果与 score<0 || score>100 正好相反，可以把成功信息放在 if 子句中，这样做更符合规范。

本章开始提到的考试成绩大于或等于 60 分就是及格，如果小于 60 分就是不及格，使用 if...else 来表达正好合适。

【例 5-2】 判断分数是否及格。

输入一个分数，单击【提交】按钮，如果分数大于或等于 60 分，则显示及格，否则显示不及格(暂不考虑分数是否合法)，如图 5.5 所示。

操作步骤：

(1) 新建一个 Windows 应用程序项目，并命名为 SetScore。

(2) 把窗体 Form1 命名为 frmMain，并在窗体上放置如下控件。

① 1 个 Button 控件，命名为 btnPost。

② 1 个 TextBox 控件，命名为 txtScore。

③ 1 个 Label 控件，命名为 lblResult。

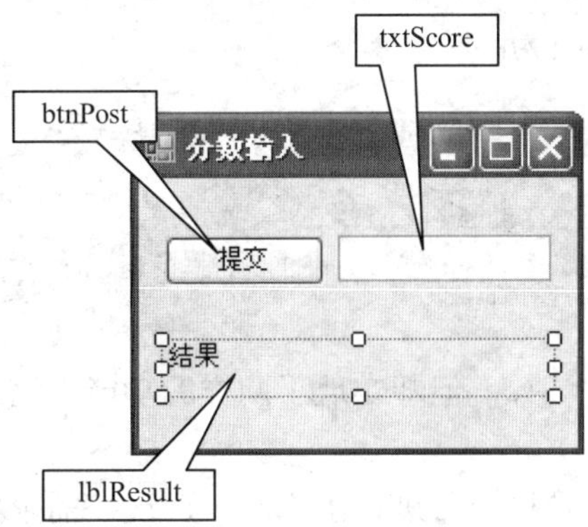

图 5.5　例 5-2 控件分布图

设置各控件属性见表 5-2。

表 5-2　例 5-2 控件属性值列表

控 件 名 称	属　　性	属 性 值
frmMain	Text	分数输入
btnPost	Text	提交
lblResult	AutoSize	false
	Text	结果

(3) 双击 btnPost，生成一个按钮的单击事件，并输入如下代码：

```
1  private void btnPost_Click(object sender, EventArgs e)
2  {
3      int score = int.Parse(txtScore.Text);
4      if (score >=60)
5      {
6          lblResult.Text = "及格";
7      }
8      else
9      {
10         lblResult.Text = "不及格";
11     }
12 }
```

运行结果：

运行程序，在 txtScore 文本框内输入 90，然后单击【提交】按钮，lblResult 标签显示“及格”。在文本框内输入 50，再次单击【提交】按钮，则标签显示“不及格”。

代码分析：

第 4 行代码判断所输入的分数是否大于或等于 60，如果是，则表达式返回 true，执行 if 子句里的第 6 行代码，打印“及格”。其他情况(这里也只能是小于 60 的情况)则执行第 10 行代码，打印“不及格”。

若 if...else 语句中，在表达式为“真”和“假”时都只执行赋值语句给同一个变量赋值时，可以用简单的条件运算符(?:)来处理。

上例中，可以将代码修改为：

```
private void btnPost_Click(object sender, EventArgs e)
{
    int score = int.Parse(txtScore.Text);
    lblResult.Text = (score >= 60) ? "及格" : "不及格";
}
```

这里，代码从 9 行变为 2 行，但却实现了同样的功能。这样做可以使代码变得更加简洁，也更易于阅读。

在例 5-2 中，对成绩的及格与否进行了判断，但现在需求发生了改变，要求判断出一个成绩的优、良、中、及格、不及格。

优：90～100。

良：80～90 (小于 90)。

中：70～80 (小于 80)。

及格：60～70 (小于 70)。

不及格：0～60 (小于 60)。

可以根据前面所学的知识完成这个逻辑。

【例 5-3】按分数划分成绩等级 1.0 版本。

此例在例 5-2 的基础上进行修改就可以了。打开例 5-2，双击 btnPost 进入到代码编辑窗体，删除原来手工输入的代码并输入如下代码：

```
private void btnPost_Click(object sender, EventArgs e)
{
    int score = int.Parse(txtScore.Text);
    if (score >=90 && score<=100)
    {
        lblResult.Text = "优";
    }
    if (score >= 80 && score <90)
    {
        lblResult.Text = "良";
    }
    if (score >= 70 && score < 80)
    {
        lblResult.Text = "中";
    }
    if (score >= 60 && score < 70)
    {
        lblResult.Text = "及格";
    }
    if (score >= 0 && score < 60)
    {
        lblResult.Text = "不及格";
    }
}
```

这段代码的执行效率是十分低下的，比如输入 95 分，当程序执行第 1 个 if 语句时，符合条件，打印出“优”，但接下来它还会去判断所有剩余的 if 语句。这样做导致程序执行了很多行的代码。要解决这个问题，就需要使用 if...else if...语句。

5.1.3　if...else if...语句

当一个判断语句存在多种可能的结果时，可以使用 if...else if...语句来表达，如图 5.6 所示。它的表现形式为：

```
if (表达式1)
{
    语句块1
}
else if (表达式2)
{
    语句块2
}
…
else if (表达式n)
{
    语句块n
}
```

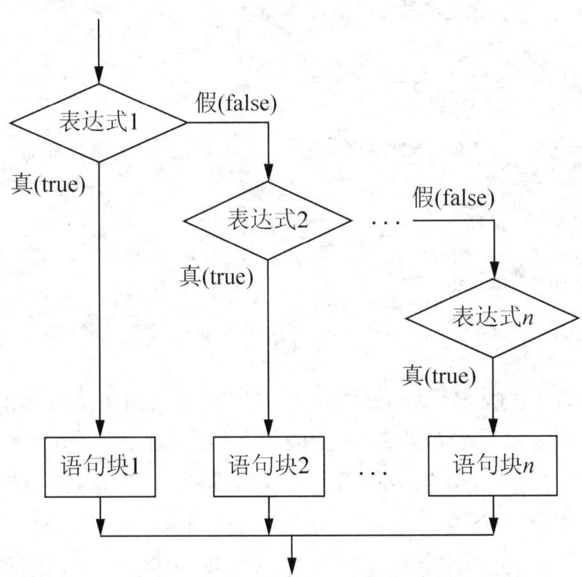

图 5.6　if...else if...语句执行流程

首先执行表达式 1，如果返回值为 true，则执行语句块 1，并跳出整个 if 语句。如果表达式 1 返回 false，则执行表达式 2。如果表达式 2 返回 true，则执行语句块 2，并跳出整个 if 语句。如果表达式 2 返回 false 则继续往下执行 else if 语句。总而言之，if...else if...语句的特点是只要找到为真的表达式就执行相应的语句块并跳出整个判断语句，否则就继续往下执行。

现在，使用 if…else if…来判断成绩的优、良、中。

【例 5-4】按分数划分成绩等级 2.0 版本。

输入一个分数，单击【提交】按钮，根据分数的多少显示优、良、中、及格、不及格(暂不考虑分数是否合法)。

操作步骤：

此例在例 5-3 的基础上进行修改就可以了(也可以复制整个例 5-3 项目文件夹再打开它或按例 5-2 的(1)、(2)步进行操作)。打开例 5-3，双击 btnPost 进入代码编辑窗体，删除原来手工输入的代码并输入如下代码：

```
private void btnPost_Click(object sender, EventArgs e)
{
    int score = int.Parse(txtScore.Text);
    if (score >= 90 && score <= 100)
    {
        lblResult.Text = "优";
    }
    else if (score >= 80 && score < 90)
    {
        lblResult.Text = "良";
    }
    else if (score >= 70 && score < 80)
    {
        lblResult.Text = "中";
    }
    else if (score >= 60 && score < 70)
    {
        lblResult.Text = "及格";
    }
    else if (score >= 0 && score < 60)
    {
        lblResult.Text = "不及格";
    }
}
```

这个版本的代码与 1.0 版本代码几乎一样，只是在后面的 if 语句前加上了 else 关键字，但是它的执行效率就高得多了。如果输入的成绩为 95，那么，程序将在执行完第 1 个 if 子句并打印出“优”后直接跳出整个判断语句。为了验证它在寻找到结果为真的表达式后会跳出整个判断语句，使用一个控制台应用程序来进行验证。

上例所写代码并不完善，当输入分数-5 或 300 时，将不会有任何的显示。此时，可以在整个判断语句的最后加一个 else 子句，对不合法的分数进行统一的处理。

【例 5-5】按分数划分成绩等级 3.0 版本。

操作步骤：

此例在例 5-4 的基础上进行修改就可以了(也可以复制整个例 5-3 项目文件夹再打开它或按例 5-2 的(1)、(2)步进行操作)。打开例 5-3，双击 btnPost 进入代码编辑窗体，删除原来手工输入的代码并输入如下代码：

```
private void btnPost_Click(object sender, EventArgs e)
{
    int score = int.Parse(txtScore.Text);
    if (score >=90 && score<=100)
    {
        lblResult.Text = "优";
    }
    else if (score >= 80 && score <90)
    {
        lblResult.Text = "良";
    }
    else if (score >= 70 && score < 80)
    {
        lblResult.Text = "中";
    }
    else if (score >= 60 && score < 70)
    {
        lblResult.Text = "及格";
    }
    else if (score >= 0 && score < 60)
    {
        lblResult.Text = "不及格";
    }
    else  //从这里开始是新添加的代码
    {
        lblResult.Text = "分数不合法，请重新输入";
    }
}
```

这个例子只是在例 5-4 的基础上添加了一个 else 子句，当前面的判断都为假时，就会执行 else 子句中的内容。通常在 if...else if...语句内，用 else 子句来处理不合法的可能。并且，应该尽可能把最常见的情况放在前面，这样可以让阅读代码的人更容易理解代码，代码效率也得到了提高。本例中，没有把最常见的情况——“中”放在最前面是因为按照从高到低的顺序进行判断，代码更符合逻辑，也更易读懂。

5.1.4 if 语句的嵌套

在 if 语句中又包含一个或多个 if 语句称为 if 语句的嵌套。例如：

```
if ( )
{
    if ( ) {  语句块 1 }   ┐
    else { 语句块 2 }      ┘ 内嵌 if
}
else
{
    if ( ) {  语句块 1 }   ┐
    else { 语句块 2 }      ┘ 内嵌 if
}
```

if 的内嵌形式可以五花八门，嵌套的层数也没有限制。可以使用 if 语句的嵌套来实现例 5-5 的功能。

【例 5-6】按分数划分成绩等级 4.0 版本。

操作步骤：

此例在例 5-5 的基础上进行修改就可以了(也可以复制整个例 5-3 项目文件夹再打开它或按例 5-2 的(1)、(2)步进行操作)。打开例 5-6，双击 btnPost 进入代码编辑窗体，删除原来手工输入的代码并输入如下代码：

```
private void btnPost_Click(object sender, EventArgs e)
{
    int score = int.Parse(txtScore.Text);
    if (score <= 100 && score >= 0)         //最外层
    {
        if (score >= 90)                    //第 2 层
        {
            lblResult.Text = "优";
        }
        else
        {
            if (score >= 80)                //第 3 层
            {
                lblResult.Text = "良";
            }
            else
            {
                if (score >= 70)            //第 4 层
                {
                    lblResult.Text = "中";
                }
                else
                {
                    if (score >= 60)        //第 5 层
                    {
                        lblResult.Text = "及格";
                    }
                    else
                    {
                        lblResult.Text = "不及格";
                    }
                }
            }
        }
    }
    else
    {
        lblResult.Text = "分数不合法，请重新输入";
    }
}
```

本例一共有 5 层嵌套 if 语句，它的思路是一步一步缩小所要查找的范围，最终得出合适的答案，如图 5.7 所示。虽然它实现了和例 5-6 相同的功能，但不建议这样写。大家看到这段代码的第 1 个感觉可能就是程序冗长，可读性低。而例 5-6 的代码则简单明了，层次分明。

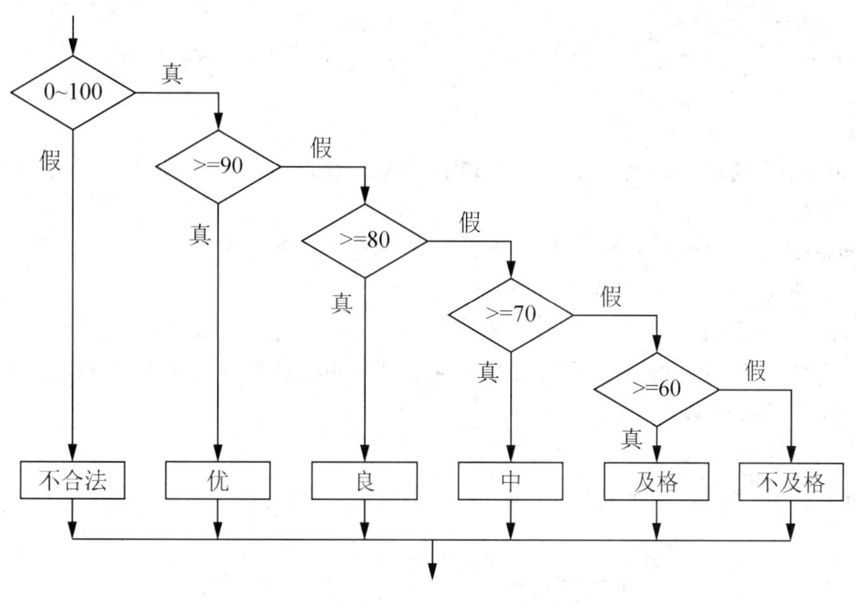

图 5.7　例 5-6 流程

从以上例子中可以看出，相同的逻辑可以使用很多种不同的方法去书写。按分数划分成绩等级这个例子一共写了 4 个版本，其实还可以有第 5、第 6 个版本……如何灵活地使用 if 语句也成为学好这门课的关键之一。在复杂的逻辑中使用嵌套 if 语句在所难免，只要多思考、勤练习，必定能掌握其要领。

5.2　switch 语句

switch 语句又称为“开关语句”，它是多分支选择语句，允许根据条件判断执行一段代码。它与 if...else if...语句构造相同，两者相似度很高。某些特定的 if...else if...语句可以使用 switch 语句来代替，而所有的 switch 语句都可以改用 if...else if...语句来表达。它们之间的不同点是 if...else if...语句计算一个逻辑表达式的值，而 switch 语句则拿一个整数或 string 表达式的值与一个或多个 case 标签里的值进行比较。switch 语句的表现形式如下：

```
switch (表达式)
{
    case 值1 :
        语句块1
        break;
    case 值2 :
        语句块2
        break;
```

```
    ...
    case 值 n :
        语句块 n
        break;
    default :
        语句块 n+1
        break;
}
```

注意：

(1) switch 关键字后面的表达式，其值的类型必须是字符串或整数，如 char、int、long 都属于整数类型。

(2) case 标签后面的值必须是常量表达式，不允许使用变量。

(3) case 和 default 标签以冒号而非分号结束。

(4) case 标签后面的语句块，无论是单条语句还是多条语句，都无须用括号包围。

(5) default 标签可以有，也可以没有。case 子句的排放顺序是无关紧要的，甚至可以把 default 子句放在最前面。

【例 5-7】人物查找。

在图 5.8 所示的控件分布图中，输入一个人名，单击【查找】按钮，显示所查人物的信息。

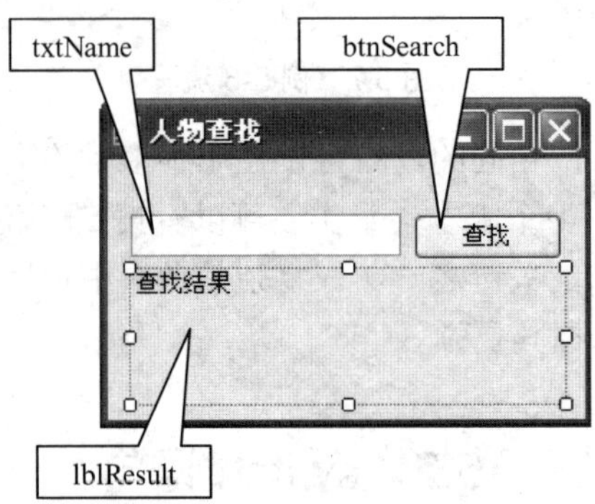

图 5.8　例 5-7 控件分布图

操作步骤：

(1) 新建一个 Windows 应用程序项目，并命名为 Search。

(2) 把窗体 Form1 命名为 frmSearch，并在窗体上放置 1 个 Button 控件，命名为 btnSearch；放置 1 个 TextBox 控件，命名为 txtName；放置 1 个 Label 控件，命名为 lblResult。

设置各控件属性见表 5-3。

表 5-3　例 5-7 控件属性值列表

控 件 名 称	属　　性	属 性 值
frmSearch	Text	人物查找
btnSearch	Text	查找
lblResult	AutoSize	false
	Text	查找结果

(3) 用鼠标调整 lblResult 控件的大小到合适为止。

(4) 双击 btnSearch，生成一个按钮的单击事件，并输入如下代码：

```
1 private void btnSearch_Click(object sender, EventArgs e)
2 {
3     string intro;
4     switch (txtName.Text)
5     {
6         case "李白":
7             intro = "中国唐代著名诗人，被称为诗仙。";
8             break;
9         case "岳飞":
10            intro = "中国南宋著名抗金将领。";
11            break;
12        case "Anders":
13            intro = "丹麦著名计算机科学家，被誉为 Delphi/C#之父。";
14            break;
15        default:
16            intro = "查无此人";
17            break;
18    }
19    lblResult.Text = intro;
20 }
```

运行结果：

运行程序，在 txtName 文本框内分别输入 “李白”、“岳飞”、“Anders”，然后单击【查找】按钮，lblResult 标签显示对应的人物信息。如果在文本框内输入的人名不在以上三人之列，如“张三”，则显示“查无此人”。

代码分析：

第 2 行代码声明了一个字符串变量 intro 作为存储人物简介的临时变量。

第 3 行代码把文本框 txtName 的 Text 属性(也就是输入的人名)作为 switch 括号内的表达式，表示将把它与 case 标签后的常量进行对比。

第 6～14 行是 case 子句，当 txtName.Text 所返回的字符串等于 case 标签的字符串常量时，将执行 case 标签所属冒号后面相应的代码块。当执行到 break 语句时，将跳出整个 switch 语句，直接执行第 19 行代码。

第 15～17 行为 default 子句，当 txtName.Text 与所有的 case 标签后面的常量不吻合时，就会执行 default 后面的代码块，显示“查无此人”并通过执行 break 跳出整个 switch 语句。

第 19 行把字符串变量 intro 的值赋给 lblResult.Text 属性，也就是显示 intro 中的内容。

注意：(1) 每个 case 子句，包括 default 子句内必须包含 break 语句(但有一种情况例外，稍后再讲)。尝试去掉某 case 子句后面的 break 语句，看看会有什么样的效果。

(2) 任何 2 个 case 标签后的常量都不能相同，包括值相同的不同常量。以下代码是错误的：

```
    case "李白":
        intro = "中国唐代著名诗人，被称为诗仙。";
        break;
    case "李白":
        intro = "中国南宋著名抗金将领。";
        break;
```

(错误！“李白”出现在两个 case 后面。)

```
const string NAME1 = "李白";
const string NAME2 = "李白";
string intro;
switch (txtName.Text)
{
    case NAME1:
        intro = "中国唐代著名诗人，被称为诗仙。";
        break;
    case NAME2:
        intro = "中国南宋著名抗金将领。";
        break;
……
```

虽然常量名 NAME1 和 NAME2 不同，但它们所包含的值相同，都为“李白”。

(3) 刚才说到 case 子句必须包含 break，但有一种情况例外。如果一个 case 子句为空，就可以从这个 case 子句跳到下一个 case 子句上，这样就可以用相同的方式处理 2 个或多个 case 子句了。上例的代码改为:

```
string intro;
switch (txtName.Text)
{
    case "李白":
    case "岳飞":
        intro = "中国人";
        break;
    case "Anders":
        intro = "丹麦人";
        break;
    default:
        intro = "查无此人";
        break;
}
lblResult.Text = intro;
```

修改完后，按 F5 键运行程序，在文本框内输入“李白”或“岳飞”，单击【查找】按钮，查找的结果都为“中国人”。由此可以看出，程序对于“李白”和“岳飞”的处理是相同的。

实 训 指 导

1. 实训目的

(1) 掌握 if 语句的使用方法。

(2) 掌握 switch 语句的使用方法。

(3) 掌握判断语句的嵌套使用。

2. 实训内容

石头剪子布游戏。

3. 实训步骤

(1) 新建一个 Windows 应用程序，并把项目命名为 Exp5。

(2) 把窗体命名为 MainForm，Text 属性设置为【石头剪子布】。

(3) 在窗体上放置 1 个 Panel 控件，2 个 Label 控件，分别命名为 lblRivalScore 和 lblMyScore。再放置 3 个 Button 控件，分别命名为 btnRock、btnForfex、btnCloth。

(4) 在 Panel 控件上放置 3 个 Label 控件，分别命名为 lblRival、lblMy、lblResult。

(5) 在窗体中放置 3 个 ImageList 控件(可以在【工具箱】下的【组件栏】下找到)，这 3 个控件将显示在窗体外下方的灰色区域，并分别将它们命名为 imgButton、imgMy、imgRival。

(6) 选中 imgButton 控件，在属性窗口单击 Images 属性右边的小按钮打开图像集合编辑器，单击【添加】按钮分别按顺序载入“按钮石头.bmp”、“按钮剪子.bmp”、“按钮布.bmp”这 3 张图片，让它们的索引号分别为 0、1、2。所有图片可在二维码中的【素材】文件夹内找到。接下来把窗体上 3 个按钮的 Size 属性都设置为“40,40”，ImageList 属性都设置为 imgButton。

(7) 给 imgMy 控件按顺序载入“本方石头.bmp”、“本方剪子.bmp”、“本方布.bmp”这 3 张图片，把 lblMy 的 ImageList 属性设置为 imgMy。

(8) 给 imgRival 控件按顺序载入“对方石头.bmp”、“对方剪子.bmp”、“对方布.bmp”这 3 张图片，把 lblRival 的 ImageList 属性设置为 imgRival。

(9) 按照表 5-4 设置石头剪子布的各控件属性。完成后的各控件分布如图 5.9 所示。

表 5-4　石头剪子布的各控件属性列表

控 件 名 称	属　　性	属 性 值
panel1	BackColor	ControlDarkDark
lblRivalScore lblMyScore	Text	0
	BorderStyle	FixedSingle
	Font	宋体，一号字
	TextAlign	MiddleCenter
lblMy lblRival	BackColor	ControlDarkDark
	Size	80,80

续表

控 件 名 称	属　　性	属 性 值
lblResult	BackColor	ControlDarkDark
	Font	宋体，初号字
	TextAlign	MiddleCenter
btnRock	ImageIndex	0
btnForfex	ImageIndex	1
btnCloth	ImageIndex	2

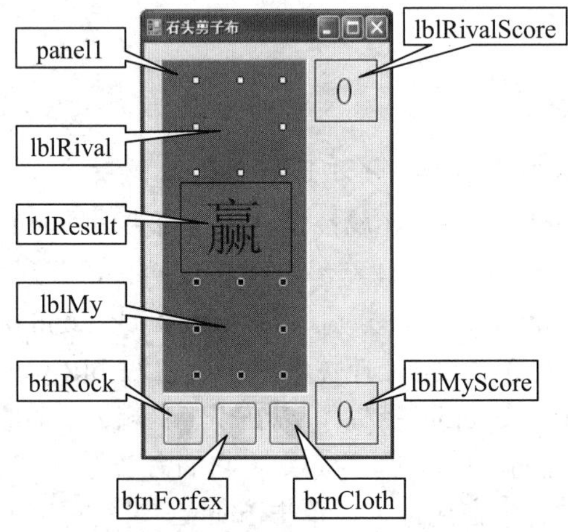

图 5.9　石头剪子布控件分布图

(10) 按住 Ctrl 键(或用鼠标拖选)同时选中 3 个按钮，在【事件】窗口中双击 Click 事件为 3 个按钮生成同一个事件方法并在代码窗口中输入如下代码：

```
int rivalScore = 0;             //对手分数
int myScore = 0;                //本方分数
private void btnForfex_Click(object sender, EventArgs e)
{   //0 表示石头，1 表示剪刀，2 表示布
    //根据单击的按钮的 ImageIndex 属性值确定本方出什么
    int myNum = lblMy.ImageIndex = ((Button)sender).ImageIndex;
    Random rm = new Random(); //初始化随机数类
    int rivalNum=lblRival.ImageIndex=rm.Next(0, 3); //对手随机出招
    switch (rivalNum)
    {
        case 0:                 //对手出石头的情况
            if (myNum == 0)     //本方出石头时
            {
                lblResult.Text = "平";
            }
            else if (myNum == 1)   //本方出剪子时
            {
                lblResult.Text = "输";
```

```
                rivalScore++;
            }
            else                            //本方出布时
            {
                lblResult.Text = "赢";
                myScore++;
            }
            break;
        case 1: //对手出剪子的情况
            if (myNum == 0)                 //本方出石头时
            {
                lblResult.Text = "赢";
                myScore++;
            }
            else if (myNum == 1)            //本方出剪子时
            {
                lblResult.Text = "平";
            }
            else                            //本方出布时
            {
                lblResult.Text = "输";
                rivalScore++;
            }
            break;
        case 2: //对手出布时
            if (myNum == 0)                 //本方出石头时
            {
                lblResult.Text = "输";
                rivalScore++;
            }
            else if (myNum == 1)            //本方出剪子时
            {
                lblResult.Text = "赢";
                myScore++;
            }
            else                            //本方出布时
            {
                lblResult.Text = "平";
            }
            break;
    }
    lblRivalScore.Text = rivalScore.ToString();         //显示对手得分
    lblMyScore.Text = myScore.ToString();               //显示本方得分
}
```

运行结果：运行程序，单击按钮出招，对手会跟着自动出招。中间的标签控件会显示本方是输是赢。两边的标签控件会记录下每方的分数。

本例使用了嵌套的判断来完成输赢的判断，属于较常规的做法，代码较容易理解，但让人感觉有些烦琐。可以寻找输赢之间的规律以大幅度地减少代码量。请尝试把石头、剪子、布分别用数字 0、1、2 代替，用对手出的数字减去本方出的数字，并把所有可能一一列出，寻找“输”、“赢”、“平”之间的规律。将本次实验代码更改如下：

```
int rivalScore = 0;             //对手分数
int myScore = 0;                //本方分数
private void btnForfex_Click(object sender, EventArgs e)
{    //0 表示石头，1 表示剪刀，2 表示布
    int myNum = lblMy.ImageIndex = ((Button)sender).ImageIndex;
    Random rm = new Random();
    int rivalNum = lblRival.ImageIndex = rm.Next(0, 3);
    int result = rivalNum - myNum;    //对手分数减本方分数
    if (result == 0)
    {
        lblResult.Text = "平";
    }
    else if (result == 1 || result == -2)
    {
        lblResult.Text = "赢";
        myScore++;
    }
    else
    {
        lblResult.Text = "输";
        rivalScore++;
    }
    lblRivalScore.Text = rivalScore.ToString();
    lblMyScore.Text = myScore.ToString();
}
```

运行结果：与前面的代码所完成的功能完全一样。

思考：为什么原本 62 行代码完成的功能用 25 行代码就可以完成了？

本 章 小 结

本章介绍了 if 语句，if…else…语句，if…else if…语句以及 switch 语句的使用方法，虽然理解它们不难，但要灵活运用绝对不是一日之功。对于它们的掌握程度会直接影响后面课程的学习，要能灵活自如地运用它们需要不断的练习和思考。

习　　题

1. 判断题

(1) C#语言中条件判断语句只有一种 if 语句。　(　　)

(2) if 语句用来判断所给定的条件是否满足，根据判定的结果(真或假)决定所要执行的操作。　(　　)

(3) if 语句中的表达式不能使用 bool 型变量。　(　　)

(4) if 语句中的语句块只包含一条语句时，可以把大括号省略掉。　(　　)

(5) switch 语句又称为“开关语句”，它是多分支选择语句。　(　　)

(6) switch 语句根据条件判断执行一段代码，它与 if…else if…构造并不相同，但是两者相似度很高。　(　　)

(7) 所有的 if…else if…语句可以使用 switch 语句来代替。　(　　)

(8) switch 后的表达式，其值的类型必须是字符串或整数。　(　　)

2. 选择题

(1) 条件判断语句是通过判断(　　)而选择执行相应语句的。

A. 给定条件　B. 结果　C. 过程　D. 真假

(2) 以下 if 语句的表达式哪个是错误的？(　　)

A. if (a == 100)　B. if (a < 100)　C. if (a = 100)　D. if (a > 100)

(3) 当 if (表达式){语句块 1}else{语句块 2}中的表达式返回值为真时执行(　　)。

A. 语句块 1　B. 语句块 2　C. 表达式　D. 跳过不执行

(4) 下列哪种 if 语句的形式是错误的？(　　)

A. if (表达式){语句块}

B. if (表达式){语句块 1}else{语句块 2}

C. if (表达式)then{语句块 1}else{语句块 2}

D. if (表达式){语句块 1}else if(表达式){语句块 2}

(5) 当 a=150 时运行下列代码，最后 a 结果为(　　)。

```
if (a > 100)
{a=100+1}
else if(a > 200)
{a=100+2}
else {a=100+3}
```

A. 151　B. 101　C. 202　D. 103

(6) switch 语句是一个(　　)语句。

A. 单分支　B. 双分支　C. 三分支　D. 多分支

(7) case 标签后面的值必须是(　　)表达式。

A. 常量　B. 变量　C. 类　D. 事件

(8) 每个 case 子句，包括 default 子句内必须包含(　　)语句。

A. if　　B. switch　　C. break　　D. else

3. 填空题

(1) ________和________是所有程序设计语言的基础内容。

(2) if 语句中的表达式可以是________或________。

(3) if 后圆括号内的表达式的返回值必须是________类型。

(4) 当 if 的表达式返回 true 值时，将________，当表达式返回 false 值时，将________。

(5) 当在 if 表达式后加上分号以后，无论表达式返回的结果是什么，语句块________。

(6) if...else if...的特点是________，否则继续往下执行。

(7) if 语句和 switch 语句之间的不同点是________语句计算一个逻辑表达式的值，而________语句则拿一个整数或 string 表达式的值与一个或多个 case 标签里的值进行比较。

(8) case 和 default 标签以________结束。

4. 简答题

(1) 简单描述 if 语句的几种形式。

(2) 使用 switch 语句时需要注意什么？

5. 编程题

(1) 编写一个应用程序，确定咖啡厅服务员的小费。小费应是账单的 10%，最小值为 2 元。

(2) 一个计算机商店销售光盘，对于少量的订购，每盘 3.5 元。订购超过 200 张时，每盘 3 元。编写程序，要求输入订购光盘数量并显示总价格。

(3) 编写一个程序来处理银行账户取款。程序要求以余额和取款数作为输入，取款后显示新的余额，如果取款数大于原余额，程序显示“拒绝取款”，如果余额小于 10 元，应显示“余额不到 10 元”。

(4) 编写一个求解一元二次方程的程序。

(5) 输入 2 个数及运算符，求出 2 个数的运算结果。

第6章 循环控制语句

教学提示

循环结构是结构化程序3种基本结构之一，它和顺序结构、选择结构共同作为各种复杂程序的基本构造单元。熟练掌握选择结构和循环结构的概念及使用是程序设计的最基本要求。

教学要求

知识要点	能力要求	相关知识
while语句	熟练使用while语句	(1) while语句的表现形式 (2) while语句的使用方法
do…while语句	(1) 熟练使用do…while语句 (2) 熟练掌握do…while语句和while语句之间的转换	(1) do…while语句的表现形式 (2) do…while语句的使用方法
for语句	(1) 熟练使用for语句 (2) 熟练掌握for语句和while语句之间的转换	(1) for语句的表现形式 (2) for语句的使用方法
break和continue语句	能够在循环语句中正确地使用break语句和continue语句	(1) break语句的使用方法 (2) continue语句的使用方法
循环嵌套	能够使用循环嵌套来实现复杂的逻辑	循环嵌套的使用方法

在许多问题中都需要使用循环控制。例如，要求统计高考平均分、计算分数线、每个分数的人数是多少。几乎所有的程序都包含循环，循环是一组重复执行的指令，重复次数由条件决定。在C#语言中可以用以下语句来实现循环。

(1) while语句。

(2) do…while语句。

(3) for语句。

(4) foreach语句。

(5) goto语句。

其中不建议在程序中使用goto语句。goto语句使程序流程无规律、可读性差、有可能导致程序的行为无法预知。本书不对goto语句进行讲述。

6.1　while 语句

while 语句的作用是判断一个条件表达式，以便决定是否进入和执行循环体，当满足该条件时进行循环，不满足该条件时则不再执行循环。其表现形式为：

```
while (表达式)
{
    语句块(又称循环体)
}
```

(1) 首先使用关键字“while”，后面紧接着圆括号，圆括号中可以是一个表达式或者是一个 bool 变量，也可以是一个布尔常量“true”(与 if 语句不同，有时需要在 while 关键字后使用布尔常量，但循环体内必须有可以跳出循环的控制语句)。表达式可以是关系表达式或逻辑表达式，总之圆括号中的表达式的值一定要是布尔值 true 或 false。例如：

```
while (i >= 100)
while (i > 100 && i < 150)
while (i)                    //变量 i 只能是一个布尔型变量
while (true)                 //布尔常量 true，需要在循环体中有跳出循环的控制语句
```

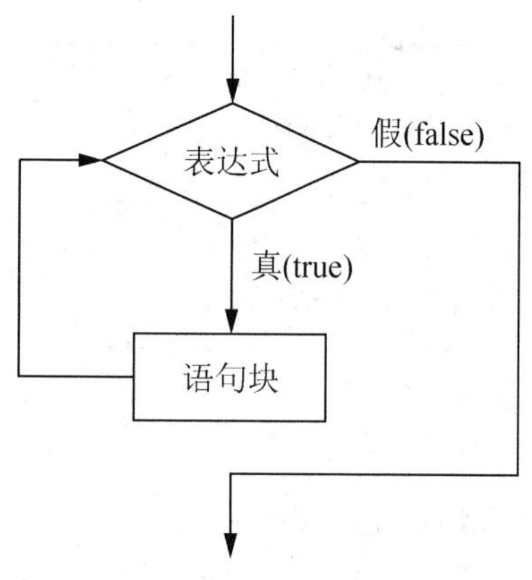

图 6.1　while 语句执行流程

(2) while 表达式后紧接着的是大括号，而语句块(又称为循环体)则包含在大括号中，表示它受 while 语句的控制。当语句块中只有一条语句时，可以省略大括号。但编程规范中要求任何情况下都应当使用大括号。

(3) 当 while 表达式返回 true 值时，将执行大括号中的语句块，执行完语句块后会继续返回 while 语句表达式进行判断，一直到表达式返回 false 值时才会跳出语句块，执行大括号后面的语句。while 语句执行流程如图 6.1 所示。

下面演示如何使用 while 循环求 1 + 2 + 3 + … + 99 + 100 的值。

【例 6-1】控制台应用程序示例代码。

```
int sum = 0;
int i = 1;                  //初始化
while (i<=100)              //循环语句
{
    sum += i;               //把 i 的值累加到变量 sum 内
    i++;
}
Console.WriteLine(sum);     //打印结果
```

运行结果：5050。

循环体内应该有使循环趋向结束的语句。本例中，i 的初值为 1，循环结束的条件为不满足 while 表达式 i<=100，随着每次循环都通过执行 i++，使 i 的值越来越大，直到 i>100 为止。如果没有循环体中的 i++，则 i 的值始终不改变，循环就不会终止而变成死循环。

初学者很容易犯的一个错误是在 while 表达式后面加“;”号。如本例中将第 2 行语句改为：

```
while (i<=100); //循环语句
```

这意味着 while 语句到此结束，它的循环体为空，而 while 语句还在不断地判断表达式 i<=100，等待它返回 false 才能跳出循环。但这时大括号中的语句块已经不再受 while 语句控制，无法执行 i++，i 的值永远为 1，这样就形成了死循环。

6.2　do…while 语句

do…while 语句与 while 语句基本相似，但考虑问题的角度不同。while 语句先判断条件是否为真，然后再决定是否进入循环体。do…while 语句则是先执行循环体，再判断条件是否为真。因为条件测试在循环的结尾，所以循环体至少要执行一遍。这好比坐火车与打车，坐火车必须先买票，然后才能上车。而打车则是先上车，最后再给钱。

do…while 语句的表现形式为：

```
do
{
    语句块
}
while (表达式);
```

注意：这里要加上分号

当流程到达 do 后，立即执行语句块，然后再对表达式进行测试。若表达式的值为真，则返回 do 重复循环，否则退出执行后面的语句，其流程如图 6.2 所示。这里特别需要注意的是与 while 语句不同，do…while 语句的表达式后要加上分号。

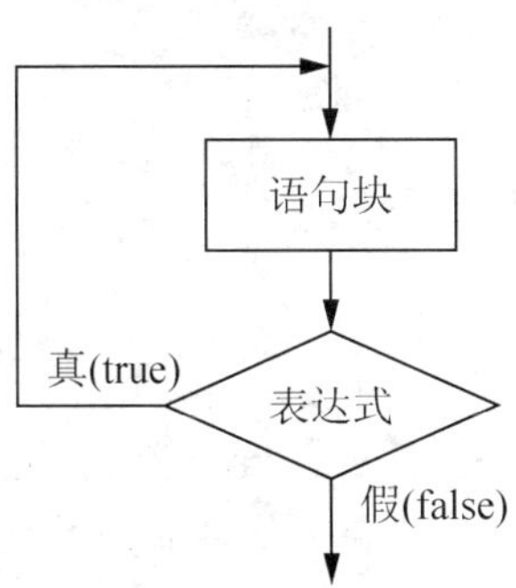

图 6.2　do…while 语句执行流程

例如要从键盘中得到一个 0～9 之间的数，只有先输入了数字才能对它进行判断，使用 do…while 语句正好合乎逻辑。

【例 6-2】 控制台应用程序示例代码。

```
int i = 0;
do
{
    Console.Write("请输入一个 0 到 9 之间的整数：");
```

```
    i = int.Parse(Console.ReadLine());     //读取数值并放入变量 i
    if (i < 0 || i > 9)                    //如果数字不在 0～9 之间
    {
        Console.Write("数字不在 0～9 之间！");
    }
}
while (i < 0 || i > 9);                    //如果数字不在 0～9 之间则继续循环
Console.WriteLine("你输入了：" + i);        //打印合法的数字
```

运行结果如图 6.3 所示。

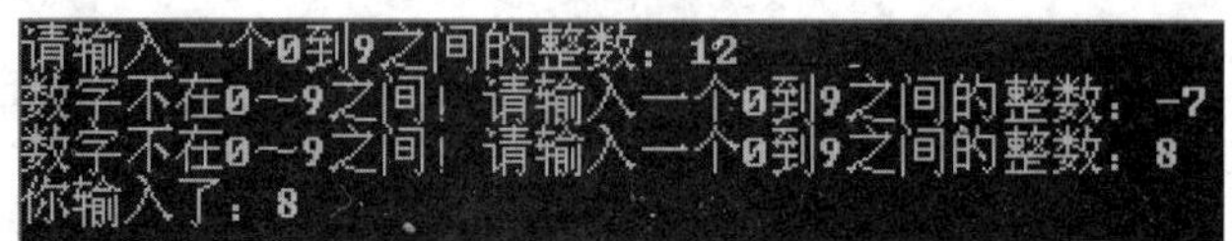

图 6.3　例 6-2 运行结果

该程序读入一个 0～9 之间的数，满足条件后就越过循环，显示读入的数值；不满足条件则继续回到 do。在循环体中，if 语句的条件和 while 的继续条件是同一个，那只是一个巧合，并非必须。本例也可以使用 while 语句来实现，但需要使用跳转语句，稍后会详细讲述。

do...while 在许多场合也可以做 while 能做的事。例如例 6-1 的求 1～100 的和可以改写如下。

【例 6-3】控制台应用程序示例代码。

```
int i = 1, sum = 0;
do
{
    sum += i;
    i++;
}
while (i <= 100);
Console.WriteLine(sum);
```

运行结果：5050。

对于在什么场合使用 while 语句、什么场合使用 do...while 语句，并没有硬性的规定。程序设计的一个很重要的特点就是灵活性，同一个逻辑实现的方法可能会有很多种。在学习的过程中应该尝试使用多种方法实现同一逻辑，这样才更容易做到融会贯通。

6.3　for 语句

在 C#语言中，for 语句的使用频率远远大于 while 语句，它的使用非常灵活，甚至可以完全替代 while 语句。for 语句流程图如图 6.4 所示。for 语句的一般表现形式为：

```
for (表达式 1;表达式 2;表达式 3)
{
    语句块
}
```

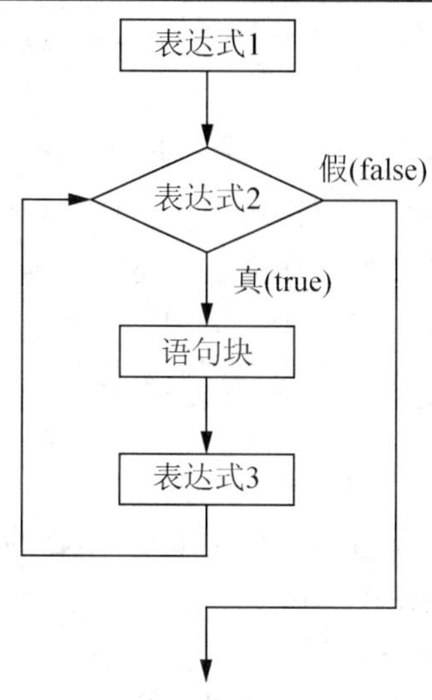

图 6.4 for 语句流程图

其中，当表达式 2 的值为假时，则直接跳出循环。

表达式 1：一般情况下用于给循环变量赋初值。

表达式 2：返回值必须是一个 bool 值，作为循环是否继续执行的条件。

表达式 3：一般情况下用于给循环变量增值。

可以将 1～100 的和用 for 语句实现。

【例 6-4】控制台应用程序示例代码。

```
int sum = 0;
for (int i = 1; i <= 100; i++)
{
    sum += i;
}
Console.WriteLine(sum);
```

for 语句的使用非常灵活，有以下几点需要注意和了解。

(1) for 语句的表达式 1 可以省略，此时应在 for 语句之前给循环变量赋初值。注意省略表达式 1 时，其后的分号不能省略，如例 6-5 所示。

【例 6-5】控制台应用程序示例代码。

```
int sum = 0;
int i = 1;                    //初始化
for (; i <= 100; )            //循环语句
{
    sum += i;                 //把 i 的值累加到变量 sum 内
    i++;
}
Console.WriteLine(sum);  //打印结果
```

(2) 表达式 2 也可以省略，这意味着循环条件永远为真，循环将无终止地进行下去。这时，需要在循环体中有跳出循环的控制语句。

(3) 表达式 3 也可以省略。但此时程序设计者应另外设法保证循环能正常结束，如例 6-5 所示。

(4) 可以省略表达式 1 和表达式 3，只有表达式 2，即只给循环条件，如例 6-5 所示。这种情况下，for 语句完全等同于 while 语句。可见 for 语句比 while 语句功能强，除了可以给出循环条件外，还可以赋初值，使循环变量自动增值等。

(5) 3 个表达式都可以省略，如 for (; ;)语句，相当于 while (true)语句。即不设初值，不判断条件，循环变量不增值。无终止地执行循环体，这时，也需要在循环体中有跳出循环的控制语句。

(6) 表达式 1 和表达式 3 可以是一个简单的表达式，也可以是逗号表达式，即包含一个以上的简单表达式，中间用逗号分隔，如实现 1～100 的和。

【例 6-6】控制台应用程序示例代码。

```
int sum, i;
for (i = 1, sum = 0; i <= 100; sum += i,i++)
{
}
Console.WriteLine(sum);
```

运行结果：5050。

需要注意的是，逗号表达式是按自左至右顺序执行的，如把例 6-6 改为如例 6-7 所示代码。

【例 6-7】控制台应用程序示例代码。

```
int sum, i;
for (i = 1, sum = 0; i <= 100; i++, sum += i)
{
}
Console.WriteLine(sum);
```

运行结果：5150。

正是由于先执行 i++，后执行 sum += i 才导致程序的结果出错。

(7) 初学者很容易犯的一个错误是在 for 表达式后加分号。这意味着 for 语句没有循环体，如将例 6-6 的 for 表达式后加上分号。

【例 6-8】控制台应用程序示例代码。

```
int sum, i;
for (i = 1, sum = 0; i <= 100; sum += i,i++);
Console.WriteLine(sum);
```

运行结果：5050。

可以看到结果同样正确，说明此时 for 后面的大括号已经不受 for 控制。

注意：讲解这些技巧是为了让大家更好地理解 for 语句，提高分析问题的能力，并不提倡在程序开发时使用这些技巧。它很容易使阅读代码的人感到迷惑，毕竟在大多数时候，应该将可读性和易于维护摆在首要位置。

6.4 循环的嵌套

一个循环体内又包含另一个完整的循环结构，称为循环的嵌套。内嵌的循环中还可以嵌套循环，这就是多层循环。3 种循环(while 循环、do…while 循环和 for 循环)可以互相嵌套。

【例 6-9】在文本框内用星号打印一个 9×6 的矩阵。

操作步骤：

(1) 新建一个 Windows 应用程序项目并命名为 Matrix。

(2) 把窗体 Form1 命名为 MainForm 并将其的 Text 属性设置为“星号矩阵”。

(3) 在窗体上放置 1 个 Button 控件，命名为 btnPlay，Text 属性设置为“打印矩阵”。

(4) 在窗体上放置 1 个 TextBox 控件，命名为 txtMatrix，Multiline 属性设置为 true，然后调整其高度，如图 6.5 所示。

(5) 双击按钮 btnPlay，生成一个 Click 事件，并在代码窗口中输入如下代码：

```
1  private void btnPlay_Click(object sender, EventArgs e)
2  {
3      string s = "";
4      for (int i = 0; i < 6; i++)
5      {
6          for (int j = 0; j < 9; j++)
7          {
8              s += "*";
9          }
10         s += "\r\n"; //打印换行符
11     }
12     txtMatrix.Text = s;
13 }
```

运行结果如图 6.6 所示。

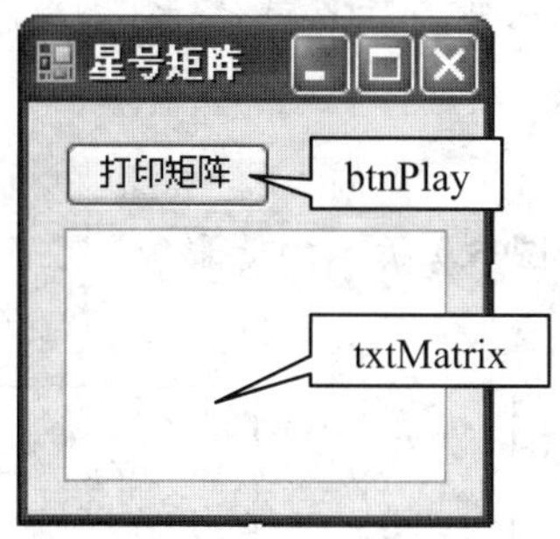

图 6.5　例 6-9 控件分布图

图 6.6　【例 6-9】运行结果

代码分析：

本例使用了嵌套循环，外层循环为第 4 行的 for 语句，内层循环为第 6 行的 for 语句。外层 for 每循环一次，内层循环将执行 9 次，并在文本框内打印 9 个星号。这样，外层 for 循环 6 次就打印了 6 行星号，最终打印出矩阵。这样的嵌套循环可以理解为时钟的时针和分针的关系，分针每转 60 圈可使时针转一圈。

【例 6-10】在文本框内用星号打印 1 个正三角形。

操作步骤：

(1) 打开例 6-9，将按钮的 Text 属性更改为“打印三角”。

(2) 删除按钮的 Click 事件方法中的所有代码，输入以下代码：

```
private void btnPlay_Click(object sender, EventArgs e)
{
    int row = 6;
    string s = "";
    for (int i = 0; i < row; i++)
    {
        for (int j = i; j < row-1; j++)
        {
            s += " ";        //先在每行前端打印空格
        }
        for (int k = 0; k <= i; k++)
        {
            s += "* ";       //再打印空格后面的星号
        }
        s += "\r\n";         //打印换行符
    }
    txtMatrix.Text = s;
}
```

运行结果如图 6.7 所示。

本例在 1 个外层循环嵌套了 2 个内层循环，第 1 个内层循环负责打印每行“*”号前面的空格。如图 6.8 所示(该图是把空格替换为“=”号之后的效果)。第 2 个内层循环负责在空格之后打印星号(每个星号之后需跟随 1 个空格)。

注意： 一般情况下嵌套循环最好不要超过 3 层，它将使程序员很难读懂代码，并难以控制。如果实在需要超过 3 层的循环可以把部分功能包装成方法来进行简化。

思考： 在例 6-10 的基础上做进一步思考，打印如图 6.9 所示的菱形图案。

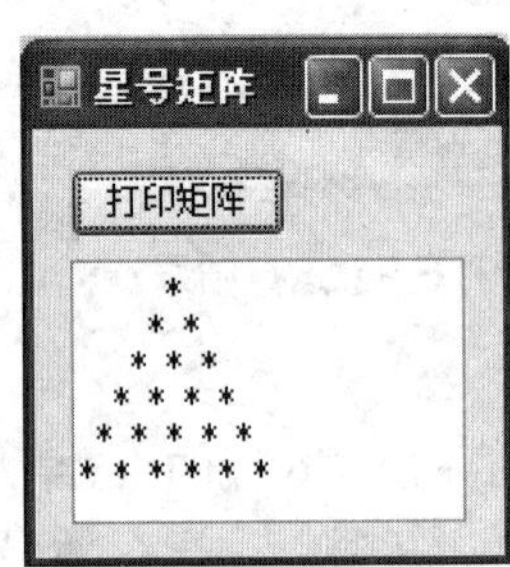

图 6.7　例 6-10 运行结果

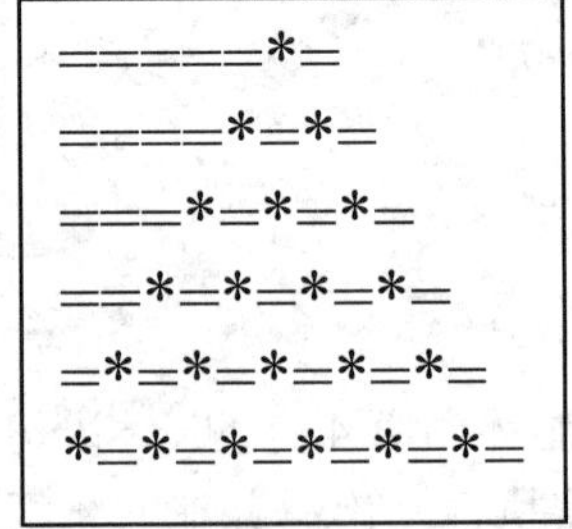

图 6.8　例 6-10 分析图

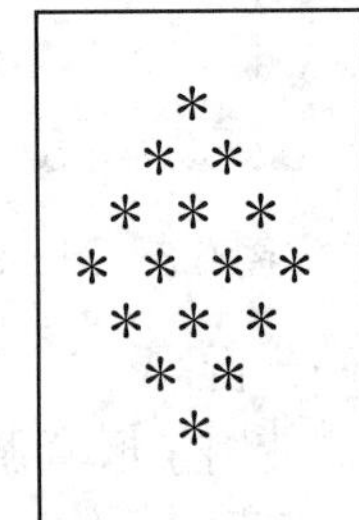

图 6.9　菱形图案

6.5　foreach 语句

C#语言引入了一种新的循环类型，称为 foreach 循环。foreach 语句提供了一种简单、明了的方法来循环访问集合里的每个元素。可以把集合比喻为一个班级，班里有很多的学生，每个学生都是这个班的成员(元素)。本书所涉及的集合类型有字符串和数组。数组将在第 7 章进行讲述，并会大量使用 foreach 语句。

foreach 语句的表现形式如下：

```
foreach (类型 标识符 in 表达式)
{
    语句块
}
```

类型和标识符：用来声明循环变量，在这里，循环变量是一个只读型局部变量，如果试图改变它的值将引发编译时的错误。

表达式：必须是集合类型，该集合的元素类型必须与循环变量类型相兼容，也就是说，如果两者类型不一致，则必须把集合中的元素类型转换成循环变量元素类型。

语句块：一般用于对集合里的每个元素进行相应处理，这里需要注意，不能更改集合元素的值。

【例 6-11】控制台应用程序示例代码。

```
string s = "abcde";
foreach (char c in s)
{
    Console.Write(c + "-");
}
```

运行结果：a–b–c–d–e–。

字符串类型的本质是多个字符的集合，可以使用 foreach 语句循环访问字符串中的每个字符。例 6-11 中，由于字符串 s 内有 5 个元素，所以 foreach 进行了 5 次循环。字符类型变量 c 每次循环的值都不同，依次等于字符串中的每个元素："a"、"b"、"c"、"d"、"e"。本例只是简单地访问每个元素，并在每个元素后面添加一个减号并打印。

可以把字符变量 c 的类型改为整型，如例 6-12 所示。

【例 6-12】控制台应用程序示例代码。

```
string s = "abcde";
foreach (int c in s)
{
    Console.Write(c + "-");
}
```

运行结果：97-98-99-100-101-。

字符类型可以隐式地转化为整型，这里，把每个字符转换成相应的 Unicode 编码，并打印出来。如果把本例的 foreach 语句改为：

```
foreach (bool c in s)
```

将导致编译错误，这是因为 char 类型无法转换为 bool 类型。

如果试图在 foreach 循环体内改变元素的值，也将导致编译错误，如例 6-13 所示。

【例 6-13】控制台应用程序示例代码。

```
string s = "abcde";
foreach (char c in s)
{
    c = 'a';
}
Console.ReadLine();
```

运行结果：不能通过编译，出现以下错误。

```
"c"是一个"foreach 迭代变量"，无法为它赋值
```

可以使用 for 语句代替 foreach 语句，将例 6-11 改为如下代码将实现同样的效果。

【例 6-14】控制台应用程序示例代码。

```
string s = "abcde";
for (int i = 0; i < s.Length; i++)
{
    Console.Write(s[i] + "-");
}
```

本例中 s.Length 属性表示字符串 s 的长度。

建议在使用 foreach 语句时，尽量不要使用 for 语句，这是因为 foreach 语句的运行速度大多数时候比 for 语句快，而且它更符合人的思维习惯，写出来的代码也更优美、易读。

6.6　break 语句和 continue 语句

6.6.1　break 语句

break 语句可以使用在 while，do…while，for，foreach 和 switch 语句中，在 5.2 小节中已经介绍过使用 break 语句使流程跳转出 switch 结构。实际上，break 语句还可以用来从循环体内跳出，即提前结束循环，接着执行以下语句。在本章例 6-2(从键盘中得到一个范围为 0～9 之间的数)中曾提到过，可以使用 while 语句来实现相同的功能。

【例 6-15】控制台应用程序示例代码：

```
int i = 0;
while(true)
{
    Console.Write("请输入一个 0～9 之间的整数：");
    i = int.Parse(Console.ReadLine());      //读取数值并放入变量 i
    if (i < 0 || i > 9)                     //如果数字不在 0～9 之间
    {
```

```
        Console.Write("数字不在 0～9 之间！");
    }
    else
    {
        break;                              //跳出循环
    }
}
Console.WriteLine("你输入了：" + i);   //打印合法的数字
```

运行结果如图 6.10 所示。

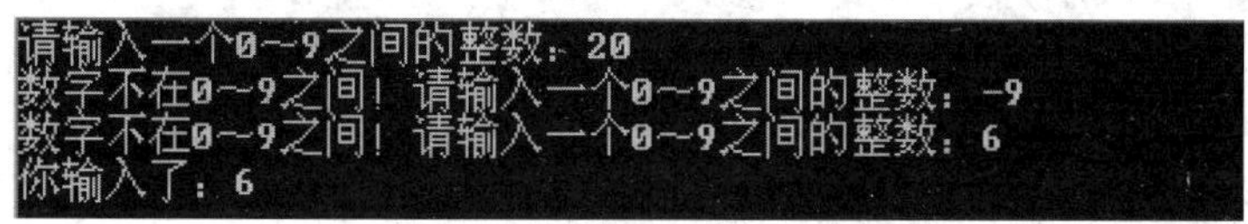

图 6.10　例 6-15 运行结果

本例中，while 语句后的表达式使用了常量 true，表示条件永远为真，即循环会无休止地运行下去。它和 for(;;)的效果是一样的。这样就必须在循环体内使用 break 语句，使流程在一定条件下可以跳出循环。本例在输入的数字在 0～9 时，就使用了 break 语句跳出循环。

注意：在嵌套循环中，break 语句只能跳出离自己最近的那一层循环。以下代码在执行了 break 之后，继续执行“a = 1;”处的语句，而不是跳出所有的循环：

```
for(;;)
{
    for(;;)
    {
        …
        if(i==1)
            break;
        …
    }
    a=1; //break 跳至此处
}
```

6.6.2　continue 语句

continue 语句用在循环语句中，作用为结束本次循环，即跳过循环体中尚未执行的语句，接着进行下一次是否执行循环的判定。

例如，以下代码把 10～20 中的不能被 3 整除的数输出。

【例 6-16】 控制台应用程序示例代码。

```
for (int i = 10; i <= 20; i++)
{
    if (i % 3 == 0)
    {
        continue; //跳到 for 处
```

```
    }
    Console.Write(i + " ");
}
```

运行结果：10 11 13 14 16 17 19 20。

当 i 被 3 整除时，执行 continue 语句，结束本次循环，即跳过打印 i 的语句。只有 i 不能被 3 整除时，才执行打印 i 的语句。

当然例 6-16 的最佳书写方式应是：

```
for (int i = 10; i <= 20; i++)
{
    if (i % 3 != 0)
    {
        Console.Write(i + " ");
    }
}
```

这样的代码会更清晰些，在程序中使用了 continue 语句无非是为了说明 continue 语句的作用。

实 训 指 导

1. 实训目的

(1) 掌握循环语句的基本编写方法。

(2) 利用循环实现较简单的程序逻辑。

(3) 掌握嵌套循环的使用方法。

2. 实训内容

实训项目一：打印九九乘法表。

操作步骤：

(1) 新建一个 Windows 应用程序项目，并命名为“MultiplicationTable”。

(2) 把窗体 Form1 命名为 MainForm，并将其的 Text 属性设置为“九九乘法表”。

(3) 在窗体上放置 1 个 Button 控件，命名为 btnPrint，Text 属性设置为“打印九九乘法表”。

(4) 在窗体上放置 1 个 TextBox 控件，命名为 txtTable，Multiline 属性设置为 true，并调整其到大小合适，控件分布如图 6.11 所示。

(5) 双击 btnPrint 生成一个 Click 事件的方法，并在其中输入如下代码：

```
private void btnPrint_Click(object sender, EventArgs e)
{
    string s = "";
    for (int i = 1; i <= 9; i++)
    {
        for (int j = 1; j <= i; j++)
```

```
7          {
8              s += string.Format("{0,1}×{1,1}={2,-4}", j, i, j * i);
9          }
10         s += "\r\n";
11     }
12     txtTable.Text = s;
13 }
```

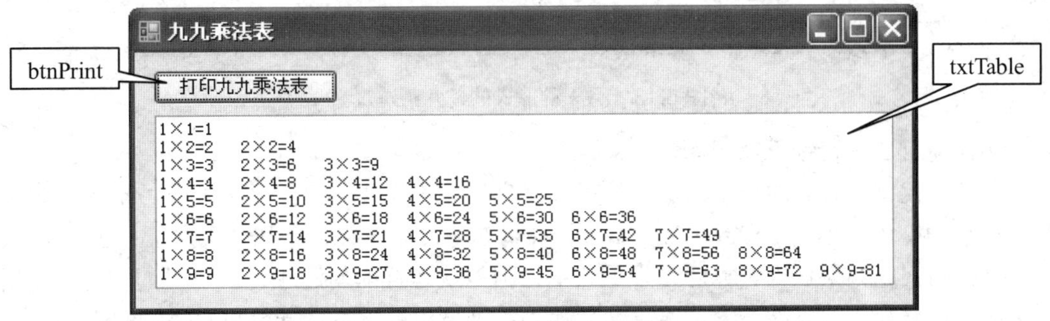

图 6.11　实训项目一控件分布图及运行结果

运行结果如图 6.11 所示。

代码分析：

本例使用了嵌套循环，打印九九乘法表。外层循环打印一行，它的循环变量 i 作为右边乘数。内层循环打印每个乘法表达式，它的循环变量 j 作为左边乘数。

第 8 行使用了 string.Format 方法，它的第 1 个参数是一个字符串，用于格式化字符串。大括号所占的位置将被后面的参数取代。大括号中有 2 个数字，用逗号分隔，左边的数字表示字符串后的第几个参数(从 0 开始)，右边的数字表示这个参数所占的位置为多少。正数表示右对齐，负数表示左对齐，如图 6.12 所示。

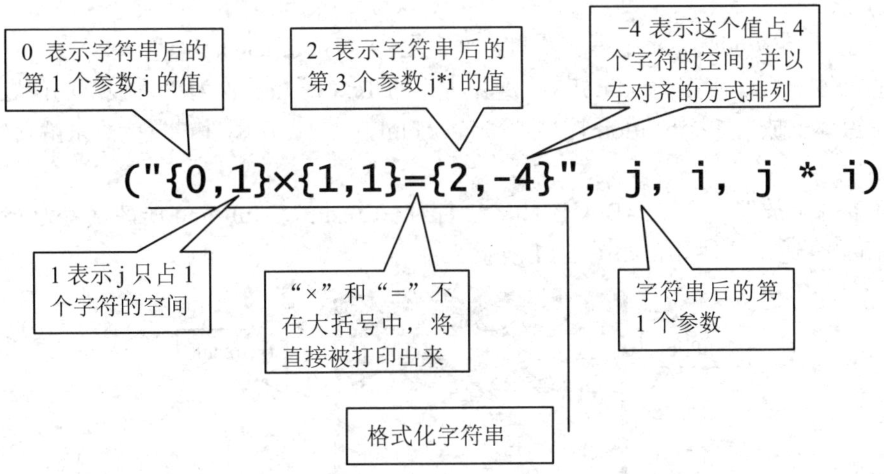

图 6.12　string.Format 方法示意图

思考：转换思路，打印如图 6.13 所示的另一种形式的九九乘法表。

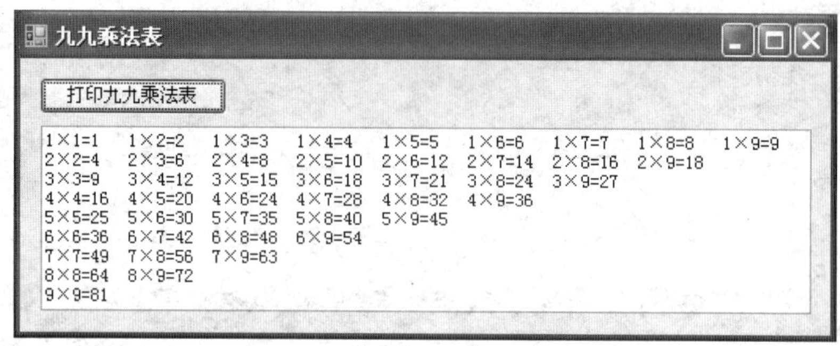

图 6.13　另一种形式的九九乘法表

实训项目二：百钱百鸡问题。

我国古代有个著名的数学问题“百钱买百鸡”：公鸡每只 5 元，母鸡每只 3 元，小鸡每 3 只 1 元，用 100 元钱买 100 只鸡，要求每种鸡都有，如何买？有几种买法？

这样的问题如果让人去算还是很困难的，但解决这样的问题正是计算机的长处。使用穷举法把每种存在的可能一一列出，然后找到符合要求的答案，计算机只需瞬间完成。

先对这个问题进行如下分析。

(1) 公鸡每只 5 元，100 元钱可以买 20 只公鸡，但每种鸡都要有，1 只母鸡+1 只小鸡需要 3.33 元，公鸡的数目在 1～19 之间。

(2) 母鸡每只 3 元，100 元钱可以买 33 只，减去 1 只公鸡和 1 只小鸡的钱，可买 31 只。母鸡的数目在 1～31 只之间。

(3) 假设公鸡和母鸡的数目可以确定，那么就可以知道用 100 块钱买公鸡和母鸡所剩下的钱能买多少只小鸡了。假设公鸡为 x 只，母鸡为 y 只，那么小鸡数量 z 的值为

$$z = 3(100 - 5x - 3y)$$

只需要判断 $x + y + z$ 的值是不是 100 就可以了。

操作步骤：

(1) 新建一个 Windows 应用程序项目，并命名为“HundredChook”。

(2) 把窗体 Form1 命名为 MainForm，并将其的 Text 属性设置为“百钱百鸡问题”。

(3) 在窗体上放置 1 个 Button 控件，命名为 btnPrint，Text 属性设置为“求解百钱百鸡问题”。

(4) 在窗体上放置 1 个 TextBox 控件，命名为 txtResult，Multiline 属性设置为 true，并将其大小调整合适，控件分布如图 6.14 所示。

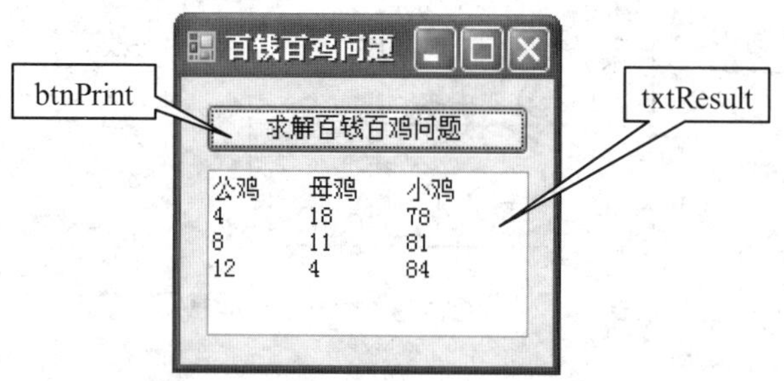

图 6.14　实训项目二控件分布图和运行结果

(5) 双击 btnPrint，生成一个 Click 事件，并在其中输入如下代码：

```
private void btnPrint_Click(object sender, EventArgs e)
{
    string s = "公鸡     母鸡     小鸡  \r\n";
    for (int x = 1; x <= 19; x++)          //公鸡数目
    {
        for (int y = 1; y <= 31; y++)      //母鸡数目
        {
            int z = 3 * (100 - 5 * x - 3 * y); //小鸡的数目
            if (x + y + z == 100)          //如果三种鸡的数目和等于 100
            {   //打印符合条件的结果
                s += string.Format("{0,-8}{1,-8}{2,-8}\r\n", x, y, z);
            }
        }
    }
    txtResult.Text = s;
}
```

运行结果如图 6.14 所示。

本章小结

本章详细介绍了 C#语言中的 while 语句，do…while 语句，for 语句以及 break 语句和 continue 语句的使用方法。循环语句和判断语句是实现程序逻辑的重要方法，在后面章节中也大量使用了循环语句和判断语句，它的灵活使用需要经过大量的练习和实践。

习　题

1. 填空题

(1) ________、________和________结构化程序 3 种基本结构。

(2) 用 while 语句表达式进行判断，一直到表达式返回________值时才会跳出语句块。

(3) do…while 语句是先________，再________。

(4) 一个循环体内又包含另一个完整的循环结构，称为________。

(5) 运行以下程序段，a 的结果是________。

```
int i = 1,a = 0,s = 1;
do{a = a + s*i;s =- s;i++;}
while(i <= 10);
```

(6) 要使以下程序段输出 10 个整数，请填入一个整数________。

```
for(int i = 0;i <= ____;i += 2)
{
Console.WriteLine(i);
}
```

(7) 以下程序执行后 sum 的值是________。

```
int sum = 1;
for (int i = 1; i < 6; i++)
   sum += i;
```

(8) 以下语句的执行次数是________。

```
for(int i = 0,j = 1; i <= j + 1; i += 2, j--)
```

2. 判断题

(1) goto 语句使程序流程无规律、可读性差、有可能导致程序的行为无法预知。（　）

(2) while 语句先执行循环体，然后再判断条件是否为真。（　）

(3) while 表达式后面加“;”不能进入循环体。（　）

(4) for 语句的表达式不可以是逗号表达式。（　）

(5) for 语句的 3 个表达式都可以省略。（　）

(6) for 语句比 while 语句功能强，除了可以给出循环条件外，还可以赋初值，使循环变量自动增值等。（　）

(7) 3 种循环(while 循环、do…while 循环和 for 循环)可以互相嵌套。（　）

(8) break 语句能跳出循环体内所有的循环。（　）

3. 选择题

(1) 设有程序段：

```
int i = 10;
while(i == 0)
i = i - 1;
```

以下描述中正确的是(　　)。

A. while 循环执行 10 次　　B. 循环是无限循环

C. 循环体语句一次也不执行　　D. 循环体语句执行一次

(2) 以下程序段的运行结果是(　　)。

```
int i = 0;
while(i++ <= 2);
Console.WriteLine(i);
```

A. 2　　B. 4　　C. 3　　D. 有语法错误

(3) 以下程序段的运行结果是(　　)。

```
int num=0;
while(num<=2)
{
num++;
Console.WriteLine(num);
}
```

A. 1　　　　B. 1
2　　　　C. 1
2
3　　　　D. 1
2
3
4

(4) 若有如下语句：

```
int x=1;
do{ Console.WriteLine (x-=2);}
while(x < 0);
```

则上面程序段(　　)。

A. 输出的是 1　　B. 输出的是 1 和–2

C. 输出的是 3 和 0　　D. 是死循环

(5) 以下循环执行次数是(　　)。

```
for(int i = 2;i == 0;)
Console.WriteLine (i--);
```

A. 无限次　　B. 0 次　　C. 1 次　　D. 2 次

(6) 执行语句：

```
int i;
for(i = 1;i++ < 4; );
```

后变量 i 的值是(　　)。

A. 3　　B. 4　　C. 5　　D. 不定

(7) 运行以下程序段，结果是(　　)。

```
Double k,t;
int n;
t = 1;
for( n = 1;n <= 10;n++)
 {
    for(k = 1;k <= 5; k++)
    t = t + k;
 }
 Console.WriteLine (t);
```

A. 150　　B. 152　　C. 149　　D. 151

(8) 以下正确的描述是(　　)。

A. continue 语句的作用是结束整个循环的执行

B. 只能在循环体内和 switch 语句体内使用 break 语句

C. 在循环体内使用 break 语句或 continue 语句的作用相同

D. 从多层循环嵌套中退出时，只能使用 goto 语句

4. 简答题

(1) 说明 do…while 语句的表现形式。

(2) 说明 for 语句的用法。

5. 编程题

(1) 把 1～100 中不能被 7 整除的数输出。

(2) 求 1～100 的所有奇数和。

(3) 打印字母表及对应的 ASCII 码。

(4) 编写一个程序，估计一个职员在 65 岁退休之前能赚到多少钱。用年龄和起始薪水作为输入，并假设职员每年工资增长 5%。

(5) 计算复利存款，要求本金、年利率以及存款周期(年)作为输入，计算并输出存款周期中每年年终的账面金额。

计算公式：$a = p(r+1)^n$

其中，p 是最开始输入的本金，r 是年利率，n 是年数，a 是在第 n 年年终得复利存款。

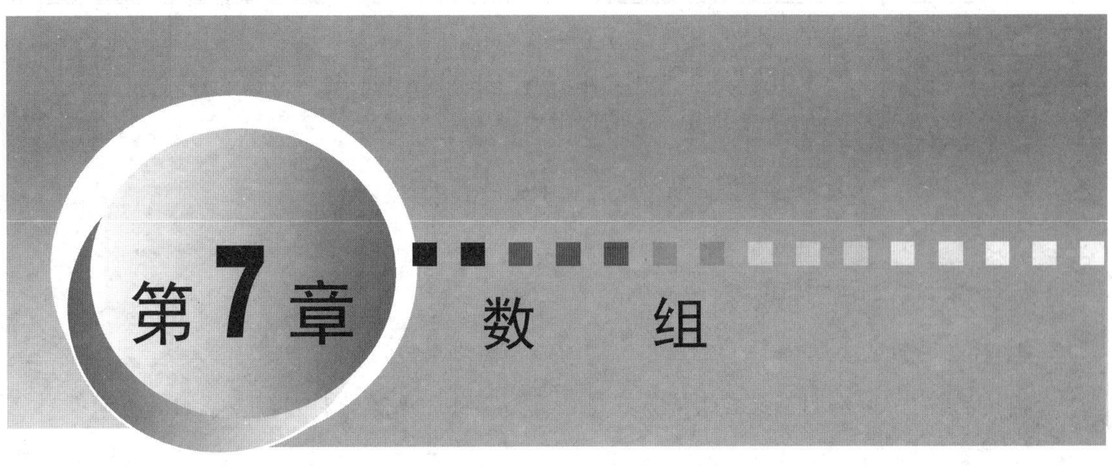

第7章 数组

教学提示

前面介绍的整型、浮点型、布尔型、字符型等都是一些简单的数据类型，这些数据类型可以用来存放一些简单变量。然而，在实际应用中，常常需要处理同一类型的成批数据，如表示一个数列(a_1，a_2…，a_n)、一个矩阵等。这就需要引入数组的概念。利用数组可以方便灵活地组织和使用以上数据。

教学要求：

知识要点	能力要求	相关知识
一维数组	(1) 能够声明并创建一维数组 (2) 能够正确初始化一维数组 (3) 掌握值类型和引用类型在使用上的区别	(1) 数组的概念 (2) 数组的声明和初始化 (3) 数组的访问和读取 (4) 值类型和引用类型
多维数组	(1) 能够声明并创建二维数组 (2) 能够正确初始化二维数组 (3) 掌握二维数组的操作 (4) 能够使用数组实现特定的数据结构	(1) 二维数组的概念 (2) 二维数组的声明和初始化 (3) 二维数组的访问和读取
动态数组	(1) 能够熟练使用 ArrayList (2) 理解 ArrayList 和 Array 之间的区别	(1) ArrayList 的声明和初始化 (2) ArrayList 的一些常用方法

到目前为止，前文介绍过的变量都是一次存放一个数据。这些变量在程序处理中可以改变它们的值，虽然它们非常有用，但在遇到处理较大信息量的程序设计时，会使程序变得复杂。由于许多大型程序需要处理的信息和数据都是非常庞大的，因此程序设计语言往往需要构造新的数据表达以适应大型数据处理的需要。处理这类问题时如果使用单个变量对每个数据进行定义，那么数据表达就会很繁杂。例如求 100 个学生的某个课程成绩，至少需要 100 个变量，而且为了给这些变量赋值，就需要 100 条语句代码。

数组(Array)，或称为数组数据类型就是针对这类问题而构造的一种新的数据表达。数组是具有相同类型的一组数据。数组按照数组名、数据元素的类型和维数来进行描述。当访问数组中的数据时，可以通过下标来指明。数组具有以下属性。

(1) 数组可以是一维、多维或交错的。

(2) 数值数组元素的默认值设置为 0 或空。

(3) 数组的索引从 0 开始：具有 n 个元素的数组的索引是 0～n-1。

(4) 数组元素可以是任何类型，包括数组类型。

7.1 一维数组

7.1.1 一维数组的声明与创建

1. 数组的声明

在 C#语言中，声明一维数组的方式是在类型名称后添加一对方括号，如下所示：

数据类型[ ]数组名

例如，下列语句定义了一个整型数组 myArray：

```
int[] myArray;
```

数组的大小不是其类型的一部分，声明一个数组时，不用管数组长度如何。

2. 数组对象的创建

声明数组并不实际创建它们。在 C#语言中使用 new 关键字创建数组的对象，如下所示：

```
数组名 = new 数据类型[数组大小表达式]
```

例如，下列语句对已声明的 myArray 数组变量创建一个由 5 个整型数据组成的数组：

```
myArray = new int[5];
```

此数组包含 myArray[0]～myArray[4]这几个元素。new 运算符用于创建数组并将数组元素初始化为它们的默认值。在此例中，所有数组元素都初始化为 0。

也可以在声明数组的同时创建一维数组，如下例所示的声明并创建了一个由 6 个字符串元素组成的数组 myStringArray：

```
string[] myStringArray = new string[6];
```

此数组包含 myStringArray [0]～myStringArray [5]这几个元素，数组元素初始化为空字符串。数组的 Length 属性保存数组中当前包含的元素总数，一维数组的长度可通过以下方法获得：

```
int[] myArray=new int[8];   //声明一个整型数组，并将其长度初始化为 8
int n=myArray.Length;       //现在 n 获得数组 myArray 的长度(大小)，值为 8。
```

7.1.2 一维数组的初始化

C#语言在声明数组的同时对其初始化提供了简捷的方法，只需将初始值放在大括号“{ }”内即可，如下所示：

```
数据类型[]  数组名 = new 数据类型[] {初值表}
```

其中，初值表中的数据用逗号分隔。例如，下列语句创建一个长度为 5 的整型数组(这种情况下，数组的长度由大括号中的元素个数来确定)，其中每个数组元素被初值表中的数据初始化：

```
int[] myArray = new int[] {1, 3, 5, 7, 9};
```

可以用相同的方式初始化字符串数组。以下声明一个长度为 3 的字符串数组，并用人名进行初始化：

```
string[] stuName = new string[] {"John", "Tom", "Machael"};
```

如果在声明数组时将其初始化，还可省略 new 语句而使用下列快捷方式：

```
int[] myArray = {1, 3, 5, 7, 9};
string[] weekDays = {"Sun","Sat","Mon","Tue","Wed","Thu","Fri"};
```

注意：如果声明一个数组变量但不将其初始化，在使用数组时才使用 new 运算符将其实例化。例如:

```
int[] myArray;
myArray = new int[]{1, 3, 5, 7, 9};
```

在这种情况下不能省略 new。例如:

```
int[] myArray;
myArray = {1, 3, 5, 7, 9};    //该语句是错误的
```

7.1.3　一维数组的元素的访问

访问一维数组元素的方式为：

数组名[下标]

数组元素访问的结果是变量，即由下标选定的数组元素。下标可以是整型常数或整型表达式。C#语言数组从 0 开始建立索引，即元素的下标从 0 开始编号，下标最大值为数组的长度减 1。代码如下。

```
int[] arr = {1, 3, 5, 7, 9};
```

执行后，各处元素按顺序排列如图 7.1 所示。

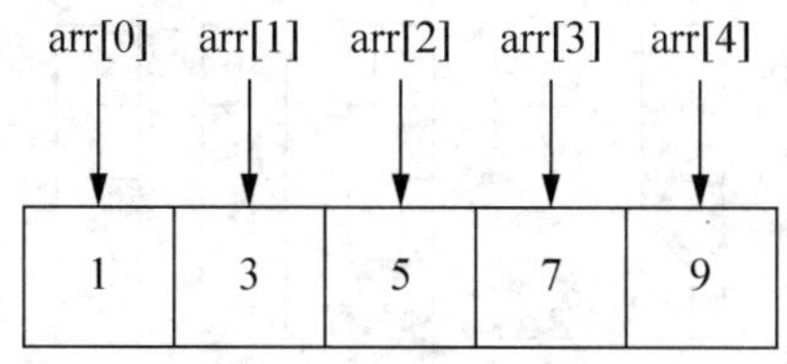

图 7.1　数组元素排列图

1. 像访问变量一样直接给数组元素赋值

可以通过索引访问数组里的每一个元素，在数组变量名后的中括号内使用索引号，就可以访问相应序号的元素，如图 7.1 所示。

例如，下列语句定义、创建一个大小为 5 的整型数组 a，并给数组元素 a[0]、a[4]赋值：

```
int[] a = new int[5];
a[0] = 10;             //给 a[0]赋值 10
a[4] = a[0];           //给 a[4]赋值 a[0]，最终 a[4]也将获得整数 10 的值
```

2. 使用循环语句向数组的每个元素赋值

例如，下列语句使用 for 循环向数组的每个元素赋值 100：

```
int[] myArray = new int[10]; //声明一个长度为 10 的数组
for (int i = 0; i < 10; i++)
{   //使用循环将数组中的每个元素都赋值为 100
    myArray[i] = 100;
}
```

这里需要注意，循环的退出条件 i<10 中，尽量不要使用常数。因为根本没有 myArray[10] 这个元素，所以如果不小心把 10 写成 11 将引发异常。这里应该访问数组 Length 属性来得到数组的长度，如：i < myArray.Length。将以上代码进行如下更改将更为合理：

```
int[] myArray = new int[10]; //声明一个长度为 10 的数组
for (int i = 0; i < myArray.Length; i++)
{   //使用循环将数组中的每个元素都赋值为 100
    myArray[i] = 100;
}
```

在编程中，经常需要对一些元素进行排序，排序有很多种方法，这里只介绍一种比较简单的方法：冒泡排序法。定义一个包含 10 个元素的整型数组并对其进行初始化，然后使用冒泡排序法将数组每个元素按从大到小进行排序输出。

冒泡排序的思想：

假设有 n 个元素按递减的顺序排序，首先进行第 1 轮排序：从数组的第 1 项开始，每一项(i)都与下一项(i+1)进行比较。如果下一项的值较大，就将这 2 项的位置交换，直到最后第 n−1 与第 n 项进行比较，将最小的数排列在最后，如图 7.2 所示。然后进行第 2 轮排序：从数组的第 1 项开始，每一项(i)都与下一项(i+1)进行比较。如果下一项的值较大，就将这 2 项的位置交换，直到最后第 n−2 与第 n−1 项进行比较，将最小的数排列在最后。依次类推，直到只有第 1 项与第 2 项进行比较交换，最后完成递减排序。

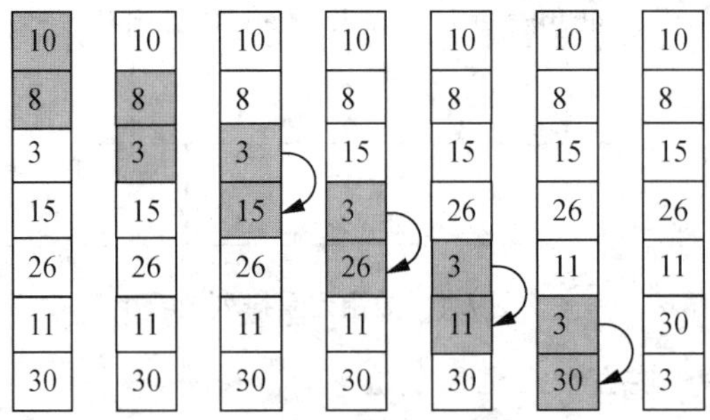

图 7.2 第一轮排序

【例 7-1】控制台应用程序示例代码。

```
int[] arr = new int[] { 10, 8, 3, 15, 26, 11, 30 };
for (int j = 1; j < arr.Length; j++)
{//外层循环每次把参与排序的最小数排在最后
```

```
    for (int i = 0; i < arr.Length - j; i++)
    {//内层循环负责对比相邻的 2 个数，并把小的排在后面
        if (arr[i] < arr[i + 1])
        {   //如果前一个数小于后一个数，则交换 2 个数
            int temp = arr[i];
            arr[i] = arr[i + 1];
            arr[i + 1] = temp;
        }
    }
}
for (int i = 0; i < arr.Length; i++)
{   //用一个循环访问数组里的元素并打印
    Console.Write(arr[i] + "  ");
}
```

运行结果：30　26　15　11　10　8　3。

本例使用一个嵌套循环实现了冒泡排序法，程序的最后 4 行代码演示了如何使用 for 循环遍历一个数组的所有元素，但还有一种更为简便的方法，就是使用 6.9 小节所介绍的 foreach 循环。只需把本例中的最后 4 行代码更改如下即可：

```
foreach (int i in arr)
{   //用一个 foreach 循环访问数组中的元素并打印
    Console.Write(i + "  ");
}
```

注意： foreach 语句只能用于访问数组中的元素，不能对数组元素进行更改。如果只是读取数组中的每个元素而不是更改，应该尽量使用 foreach 来完成。它有着更快的速度和更好的可读性。另外，使用 foreach 语句访问数组是非常安全的，它不会出现诸如数组下标值超过数组的长度而导致异常的情况。

7.1.4　值类型和引用类型

前文介绍的基本数据类型是值类型，到目前为止学过的类型只有数组和 string 是引用类型。值类型和引用类型的区别在于，值类型在栈(Stack)上分配，而引用类型在堆(Heap)上分配。这里不需要理解什么是栈什么是堆，只需要知道栈和堆是内存中两片不同的区域即可。数组属于引用类型，代码如下：

```
int[] arr = {1, 3, 5, 7, 9};
```

执行完毕后，它在内存中的分布如图 7.3 所示。从图中可以得知，数组的各个元素在堆中分配，并按顺序依次排列。而变量 arr 分配于栈上，它存放的是一个内存地址的指针，这个指针指向堆中数组元素的地址。也就是说，可以通过变量 arr 找到堆上的数组元素。下面用一个例子来演示值类型和引用类型的异同。

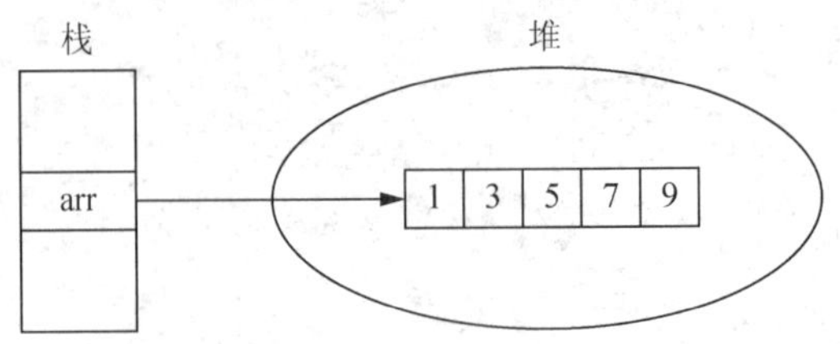

图 7.3　数组内存分布图

【例 7-2】控制台应用程序示例代码。

```
1 //----------------------------------------------值类型演示
2 int i1 = 100;                    //变量 i1 的值为 100
3 int i2 = i1;                     //把变量 i1 的值 100 赋给变量 i2
4 i1 = 50;                         //把变量 i1 的值改变为 50
5 Console.WriteLine("i1=" + i1 + "; i2=" + i2);
6 //----------------------------------------------引用类型演示
7 int[] arr1 = { 1, 3, 5, 7, 9 };         //初始化数组 arr1
8 int[] arr2 = arr1;                      //把 arr1 的值赋给 arr2
9 arr1[0] = 500;                          //改变数组 arr1 第 1 个元素的值
10 Console.Write("数组 arr1 的值为: ");    //开始打印数组 arr1 的各元素的值
11 foreach (int i in arr1)
12 {
13     Console.Write(i + "  ");
14 }
15 Console.Write("数组 arr2 的值为: ");    //开始打印数组 arr2 的各元素的值
16 foreach (int i in arr2)
17 {
18     Console.Write(i + "  ");
19 }
```

运行结果如图 7.4 所示。

```
i1=50; i2=100
数组arr1的值为: 500  3  5  7  9  数组arr2的值为: 500  3  5  7  9
```

图 7.4　例 7-2 运行结果

代码 2～5 行演示了值类型的赋值。int 是一个值类型，变量 i1 和 i2 在栈上分配。首先 i1 的值为 100，然后把 i1 的值赋给 i2，这样 i2 的值也变为 100，如图 7.5 所示。第 4 行代码把 i1 的值改变为 50，如图 7.6 所示，i1 和 i2 的值分别为 50 和 100。这样的结果很容易理解，也符合人的一般思维习惯。

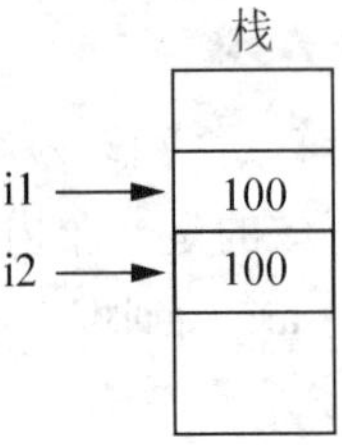

图 7.5　第 3 行代码的执行结果 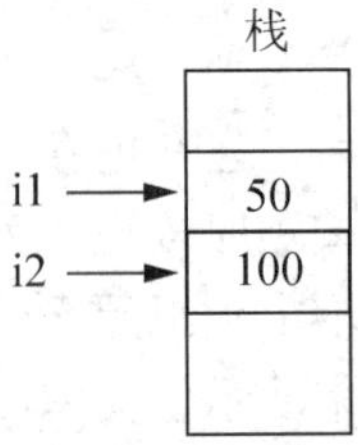　　图 7.6　第 4 行代码的执行结果

代码 7～19 行演示了引用类型的赋值。根据结果可以得知，更改 arr1 的值的同时 arr2 的值也被更改了。array 是一种引用类型，第 7 行代码首先是在栈分配了一个 arr1 变量，然后在堆上初始化一个有 5 个元素的数组对象，最后把数组对象在堆上的地址(内存地址实际就是一个整数，这里假设是 2046)赋给变量 arr1，如图 7.7 所示。

第 8 行代码声明了一个数组变量 arr2，并把 arr1 的值赋给 arr2。前面曾经讨论过内存地址就是一个整数， arr1 把它的值 2046 赋给了 arr2。而 2046 正好指向了堆中的数组对象，arr2 和 arr1 表示的其实是同一个数组，只不过起了不同的名字而已。比如“笔记本电脑”和“手提电脑”，都是同一样东西，只是叫法不同。

第 9 行代码改变了数组 arr1 的第 1 个元素的值，如图 7.8 所示，由于 arr2 指向的也是这个数组对象，所以数组 arr2 的值也被改变。

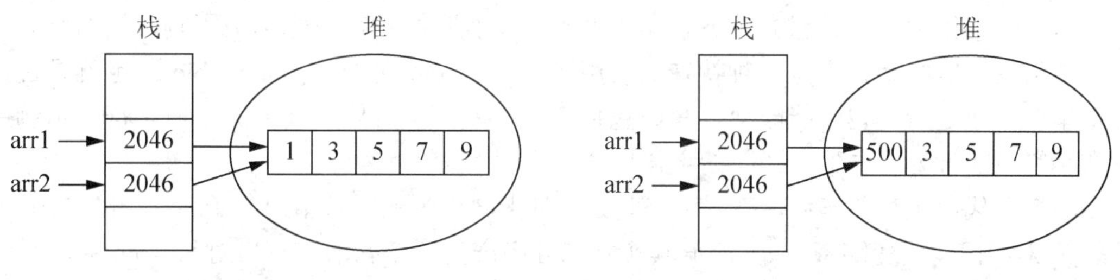

图 7.7　第 7 行代码的执行结果　　　　图 7.8　第 9 行代码的执行结果

如果希望 arr2 所得到的是一个新的数组对象，可以使用 CopyTo( )方法进行复制。将例 7-2 稍加修改如例 7-3。

【例 7-3】控制台应用程序示例代码。

```
1  int[] arr1 = { 1, 3, 5, 7, 9 };
2  int[] arr2 = new int[arr1.Length];   //声明一个长度与arr1 一样的数组arr2
3  arr1.CopyTo(arr2, 0);                //从arr1 复制数组元素
4  arr1[0] = 500;
5  Console.Write("数组 arr1 的值为：");
6  foreach (int i in arr1)
7  {
8     Console.Write(i + "  ");
9  }
10 Console.Write("数组 arr2 的值为：");
11 foreach (int i in arr2)
12 {
13    Console.Write(i + "  ");
14 }
```

运行结果如图 7.9 所示。

```
数组arr1的值为：500  3  5  7  9  数组arr2的值为：1  3  5  7  9
```

图 7.9　例 7-3 运行结果

这一次，数组 arr2 的值不再因为 arr1 的改变而改变。第 2 行代码声明了一个长度与 arr1 一样的数组，并没有给元素赋值。第 3 行代码调用了 CopyTo( )方法将 arr1 数组的各个元素

复制到 arr2 数组内。CopyTo( )方法的第 2 个参数表示从第几个元素开始复制。

从以上例子中可以总结出，值类型对象之间赋值将复制对象的内容，引用类型对象之间的赋值则只是复制对象的引用地址，而不是对象的内容。由于 string 类型也是引用类型，大家很容易想到它的行为将和数组一样。

【例 7-4】控制台应用程序示例代码。

```
1 string s1 = "John";
2 string s2 = s1;
3 s1 = "Tom";
4 Console.Write("s1=" + s1 + "  s2=" + s2);
```

运行结果：s1=Tom　s2=John。

这样的结果和事先猜想的并不一样，更改 s1 的值并没有对 s2 造成影响，它的行为更像是值类型。其实字符串是一种特殊的引用类型，它是不可变的(immutable)。也就是说，字符串在创建之后再也不能改变，其中包括变长、变短或者修改其中的任何字符。本例中改变字符串的行为将导致一个新的字符串的产生。

第 2 行代码执行完毕后，变量 s1 和 s2 同时指向堆中的字符串对象 John，如图 7.10 所示。第 3 行代码改变字符串 s1 的值其实是在堆中产生一个新的字符串对象 Tom 并将变量 s1 的指针指向 Tom 对象，如图 7.11 所示。

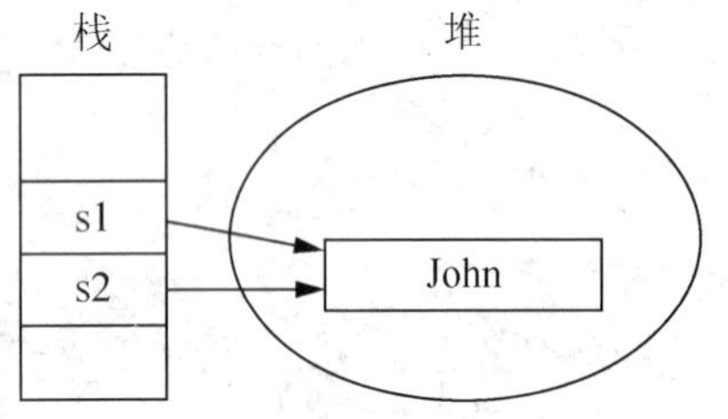

图 7.10　第 2 行代码的执行结果

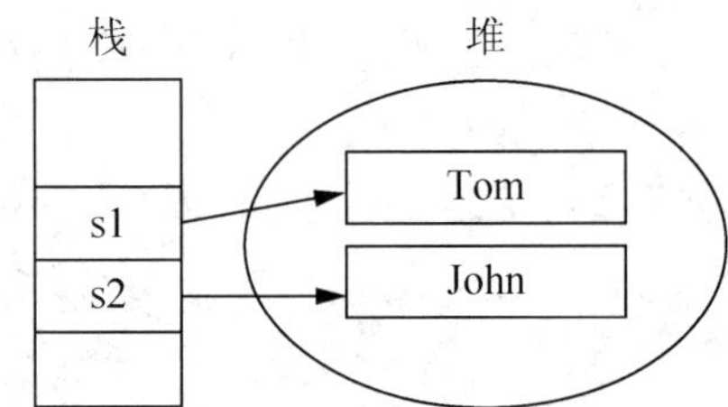

图 7.11　第 3 行代码的执行结果

7.2　多 维 数 组

除一维数组之外，C#语言还支持二维数组、三维数组等多维数组。一维数组由排列在一行中的所有元素组成，它只有一个索引。二维数组有两个索引(索引号从 0 开始)，其中一个表示行，一个表示列，从概念上讲，二维数组就像一个具有行和列的表格一样。

7.2.1　多维数组的声明与创建

例如，以下语句声明创建了一个 3 行 2 列的二维数组：

```
int[,] arr=new int[3,2];
```

把数组中的元素按 3 行 2 列的形式排列后效果见表 7-1。

表 7-1 二维数组元素

arr[0,0]	arr[0,1]
arr[1,0]	arr[1,1]
arr[2,0]	arr[2,1]

若要将第 3 行第 2 列的元素赋值为 10，则表示为：

```
arr[2,1]=10;
```

另外，以下的语句声明并创建了一个三维数组：

```
int[,,] arr=new int[4,2,3];
```

说明：*在声明或创建数组时，[]内的逗号数目加 1 即为维度数。*

7.2.2 多维数组的初始化

可以在声明数组时将其初始化，如下所示：

```
int[,] numbers = new int[3, 2] { {1, 2}, {3, 4}, {5, 6} };
string[,] names = new string[2, 2] { { "A1", "A2" }, { "B1", "B2" } };
```

可省略数组的大小，如下所示：

```
int[,] numbers = new int[,] { { 1, 2 }, { 3, 4 }, { 5, 6 } };
string[,] names = new string[,] { { "A1", "A2" }, { "B1", "B2" } };
```

如果提供了初始值设定项，则还可以省略 new 运算符，如下所示：

```
int[,] numbers = { { 1, 2 }, { 3, 4 }, { 5, 6 } };
string[,] names = { { "A1", "A2" }, { "B1", "B2" } };
```

7.2.3 多维数组的操作

二维数组元素的引用方式为：

数组名[下标表达式 1，下标表达式 2]

多维数组元素的引用方式为：

数组名[下标表达式 1，下标表达式 2，…，下标表达式 *n*]

与一维数组相同，多维数组元素的下标也是从 0 开始编号。另外数组的秩(数组的维度)存放在属性 Rank 中，每一维的长度可以通过 GetLength 方法得到。维度的最小下标值始终是 0，最大下标值是由该维的 GetUpperBound 方法返回的。注意传递给 GetLength 和 GetUpperBound 的参数是从 0 开始计数的，例如：

```
arr.GetLength(0)            //返回数组 arr 的第一维的长度
arr.GetLength(1)            //返回数组 arr 的第二维的长度
arr.GetUpperBound(0)        //返回第一维的最大下标值
arr.GetUpperBound(1)        //返回第二维的最大下标值
```

注意：

```
arr.GetUpperBound(0) 相当于 arr.GetLength(0)-1
arr.GetUpperBound(1) 相当于 arr.GetLength(1)-1
```

从数组的 Length 属性中可以获得其总的大小，它保存数组中当前包含的元素总数。对于一维数组 Length 属性的值和 GetLength(0)方法返回的值相同。

【例 7-5】控制台应用程序示例代码。

```
int[, ,] arr = new int[4, 5, 6];
Console.WriteLine("数组 arr 的维度是: "+arr.Rank);
Console.WriteLine("第一维的长度: " + arr.GetLength(0));
Console.WriteLine("第二维的长度: " + arr.GetLength(1));
Console.WriteLine("第一维的最大下标值: " + arr.GetUpperBound(0));
Console.WriteLine("第二维的最大下标值: " + arr.GetUpperBound(1));
```

运行结果如图 7.12 所示。

下面来看一个 4 行 2 列(4*2)的整型二维数组的遍历。

【例 7-6】控制台应用程序示例代码。

```
int[,] arr = new int[4, 2] { { 1, 2 }, { 3, 4 }, { 5, 6 }, { 7, 8 } };
//通过两次 FOR 循环遍历二维数组
for (int i = 0; i < arr.GetLength(0); i++)
{
    for (int j = 0; j < arr.GetLength(1); j++)
    {  //打印每个二维数组元素
       Console.Write("arr[{0},{1}]={2}  ", i, j, arr[i, j]);
    }
    Console.WriteLine(); //换行
}
```

运行结果如图 7.13 所示。

图 7.12　例 7-5 运行结果

```
arr[0,0]=1  arr[0,1]=2
arr[1,0]=3  arr[1,1]=4
arr[2,0]=5  arr[2,1]=6
arr[3,0]=7  arr[3,1]=8
```

图 7.13　例 7-6 运行结果

也可以通过一个 foreach 循环遍历二维数组。

【例 7-7】控制台应用程序示例代码。

```
int[,] arr = new int[4, 2] { { 1, 2 }, { 3, 4 }, { 5, 6 }, { 7, 8 } };
foreach (int i in arr)
{
    Console.Write(i+" ");
}
```

运行结果：1 2 3 4 5 6 7 8。

7.2.4　数组示例

以下通过编写一个小游戏来演示如何灵活地使用数组。

【例 7-8】拼数字游戏。

游戏的界面效果如图 7.14 所示，有一方块是空白的，这里隐含着一个没有显示的 1～9 之间的数字。用鼠标单击空白方块周围的任一数字，可以把鼠标单击的数字移动到这个位置。直到数字排列如图 7.15 所示，便完成游戏，并显示出隐藏的数字。

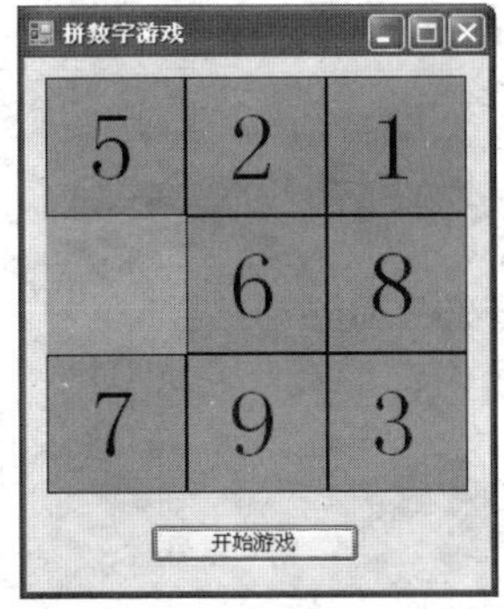

图 7.14　拼数字游戏

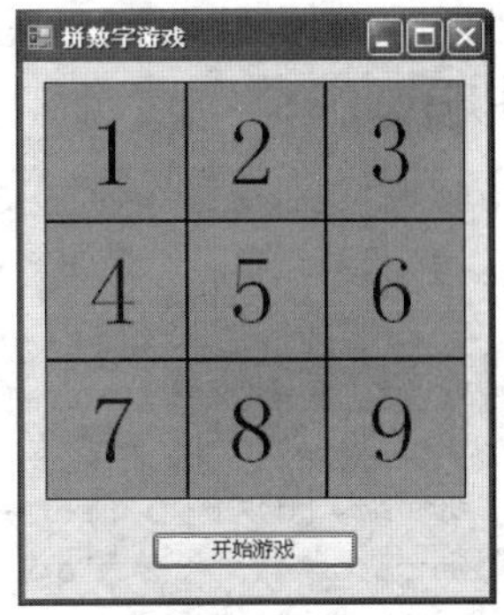

图 7.15　例 7-8 控件分布图

操作步骤：

(1) 新建一个 Windows 应用程序项目并命名为 NumberGame。

(2) 把窗体 Form1 命名为 MainForm 并将其 Text 属性设置为“拼数字游戏”。

(3) 在窗体上放置 1 个 Button 控件，命名为 btnPlay，Text 属性设置为“开始游戏”。

(4) 在窗体上放置 1 个 Panel 控件，Size 属性设置为“240,240”，BackColor 属性设置为 Silver。

注意：Panel 控件将被后面放置的 Label 控件完全掩盖。

(5) 在 Panel 控件上放置 9 个 Label 控件，并按住 Ctrl 键全部选中它们，它们的属性设置见表 7-2。

表 7-2　例 7-8 控件属性列表

属性名称	值
AutoSize	false
BorderStyle	FixedSingle
BackColor	Coral
TextAlign	MiddleCenter
Size	80,80
Font	宋体，初号字

(6) 按如图 7.15 所示更改标签的 Text 属性(显示数字 1 的方块就是 label1 控件……显示数字 9 的方块就是 label9 控件)并依次排列，各标签控件的 Location 属性见表 7-3。

表 7-3　各标签控件的 Location 属性列表

控件名称	Location	控件名称	Location	控件名称	Location
Label1	0,0	Label2	80,0	Label3	160,0
Label4	0,80	Label5	80,80	Label6	160,80
Label7	0,160	Label8	80,160	Label9	160,160

(7) 双击 btnPlay 按钮，生成一个按钮的 Click 事件。选中所有 Label 控件并在事件窗口中双击 Click 事件，让所有 Label 控件共用一个事件方法。

(8) 打开代码窗口，输入如下代码：

```
Label[,] arrLbl = new Label[3, 3];    //存放 Label 控件的二维数组
int unRow = 0, unCol = 0;             //记录不可见 Label 的下标
bool playing = false;                 //是否正在游戏中
private void btnPlay_Click(object sender, EventArgs e)
{    //把 9 个 Label 控件装入二维数组中以方便控制
    arrLbl[0, 0] = label1;
    arrLbl[0, 1] = label2;
    arrLbl[0, 2] = label3;
    arrLbl[1, 0] = label4;
    arrLbl[1, 1] = label5;
    arrLbl[1, 2] = label6;
    arrLbl[2, 0] = label7;
    arrLbl[2, 1] = label8;
    arrLbl[2, 2] = label9;
    arrLbl[unRow, unCol].Visible = true;      //为防止 2 次单击开始游戏
    int[] arrNum = { 1, 2, 3, 4, 5, 6, 7, 8, 9 };
    //将一维数组 arrNum 中的数字随机排列
    Random rm = new Random();                 //初始化随机函数类
    for (int i = 0; i < 8; i++)
    {
        int rmNum = rm.Next(i,9);             //随机数大于等于 i，小于 9
        int temp = arrNum[i];                 //交换数组中 2 个元素的值
        arrNum[i] = arrNum[rmNum];
        arrNum[rmNum] = temp;
    }
    for (int i = 0; i < 9; i++)
    {   //把一维数组的数字依次在二维数组中的标签控件显示
        arrLbl[i / 3, i % 3].Text = arrNum[i].ToString();
    }
    int cover = rm.Next(0, 9);     //生成一个随机数用于掩盖某个数字
    unRow = cover / 3;             //转化为不可见标签的在二维数组中的行下标
    unCol = cover % 3;             //转化为列下标
    arrLbl[unRow, unCol].Visible = false;    //让这个标签不可见
    playing = true;                //设置游戏进行中标记
}
```

```
35 private void label1_Click(object sender, EventArgs e)
36 {
37     if (!playing)                          //如果游戏不在进行中
38     {
39         return;                            //退出事件方法的执行
40     }
41     int row = ((Label)sender).Top / 80;        //计算点中标签的行下标
42     int col = ((Label)sender).Left / 80;       //计算点中标签的列下标
43     if (Math.Abs(row - unRow) + Math.Abs(col - unCol) == 1)
44     {   //判断方块是否可以移动，如果可以则交换标签显示的数字
45         string temp = arrLbl[unRow, unCol].Text;
46         arrLbl[unRow, unCol].Text = arrLbl[row, col].Text;
47         arrLbl[row, col].Text = temp;
48         arrLbl[unRow, unCol].Visible = true;
49         arrLbl[row, col].Visible = false;
50         unRow = row; //设置新的不可见标签下标值
51         unCol = col;
52     }
53     for (int i = 0; i < 9; i++)
54     {   //判断是否已成功排列数字
55         if (arrLbl[i / 3, i % 3].Text != Convert.ToString(i+1))
56         {
57             break;
58         }
59         if (i == 8)
60         {
61             arrLbl[unRow, unCol].Visible = true;  //显示被掩盖数字
62             playing = false;                      //设置游戏结束标志
63             MessageBox.Show("恭喜你通过了游戏！","消息对话框",
64                 MessageBoxButtons.OK,MessageBoxIcon.Information);
65         }
66     }
67 }
```

代码分析：

数组的一个很大的优点是它的元素可以成为任何对象，甚至是窗体控件。本例把 9 个 Label 控件放在一个 3×3 的二维数组之内，正好可以表示为一个 3×3 矩阵。这样可以很方便地判断是否单击了与空白方块相邻的数字。

6～14 行代码将 9 个 Label 控件装入二维数组。其实更规范的解决方法应该是动态生成 Label 控件并将其装入二维数组，但使用的代码会多一些，这一点将在本章实训指导中进行演示。

15 行代码是为了防止单击两次【开始游戏】按钮而导致出现两块空白区域。

16～24 行代码演示了如何快速生成一组指定范围的没有重复的随机数，它的原理是首

先生成 0～8 之间的随机数，然后找到下标为这个随机数的元素，让它与第 1 个元素进行交换。然后生成 1～8 之间的随机数，把相应的元素与第 2 个元素进行交换。如此反复一直到生成 7～8 的随机数，把相应的元素与第 8 个元素进行交换，包括自己与自己交换。

25～28 行代码演示了如何使用单层 for 循环按顺序遍历二维数组。

43～52 行代码判断被单击的方块是不是空白方块的相邻方块，如果是则移动它至空白方块处，并使原来的位置变为空白(其实没有移动标签，只是简单地互换数字并设置可见性)。其中 Math.Abs( )是取绝对值方法。代码如下：

```
if (Math.Abs(row - unRow) + Math.Abs(col - unCol) == 1)
```

判断单击的方块是否距空白的方块只有 1 步之遥。一个方块一次只能在水平或垂直方向上移动一格，这样起点和终点的 *X* 坐标或 *Y* 坐标必定有一个相等而另一个相差 1。

53～66 行代码判断方块是否已经按顺序排列好，如果排列好了就显示被掩盖的方块并提示游戏结束。

7.3 动 态 数 组

所谓动态数组就是在程序运行时可以动态地改变数组的长度，以前介绍的 Array 一旦确定其长度，便不能再更改。在 C#语言中并没有真正意义上的动态数组，如果需要在程序中动态地改变数组的长度，可以使用 ArrayList 作为替代品。使用 ArrayList 需要在程序的开始处使用以下代码：

```
using System.Collections;
```

Array 和 ArrayList 主要的区别有以下几点。

(1) Array 的容量是固定的，而 ArrayList 的容量可根据需要自动扩充。

(2) ArrayList 提供添加、插入或移除某一范围元素的方法。在 Array 中，只能一次获取或设置一个元素的值。

(3) Array 可以具有多个维度，而 ArrayList 始终只是一维的。

7.3.1 ArrayList 的声明与创建

可以使用两种方法创建一个 ArrayList，例如：

```
ArrayList arr = new ArrayList();
ArrayList arr1 = new ArrayList(10);  //初始化一个长度为10的ArrayList
```

第 1 句代码创建了一个 ArrayList 对象，并没有设置其初始容量。由于 ArrayList 可以动态地改变其长度，所以这样使用是被允许的。但如果频繁地向 ArrayList 中添加元素时会执行大量的调整大小操作。如果集合的大小可以估计，应该使用第 2 种方法，给 ArrayList 指定一个初始容量，就可以避免很多调整大小的操作。而且，如果在使用过程中长度超过指定的容量，ArrayList 会自动对容量进行调整。

ArrayList 的长度即元素的个数可以通过 Count 属性来获得，这点与数组的通过 Length 属性来获得其长度有所区别。

【例 7-9】控制台应用程序示例代码。

```
ArrayList arrList = new ArrayList(5);
Console.WriteLine("ArrayList 的长度为: " + arrList.Count);
int[] arr = new int[5];
Console.WriteLine("数组的长度为: " + arr.Length);
foreach (int i in arr)
{
    Console.Write(i+" ");
}
```

运行结果：

```
ArrayList 的长度为：0
数组的长度为：5
0 0 0 0 0
```

从运行结果可以看出，ArrayList 虽然设定了初始容量，但它的长度依然为 0。设定初始容量仅仅表示系统划分了一整块内存空间给它，并没有给它添加任何元素。ArrayList 中把长度称为元素个数更为合适。数组则不一样，设定它的长度为 5 就会给数组添加 5 个元素，每个元素的初值都为 0。

7.3.2　ArrayList 的操作

ArrayList 赋值操作与数组的赋值操作有所区别。Add( )方法用于给 ArrayList 添加一个新的元素，例如：

```
ArrayList arr = new ArrayList(5);
arr[0]=1; //错误
```

上述代码将无法通过编译，虽然声明了 ArrayList 的初始容量为 5，但 ArrayList 中并没有任何东西，还无法通过下标访问到具体的元素，这一点通过例 7-9 可以得知。正确的做法应该是：

```
ArrayList arrList = new ArrayList(5);
arrList.Add(1); //给 arrList 添加一个元素，这时它的元素个数为 1
```

ArrayList 中有了元素后，就可以通过下标来访问它了。

【例 7-10】控制台应用程序示例代码。

```
ArrayList arrList = new ArrayList(5);
arrList.Add(100);       //添加一个元素 100
arrList.Add(200);       //添加第 2 个元素 200
arrList[0] = 1;         //更改第 1 个元素的值
Console.WriteLine(arrList[0]+" "+arrList[1]); //打印 2 个元素的值
```

运行结果：1 200。

Insert( )方法用于将某元素插入到指定索引处，另外也可以像数组那样使用 foreach 语句遍历 ArrayList 里的每个元素，如例 7-11。

【例 7-11】控制台应用程序示例代码。

```
ArrayList arrList = new ArrayList(5);
arrList.Add(100);                //插入 100，此值索引号为 0
arrList.Add(300);                //插入 300，此值索引号为 1
foreach (int i in arrList)
{   //用 foreach 循环遍历 ArrayList
    Console.Write(i + " ");
}
arrList.Insert(1, 200);          //在索引 1 处插入 200
Console.WriteLine();             //换行
foreach (int i in arrList)
{
    Console.Write(i + " ");
}
```

运行结果：

```
100 300
100 200 300
```

Insert( )方法有 2 个参数，第 1 个参数表示将在哪个位置(索引从 0 开始计算)处插入元素，第 2 个参数表示将要插入的元素。从结果可以得知，200 被插入成为第 2 个元素，而原来的第 2 个元素 300 则往后推 1 位，变成第 3 个元素。

Remove( )方法可以移除 ArrayList 中的特定对象的第 1 个匹配项，如例 7-12。

【例 7-12】控制台应用程序示例代码。

```
ArrayList arrList = new ArrayList(5);
arrList.Add(100);                //插入 100，此值索引号为 0
arrList.Add(200);                //插入 200，此值索引号为 1
arrList.Add(300);                //插入 300，此值索引号为 2
arrList.Add(200);                //第 2 次插入 200，此值索引号为 3
arrList.Remove(200);             //移除值为 200 的项
foreach (int i in arrList)
{
    Console.Write(i + " ");
}
```

运行结果：100 300 200。

本例给 ArrayList 插入了 4 个元素，其中有 2 个 200，索引号分别为 1、3。Remove 方法只会删除第 1 个搜索到的值为 200 的元素。其删除过程如图 7.16 所示。

RemoveAt( )方法用于删除指定索引处的元素，如：

```
arrList.RemoveAt(1); //删除索引为 1 的元素
```

RemoveRange( )方法用于删除一定范围的元素，它的原型为：

```
RemoveRange (int index, int count)
```

第 1 个参数 index 表示从第几个开始删除(从 0 开始计算)，第 2 个参数 count 表示要删除几个元素。如：

```
arrList.RemoveRange(1, 3); //从索引 1 开始删除，删除 3 个元素
```

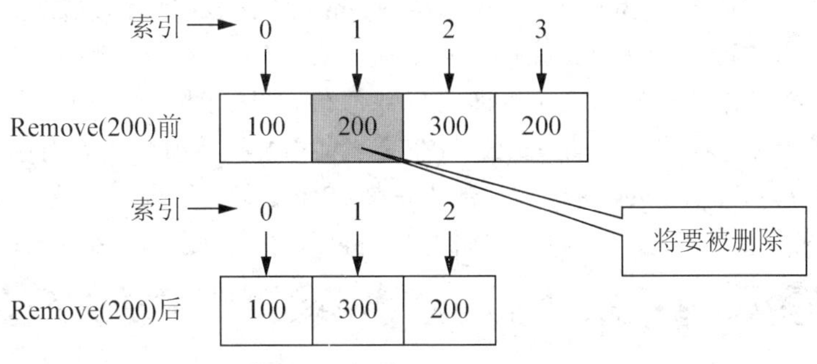

图 7.16　例 7-12 删除过程

提示： 在.NET Framework 2.0 版本中引入了功能强大的泛型特性，随之 ArrayList 已经被 System.Collections.Generic 命名空间下的 List<T>全面取代。List<T>有着更快的速度和更高的安全性，强烈建议在实际编程中使用 List<T>代替 ArrayList。关于泛型，这里不做介绍，它已经超出了本书范围。读者学习完本书内容后，可以查阅相关资料进行学习。

实 训 指 导

1. 实训目的

(1) 掌握数组的声明、创建和初始化。
(2) 掌握对数组的访问、赋值等应用。
(3) 掌握声明和操作多下标数组。
(4) 了解如何灵活地使用数组实现一些简单算法。

2. 实训内容

实训项目：拼图游戏。

这个实训是在例 7-8 的基础上进行改进，首先是把原来的 9 个数字改为 9 张小图片，这 9 张小图片是由一张大图片按 9 等份分割而成。然后把原来在设计窗体生成的 9 个 Label 控件改为使用代码动态地生成。这里涉及到如何动态地生成控件以及手动地给控件添加事件的方法。另外使用了图像集合控件——ImageList 控件来存放这 9 张图片，这样只需把 Label 控件的 ImageList 属性设为某个 ImageList 控件之后，就可以通过设置 Label 控件的 ImageIndex 属性来指定作为标签背景的图片。图片可以自行制作，把一张 240×240 像素的图片分割成 80×80 像素的 9 张小图片，也可以直接使用二维码中的图片(在“素材”文件夹的“图片”文件下，文件名为“01.JPG”～“09.JPG”)。

3. 实训步骤

(1) 新建一个 Windows 应用程序项目，并命名为 Exp07。

(2) 把窗体 Form1 命名为 MainForm，并将其 Text 属性设置为“拼图游戏”。

(3) 在窗体上放置 1 个 Button 控件，命名为 btnPlay，Text 属性设置为“开始游戏”。

(4) 在窗体上放置 1 个 Panel 控件，Size 属性设置为“240,240”，BackColor 属性设置为 Silver。以上控件放置完毕后其拼图游戏控件分布效果如图 7.17 所示。

(5) 在窗体上放置一个 ImageList 控件(在【工具箱】的【组件栏】内)，ImageSize 属性设置为“80,80”，单击 Images 属性右边的小按钮打开【图像集合编辑器】窗口。单击【添加】按钮把 9 张分割好的图片按顺序添加进 ImageList 内，如图 7.18 所示。

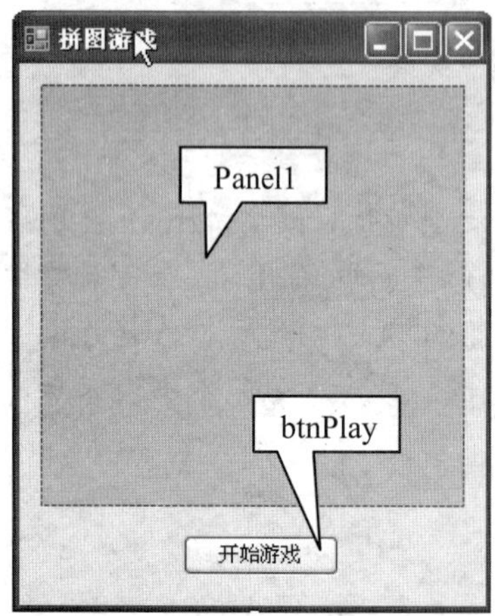

图 7.17　拼图游戏控件分布效果

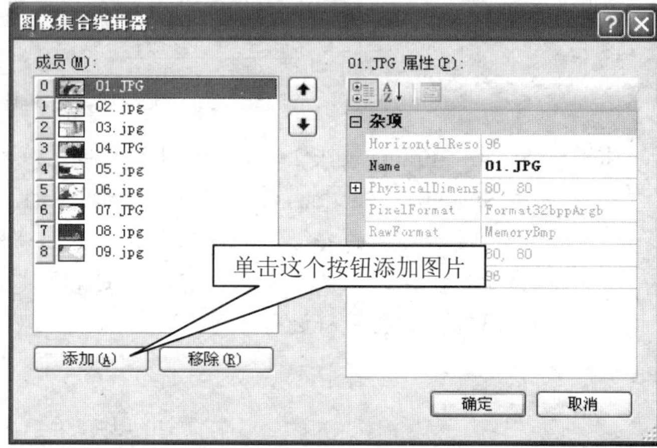

图 7.18　图像集合编辑器

(6) 双击窗体生成窗体的 Load 事件方法，双击 btnPlay 按钮生成按钮的 Click 事件方法。打开代码窗口，输入代码如下：

```
Label[,] arrLbl = new Label[3, 3];    //存放 Label 控件的二维数组
int unRow = 0, unCol = 0;             //记录不可见 Label 的下标
bool playing = false;                 //是否正在游戏中
private void MainForm_Load(object sender, EventArgs e)
{   //动态地加载 Label 控件
    this.SuspendLayout();      //停止 layout 事件，防止添加控件时多次刷新窗体
    for (int i = 0; i < 3; i++)
    {   //用双重循环一个一个地添加 Label 控件
        for (int j = 0; j < 3; j++)
        {
            Label lbl = new Label();  //新建一个 Label 控件
            lbl.Text = "";            //设置控件属性
            lbl.AutoSize = false;
            lbl.Size = new Size(80, 80);                 //大小
            lbl.Location = new Point(j * 80, i * 80); //位置
            lbl.ImageList = imageList1;                  //指定图像集合控件
            //下面这句代码演示如何手动地给控件指定一个事件方法
```

```
            lbl.Click += new System.EventHandler(this.lblPic_Click);
            panel1.Controls.Add(lbl);       //把标签添加进 Panel 控件内
            arrLbl[i, j] = lbl;             //把标签添加进二维数组内
        }
    }
    this.ResumeLayout();                    //重新启动 Layout 事件
}
private void btnplay_Click(object sender, EventArgs e)
{  //开始游戏
    arrLbl[unRow, unCol].Visible = true;
    int[] arrNum = { 0, 1, 2, 3, 4, 5, 6, 7, 8 };
    Random rm = new Random();
    for (int i = 0; i < 8; i++)
    {
        int rmNum = rm.Next(i, 9);
        int temp = arrNum[i];
        arrNum[i] = arrNum[rmNum];
        arrNum[rmNum] = temp;
    }
    for (int i = 0; i < 9; i++)
    {   //通过设置 ImageIndex 属性，给 Label 控件指定一个索引号来显示
        //ImageList 内的相应图片
        arrLbl[i / 3, i % 3].ImageIndex = arrNum[i];
        arrLbl[i / 3, i % 3].BorderStyle = BorderStyle.FixedSingle;
    }
    int cover = rm.Next(0, 9);
    unRow = cover / 3;
    unCol = cover % 3;
    arrLbl[unRow, unCol].Visible = false;
    playing = true;
} //注意，下一句代码需要手动生成，用于给前面动态生成的事件指定方法
private void lblPic_Click(object sender, EventArgs e)
{
    if (!playing)
    {
        return;
    }
    int row = ((Label)sender).Top / 80;
    int col = ((Label)sender).Left / 80;
    if (Math.Abs(row - unRow) + Math.Abs(col - unCol) == 1)
    {   //交换图片索引号以达到交换图片的目的
        int temp = arrLbl[unRow, unCol].ImageIndex;
        arrLbl[unRow,unCol].ImageIndex=arrLbl[row,col].ImageIndex;
        arrLbl[row, col].ImageIndex = temp;
        arrLbl[unRow, unCol].Visible = true;
```

```
        arrLbl[row, col].Visible = false;
        unRow = row;
        unCol = col;
    }
    for (int i = 0; i < 9; i++)
    {
        if (arrLbl[i / 3, i % 3].ImageIndex != i)
        {
            break;
        }
        if (i == 8)
        {
            arrLbl[unRow, unCol].Visible = true;
            foreach (Label lbl in arrLbl)
            {
                lbl.BorderStyle = BorderStyle.None;
            }
            playing = false;
            MessageBox.Show("恭喜你通过了游戏！", "消息对话框",
                MessageBoxButtons.OK, MessageBoxIcon.Information);
        }
    }
}
```

运行程序，单击【开始游戏】按钮开始游戏，其效果如图 7.19 所示。成功完成游戏后的效果如图 7.20 所示。

思考： 原本使用 Label 控件的 Text 属性存放的数字现在存放在哪里？这样做的好处是什么？

图 7.19　拼图游戏运行效果

图 7.20　游戏成功完成后的效果

本章小结

本章主要介绍了一维数组的定义以及对一维数组的访问、赋值等应用编程，并进一步学习了创建和操作多维数组以及 ArrayList 的方法。在程序中使用数组的最大好处是用一个数组名代表逻辑上相关的一批数据，用下标表示该数组中的各个元素，与循环语句结合使用，使得程序书写简洁、操作方便。

习　题

1. 选择题

(1) 声明一个数组：int[,] arr=new int[3,5]，请问在这个数组内包含有多少个元素？(　　)

A. 3　　B. 5　　C. 8　　D. 15

(2) 以下哪个属性用于保存数组中当前包含的元素总数？(　　)

A. Count　　B. Length　　C. Totlal　　D. Sum

(3) 以下定义声明一维数组正确的是(　　)。

A. int[ ] myArray　　B. int myArray[ ]

C. int( ) myArray　　D. int myArray( )

(4) 下列关于数组描述不正确的一项是(　　)。

A. 数组可以是一维、多维或交错的

B. 数组元素的默认值设置为 0 或空

C. 一维数组下标最大值等于数组的长度

D. 数组元素可以是任何类型，包括数组类型

(5) 指出下列哪个选项属于引用类型？(　　)

A. int　　B. string　　C. float　　D. bool

(6) 具有 n 个元素的数组的索引是 0～(　　)。

A. $n-1$　　B. n　　C. $n+1$　　D. ∞

(7) 二维数组就像一个具有行和列的表格一样，如要将第 3 行第 2 列的元素赋值为 10，则可表示为(　　)。

A. 10=arr[2,1]　　B. arr[3,2]=10　　C. 10=arr[3,2]　　D. arr[2,1]=10

(8) 能返回数组 arr 的第一维的最大下标值的是(　　)。

A. arr.GetLength(0)　　B. arr.GetLength(1)

C. arr.GetUpperBound(0)　　D. arr.GetUpperBound(1)

2. 填空题

(1) 数组是具有相同________的一组数据。

(2) 数组的索引从________开始。

(3) 在 C#语言中，使用________关键字创建数组的对象。

(4) 在声明数组的同时可对其进行初始化，只需将初始值放在________内即可。

(5) 在程序运行时可以动态地改变其长度的数组被称为________。

(6) 基本数据类型是值类型，数组是________类型。

(7) 引用类型对象之间的赋值只是复制对象的引用________，而不是对象的内容。

(8) 二维数组就像一个具有________和________的表格一样。

3. 判断题

(1) 数组是具有相同类型的一组数据。 (　　)

(2) 在声明或创建数组时，[]内的逗号数目即为数组的维度数。 (　　)

(3) 数组的索引从0开始：具有 n 个元素的数组的索引是 $0\sim n-1$。 (　　)

(4) 基本数据类型是值类型，数组和string是引用类型。 (　　)

(5) new运算符用于创建数组并将数组元素初始化为0。 (　　)

(6) 数组的最大下标值可以通过GetLength方法来得到。 (　　)

(7) 在C#语言中并没有真正意义上的动态数组，如果需要在程序中动态地改变数组的长度，可以使用ArrayList作为替代品。 (　　)

(8) ArrayList的容量可根据需要自动扩充，它可以具有多个维度。 (　　)

4. 简答题

1. 简述什么是数组。
2. 简述Array和ArrayList主要的区别。

5. 编程题

(1) 输入一个数，输出在数组中和该数相同的数的个数。

(2) 定义两个包含5个元素的整型数组 x 和 y，并对数组 x 进行初始化，编程实现颠倒数组 x 元素值的顺序，并将它们存储到数组 y 中。

(3) 在大小为10的整型数组中，计算所有奇数下标元素值的和。

(4) 编写程序，找出数组中的最大值。

(5) 定义一个大小为10的整型数组，用随机产生的数据为数组元素赋值，并将它们按从大到小的排序输出。

第8章 GDI+图形

教学提示

在应用程序设计过程中，有时需要在界面上添加一些图形。而通过使用 GDI+，可以在屏幕上绘制直线、曲线、图形、图像和文本等。GDI+将应用程序与图形硬件分隔开来。正是这种分隔使得程序员能够创建与设备无关的应用程序。

教学要求

知识要点	能力要求	相关知识
Graphics 对象	(1) 理解 GDI+ (2) 能够正确创建 Graphics 对象	(1) GDI+的概念 (2) 创建 Graphics 对象的两种方法
笔、画刷	(1) 能够正确创建各类 Pen (2) 能够正确创建各类 Brush	(1) Pen 对象的种类及创建方法 (2) Brush 的种类及创建方法
图形绘制	(1) 能够正确绘制直线、折线和多边形 (2) 能够正确绘制矩形 (3) 能够正确绘制圆和椭圆 (4) 能够正确绘制文本	(1) Point 对象的使用方法 (2) Rectangle 对象的使用方法 (3) 各类图形的绘制方法 (4) 文本的绘制方法
呈现图像	能够使用 GDI+来呈现图像	使用 GDI+呈现图像的方法
动画制作	(1) 理解 Paint 事件 (2) 掌握双缓冲技术的使用方法 (3) 能够制作简单的动画	(1) Paint 事件机制 (2) 双缓冲技术 (3) 动画制作的方法

GDI+是 Windows 图形设计界面 GDI(Graphics Device Interface)的高级实现。GDI+使用户可以创建图形、绘制文本以及将图形图像作为对象操作。GDI+旨在提供较好的性能并且易于使用。可以使用 GDI+在 Windows 窗体和控件上呈现图形图像。GDI+已完全取代 GDI，目前是在 Windows 窗体应用程序中以编程方式呈现图形的一种常用方法。

8.1 创建 Graphics 对象

在用 GDI+绘图时，需要先创建 Graphics 图形对象，然后才可以使用 GDI+绘制线条和形状、呈现文本或显示与操作图像。Graphics 对象包含了 GDI+的核心功能，是用于创建图形图像的对象。

Graphics 图形对象可以用以下方法来创建。

(1) 用某控件或窗体的 CreateGraphics 方法来创建 Graphic 对象，该对象表示该控件或窗体的绘图表面。如果想在已存在的窗体或控件上绘图，则可以使用这种方法。

(2) 接收对图形对象的引用，该对象为窗体或控件的 Paint 事件中 PaintEventArgs 的一部分。在为控件创建绘制代码时，通常使用此方法来获取对图形对象的引用。

【例 8-1】创建 Graphics 对象。

操作步骤：

(1) 新建一个 Windows 应用程序项目。在窗体上放置 1 个 Button 控件，命名为 btnPrnLine，Text 属性设置为“画直线”，双击按钮，生成一个 Click 事件。

(2) 选中窗体并在事件窗口中双击 Paint 事件，生成一个窗体的 Paint 事件。在代码窗口中输入代码如下：

```
1  private void btnPrnLine_Click(object sender, EventArgs e)
2  {
3      Graphics g; //声明一个Graphics对象
       //用窗体的CreateGraphics()方法创建一个Graphics对象并赋给变量g
4      g = this.CreateGraphics();
5      Pen blackPen = new Pen(Color.Black);      //创建一个黑色画笔
6      g.DrawLine(blackPen, 10, 50, 200, 50);    //画直线
7  }
8  private void Form1_Paint(object sender, PaintEventArgs e)
9  {
10     Graphics g;         //声明一个Graphics对象
11     g = e.Graphics;   //调用参数e中对Graphics对象的引用来获取Graphics对象
12     Pen redPen = new Pen(Color.Red);            //创建一个红色画笔
13     g.DrawLine(redPen, 10, 100, 200, 100);    //画直线
14 }
```

运行程序，在窗体上出现一条红色直线，单击【画直线】按钮在窗体上画一条黑色直线，如图 8.1 所示。

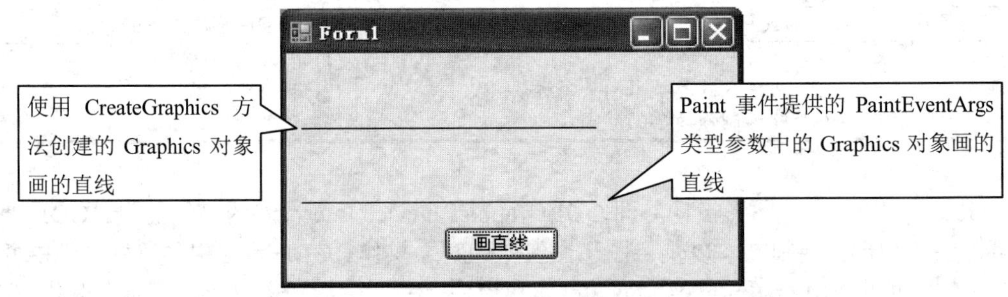

图 8.1　例 8-1 运行结果

本例使用了前文所讲的两种方法来创建一个图像所需的 Graphic 对象。第 3～6 行代码演示了如何使用控件的 CreateGraphics( )方法来创建一个 Graphic 对象。第 8～14 行代码演示了如何通过 Paint 事件的 PaintEventArgs 类型的参数来获取一个 Graphic 对象。

Paint 在窗体进行重新绘制时发生，在 Paint 事件处理程序中，参数 PaintEventArgs 为一个类，它为 Paint 事件提供信息，其 Graphics 属性指定绘制窗体时所用的 Graphics 对象。

提示：请尝试最小化，还原窗口，用其他程序遮挡本窗体，查看两条直线有何变化。

8.2　笔、画刷和颜色

在 GDI+中，可以使用笔对象来呈现图形、文本和图像。笔是 Pen 类的实例，可用于绘制线条和空心形状。画刷是从 Brush 类派生的任何类的实例，可用于填充形状或绘制文本。Color 对象是表示特定颜色的类的实例。笔和画刷可以使用这些对象来指示所呈现图形的颜色。

8.2.1　笔

笔可以使用指定颜色来创建，如例 8-1 的第 5 行和第 12 行代码。这时，笔的宽度为默认值“1”。也可以在创建笔时指定线的宽度，如：

```
Pen pen = new Pen(Color.Blue, 8);
```

其中，第 1 个参数指定了笔的颜色，第 2 个参数是一个 float 类型，指定线的宽度。也可以访问 Pen 对象的 Width 属性更改笔的宽度，如：

```
pen.Width = 4;
```

【例 8-2】使用 Pen 对象。

新建一个 Windows 应用程序项目。选中窗体并在事件窗口中双击 Paint 事件，生成一个窗体的 Paint 事件。在代码窗口中输入代码如下：

```
private void Form1_Paint(object sender, PaintEventArgs e)
{
    Graphics g = e.Graphics;
    Pen redPen = new Pen(Color.Red);            //红色笔，线宽为默认值1
    g.DrawLine(redPen, 10, 10, 200, 10);
    Pen bluePen = new Pen(Color.Blue, 2);       //蓝色笔，线宽为2
    g.DrawLine(bluePen, 10, 40, 200, 40);
    Pen greenPen = new Pen(Color.Green, 4);     //绿色笔，线宽为4
    g.DrawLine(greenPen, 10, 70, 200, 70);
    greenPen.Width = 8;                         //更改绿色笔宽度为8
    g.DrawLine(greenPen, 10, 100, 200, 100);
}
```

运行结果如图 8.2 所示。

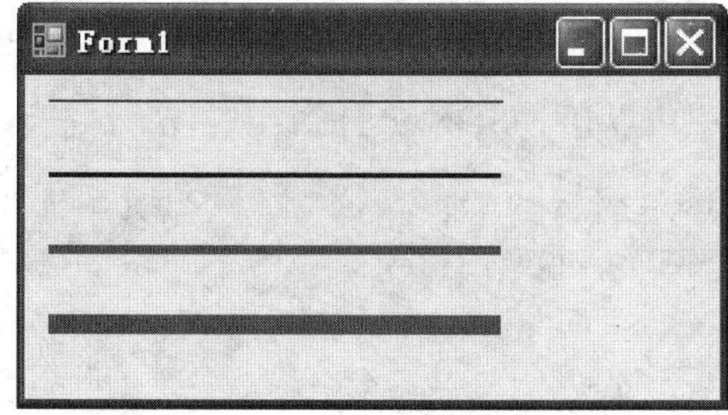

图 8.2　例 8-2 运行结果

8.2.2　画刷

画刷是可与 Graphics 对象一起使用来创建实心形状和呈现文本的对象。有几种不同类型的画刷，见表 8-1。

表 8-1　画刷类型列表

Brush 类	说　明
SolidBrush	画刷的最简单形式，它用纯色进行绘制
HatchBrush	类似于 SolidBrush，但是使用该类可以从大量预设图案中选择绘制时要使用的图案，而不是纯色
TextureBrush	使用纹理(如图像)进行绘制
LinearGradientBrush	使用渐变混合的两种颜色进行绘制
PathGradientBrush	使用复杂的混合色渐变进行绘制

这里只对 SolidBrush、HatchBrush 和 LinearGradientBrush 进行介绍。

(1) 创建纯色画刷可以使用如下形式：

```
SolidBrush(Color color)
```

其中参数 color 表示画刷的颜色，例如：

```
SolidBrush redBrush = new SolidBrush(Color.Red);
```

(2) HatchBrush 使用户可以从大量预设的图案中选择绘制时要使用的样式，而不是纯色。创建 HatchBrush 可以使用如下形式：

```
HatchBrush(HatchStyle hatchstyle, Color foreColor, Color backColor)
```

其中参数有如下几种。

① hatchstyle：是一个 HatchStyle 枚举，它表示此 HatchBrush 所绘制的样式。

② foreColor：Color 结构，它表示此 HatchBrush 所绘制线条的颜色。

③ backColor：Color 结构，它表示此 HatchBrush 绘制的线条间的颜色。如：

```
HatchBrush hatchBrush = new HatchBrush(HatchStyle.Cross,
    Color.Blue,Color.Red);
```

注意：在使用 HatchBrush 和下面的 LinearGradientBrush 时，均需要引入 System. Drawing. Drawing2D 命名空间。

(3) 创建 LinearGradientBrush 画刷可以采用的方法有 8 种，这时只介绍其中的一种。有关其余的 7 种方法的介绍可以在 MSDN 中查到。

```
LinearGradientBrush(Rectangle rect, Color color1, Color color2,
    LinearGradientMode linearGradientMode)
```

其中参数有如下几种。

① rect：指定一个矩形作为线性渐变所作用的区域。

② color1：表示渐变起始色。

③ color2：表示渐变结束色。

④ linearGradientMode：指定渐变的方向。

Rectangle 是一个结构体，存储一组整数，共 4 个，表示一个矩形的位置和大小。可以使用如下形式来创建一个 Rectangle：

```
Rectangle (int x, int y, int width, int height)
```

其中参数有如下几种。

① x：矩形左上角坐标点的 X 轴坐标值。

② y：矩形左上角坐标点的 Y 轴坐标值。

③ width：矩形宽度。

④ height：矩形高度。

RectangleF 与 Rectangle 完全相同，但 RectangleF 的参数类型是浮点型(float)。

【例 8-3】使用 Brush 对象。

新建一个 Windows 应用程序项目。选中窗体并在事件窗口中双击 Paint 事件，生成一个窗体的 Paint 事件。在代码窗口中输入代码如下：

```
private void Form1_Paint(object sender, PaintEventArgs e)
{
    Graphics g = e.Graphics;
    SolidBrush redBrush = new SolidBrush(Color.Red);      //纯色画刷
    g.FillRectangle(redBrush, 10, 10, 60, 60);
    HatchBrush hb = new HatchBrush(HatchStyle.Cross,      //样式画刷
        Color.Blue,Color.Red);
    g.FillRectangle(hb, 80, 10, 60, 60);
    Rectangle rect=new Rectangle(150, 10, 60, 60);        //创建矩形
    LinearGradientBrush lgb = new LinearGradientBrush(rect,
        Color.Blue, Color.White,
        LinearGradientMode.Vertical);                     //渐变画刷
    g.FillRectangle(lgb,rect);
}
```

运行结果如图 8.3 所示。

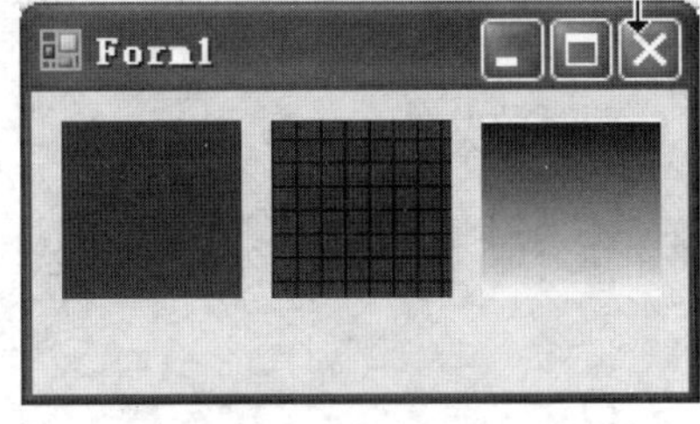

图 8.3　例 8-3 运行结果

8.3　绘制线条和形状

Graphics 对象提供了绘制各种线条和形状的方法。可以用纯色、透明色或使用用户定义的渐变、图像纹理来呈现简单或复杂的形状。可使用 Pen 对象创建线条、非闭合的曲线和轮廓形状。若要填充矩形或闭合曲线等区域，则需要使用 Brush 对象。

8.3.1　绘制线条

1. 绘制直线

绘制直线可以采用 DrawLine( )方法。DrawLine( )方法有 4 个重载版本，这里只介绍其中 2 个有代表性的方法。

(1) 绘制一条连接 2 个 PointF 结构的线，形式为：

```
DrawLine(Pen pen, Point pt1, Point pt2);
```

其中有如下 3 种参数。

① pen：给线条指定 Pen 对象，它确定线条的颜色、宽度和样式。

② pt1：Point 结构，表示要连接的第 1 个点。

③ pt2：Point 结构，表示要连接的第 2 个点。

Point 是一个结构体，表示在二维平面中定义点的 *x* 和 *y* 坐标的有序对。可以使用如下形式来创建一个 Point 结构体：

```
Point(int x, int y)
```

其中，x 表示该点的 *X* 轴坐标值。y 表示该点的 *Y* 轴坐标值。如创建一个点可以使用如下代码：

```
Point point1 = new Point(100, 100);
```

可以使用 Point 结构的 *X* 属性和 *Y* 属性来访问 Point 中的 2 个值。PointF 与 Point 完全相同，但 PointF 的参数类型是浮点型 float。

注意： 无论是 DrawLine( )方法还是后面要讲的其他绘制图形的方法，一般都存在与 Point 版本相对应的 PointF 版本。这里只介绍 Point 版本方法的使用，PointF 版本方法的使用与之完全相同。

(2) 绘制一条连接由坐标对指定 2 个点的线条，形式为：

```
DrawLine(Pen pen, int x1, int y1, int x2, int y2);
```

其中有如下 5 种参数。

① pen：给线条指定 Pen 对象。

② x1：线条起点的 *X* 轴坐标值。

③ y1：线条起点的 *Y* 轴坐标值。

④ x2：线条终点的 *X* 轴坐标值。

⑤ y2：线条终点的 *Y* 轴坐标值。

2. 绘制多边形和折线

多边形即具有多条边的图形。用于绘制多边形的 Graphics 方法有：DrawLines( )方法(注意：前面一节所介绍的是 DrawLine( )方法，少一个“s”)，用于绘制一连串连接在一起的线段。DrawPolygon( )方法用于绘制封闭的多边形轮廓。FillPolygon( )方法用于绘制填充的多边形。

DrawLines( )和 DrawPolygon( )方法都有 2 个参数，第 1 个参数是 Pen 类型，表示画线所使用的画笔。第 2 个参数是 Point 类型的数组，表示一组坐标点。2 种方法都用线段依次连接这些坐标点。

【例 8-4】绘制多边形和折线。

新建一个 Windows 应用程序项目。选中窗体并在事件窗口中双击 Paint 事件，生成一个窗体的 Paint 事件。在代码窗口中输入代码如下：

```
private void Form1_Paint(object sender, PaintEventArgs e)
{
    Graphics g = e.Graphics;
    Pen p = new Pen(Color.Red, 2);
    Point[] points = new Point[4];          //创建一个长度为 4 的 Point 数组
    points[0] = new Point(10, 10);          //给数组元素赋值
    points[1] = new Point(10, 100);
    points[2] = new Point(120, 130);
    points[3] = new Point(110, 50);
    g.DrawLines(p, points);                 //画折线
    for (int i = 0; i < points.Length; i++)  //将各个点水平移动 150
    {
        points[i].X += 150;
    }
    g.DrawPolygon(p, points);               //画多边形
}
```

运行结果如图 8.4 所示。

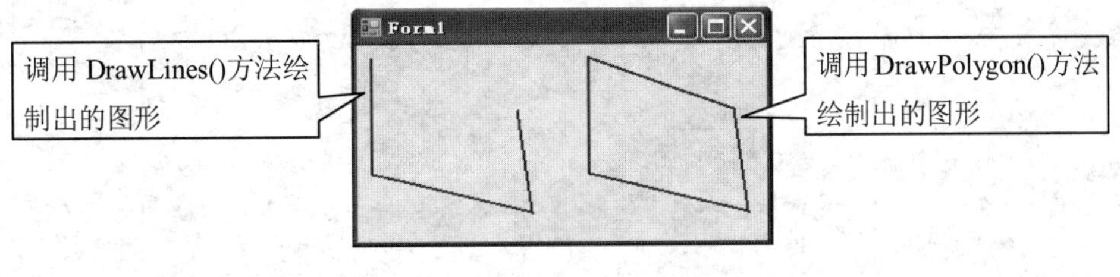

图 8.4　例 8-4 运行结果

从图 8.4 中可以很清楚地看出 DrawLines( )方法和 DrawPolygon( )方法的区别，一个是画折线，而另一个是画多边形。DrawPolygon( )方法会自动连接第 1 个点和最后 1 个点使折线最终闭合。

8.3.2 绘制矩形

绘制矩形的方法介绍如下。

(1) 可以使用 DrawRectangle( )方法绘制矩形，它一般使用如下 2 种形式。

① 绘制由坐标对宽度和高度指定的矩形。

```
DrawRectangle(Pen pen, int x, int y, int width, int height)
```

其中参数有如下几种。

pen：Pen 对象，它确定矩形的颜色、宽度和样式。

x：要绘制的矩形的左上角的 *X* 轴坐标值。

y：要绘制的矩形的左上角的 *Y* 轴坐标值。

width：要绘制的矩形的宽度。

height：要绘制的矩形的高度。

如：

```
g.DrawRectangle(pen, 10, 10, 200, 200);
```

② 绘制由 Rectangle 结构指定的矩形的方法。

```
DrawRectangle(Pen pen, Rectangle rect)
```

其中 rect 指定一个要绘的矩形。如：

```
Rectangle rect=new Rectangle(150, 10, 60, 60);
g.DrawRectangle(pen, rect);
```

(2) 也可以使用 DrawRectangles( )方法绘制一组矩形，它的表现形式为：

```
DrawRectangles(Pen pen, Rectangle[] rects);
```

其中，rects 是一个 Rectangle 类型的数组，表示一组要绘制的矩形。

【例 8-5】绘制矩形。

新建一个 Windows 应用程序项目。选中窗体并在事件窗口中双击 Paint 事件，生成一个窗体的 Paint 事件。在代码窗口中输入代码如下：

```
private void Form1_Paint(object sender, PaintEventArgs e)
{
    Graphics g = e.Graphics;
    Pen p = new Pen(Color.Black, 2);
    Rectangle rect = new Rectangle(10, 10, 60, 60); //①新建一个矩形
    g.DrawRectangle(p, rect);      //画一个矩形
    Rectangle[] rects = new Rectangle[3]; //声明一个长度为 3 的矩形数组
    rect.Offset(80, 80);           //②把矩形延 X 和 Y 轴方向各移动 80
    rects[0] = rect;
    rect.Inflate(30, 10);          //③延 X 轴放大 60，Y 轴放大 20，中心点不变
    rects[1] = rect;
    rect.Height = 50;              //④设置矩形高度
    rect.Width = 80;               //④设置矩形宽度
```

```
    rect.X = 100;                    //④设置矩形左上角 X 轴坐标值
    rect.Y = 10;                     //④设置矩形左上角 Y 轴坐标值
    rects[2] = rect;
    p.Color = Color.Blue;            //更改画笔颜色
    g.DrawRectangles(p, rects);      //画矩形组
}
```

运行结果如图 8.5 所示。

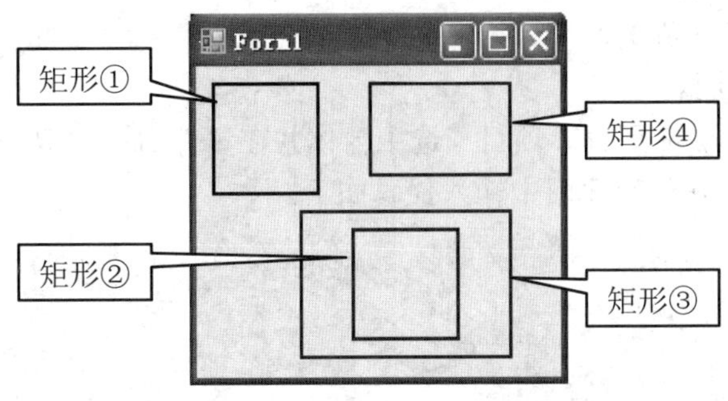

图 8.5　例 8-5 运行结果

本例除了演示如何绘制矩形之外，还演示了操作 Rectangle 结构的几个十分有用的方法和属性。

① Offset(int *x*, int *y*)：把当前矩形左上角的 *X* 轴坐标值增加 x，*Y* 轴坐标值增加 y。它起到了移动矩形的作用。

② Inflate(int width, int height) ：把当前矩形沿轴放大指定量，沿轴放大是沿两个方向(正方向和负方向)进行的。例如，如果 50×50 的矩形沿 *X* 轴放大 20，则结果矩形的长度为 90 个单位，即原始 50，负方向 20，正方向 20，以保持矩形的几何中心不变。

③ Height、Width、*X*、*Y* 这几个是属性，可以设置它们的值来改变矩形的位置和大小。

另外，由于 Rectangle 是一个结构体，而结构体属于值类型(关于值类型和引用类型请参见 7.1.4 小节)，值类型的赋值是复制而不是引用，所以执行 rects[0] = rect 这句代码时将会把 rect 中的内容复制一份再赋给数组。这样就不需要另外声明一个 Rectangle 并改变其值后再进行赋值。

8.3.3　绘制椭圆

DrawEllipse( )方法用于绘制椭圆，FillEllipse( )方法用于绘制填充的椭圆。这两种方法的使用方式基本相似，这里只介绍 DrawEllipse( )方法的使用。

绘制椭圆可以采用以下两种方法。

(1) 绘制由一个 Rectangle 边界定义的椭圆：

```
DrawEllipse(Pen pen, Rectangle rect);
```

其中参数有以下两种。

pen：Pen 对象，它确定椭圆的颜色、宽度和样式。

rect：Rectangle 结构，它定义椭圆的边界。

(2) 绘制一个指定边界左上角坐标的、指定宽度和高度的椭圆的方法：

```
DrawEllipse(Pen pen, int x, int y, int width, int height);
```

其中参数有以下 4 种。

x：定义椭圆的边界左上角的 *X* 轴坐标。

y：定义椭圆的边界左上角的 *Y* 轴坐标。

width：定义椭圆边界的宽度。

height：定义椭圆边界的高度。

【例 8-6】绘制椭圆。

新建一个 Windows 应用程序项目。选中窗体并在事件窗口中双击 Paint 事件，生成一个窗体的 Paint 事件。在代码窗口中输入代码如下：

```
private void Form1_Paint(object sender, PaintEventArgs e)
{
    Graphics g = e.Graphics;
    Pen p = new Pen(Color.Black, 2);
    g.DrawEllipse(p, 120, 10, 100, 60);  //椭圆①
    Rectangle rect = new Rectangle(10, 10, 100, 60);
    g.DrawEllipse(p, rect);              //椭圆②
}
```

运行结果如图 8.6 所示。

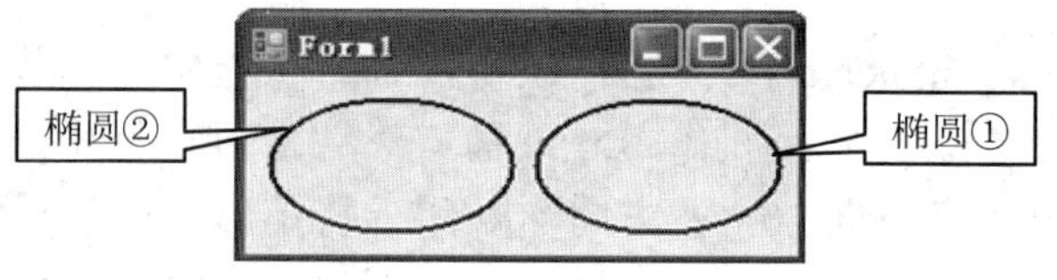

图 8.6 例 8-6 运行结果

8.3.4 绘制文本

绘制文本可采用 DrawString( )方法，使用以下几种形式。

(1) 在指定位置并且用指定的 Brush 对象和 Font 对象绘制指定的文本：

```
DrawString(string s, Font font, Brush brush, PointF point);
```

其中参数有以下 4 种。

① s：要绘制的字符串。

② font：Font 对象，它定义字符串的文本格式。

③ brush：它确定所绘制文本的颜色和纹理。

④ point：PointF 结构，它指定所绘制文本的左上角坐标。

(2) 在指定矩形并且用指定的 Brush 对象和 Font 对象绘制指定的文本：

```
DrawString(string s, Font font, Brush brush, RectangleF layoutRectangle)
```

其中 layoutRectangle 是一个 RectangleF 结构(与 Rectangle 结构类似，只是存储的是浮

点数 float)，它指定所绘制文本的位置。s 参数所表示的文本在 layoutRectangle 参数所表示的矩形内绘制并自动在其中换行。如果文本无法容纳于该矩形内，它将被截断。

(3) 使用指定的 StringFormat 对象的格式化属性，用指定的 Brush 对象和 Font 对象在指定的位置绘制指定的文本字符串：

```
DrawString(string s, Font font, Brush brush, RectangleF layoutRectangle,
    StringFormat format);
```

其中，format 是一个 StringFormat 对象，它指定应用于所绘制文本的格式化属性(如行距对齐方式)。

StringFormat 类封装了文本布局信息(如对齐方式和行距)等，许多通用格式通过 StringFormatFlags 枚举及 StringAlignment 枚举提供。StringFormat.FormatFlags 属性值是包含格式化信息的 StringFormatFlags 枚举，其重要的值有如下 2 种。

① DirectionRightToLeft：指定文本从右到左排列。

② DirectionVertical：指定文本垂直排列。

StringFormat.Alignment 属性指定文本相对于其布局矩形的对齐方式。其重要值有如下 3 种。

① Center：指定文本在布局矩形中居中对齐。

② Far：指定文本远离布局矩形的原点位置对齐。在从左到右的布局中，远端位置是右；在从右到左的布局中，远端位置是左。

③ Near：指定文本靠近布局对齐。在左到右布局中，近端位置是左；在右到左布局中，近端位置是右。

【例 8-7】绘制文本。

新建一个 Windows 应用程序项目。选中窗体并在事件窗口中双击 Paint 事件，生成一个窗体的 Paint 事件。在代码窗口中输入代码如下：

```
private void Form1_Paint(object sender, PaintEventArgs e)
{
    Graphics g = e.Graphics;
    SolidBrush sb = new SolidBrush(Color.Blue);
    Font myFont=new Font("黑体",14); //创建一个字体
    g.DrawString("第一个文本", myFont, sb, new PointF(10, 10));
    RectangleF rect1 = new Rectangle(10, 50, 100, 50);
    g.DrawString("第二个文本", myFont, sb, rect1);
    StringFormat format1 = new StringFormat();
    format1.FormatFlags = StringFormatFlags.DirectionRightToLeft;
    format1.Alignment = StringAlignment.Center; //使文本居中
    rect1.Offset(0, 70); //移动矩形
    g.DrawString("第三个文本", myFont, sb, rect1, format1);
    format1.FormatFlags = StringFormatFlags.DirectionVertical;
    RectangleF rect2 = new Rectangle(130, 10, 50, 100);
    g.DrawString("第四个文本", myFont, sb, rect2, format1);
}
```

运行结果如图 8.7 所示。

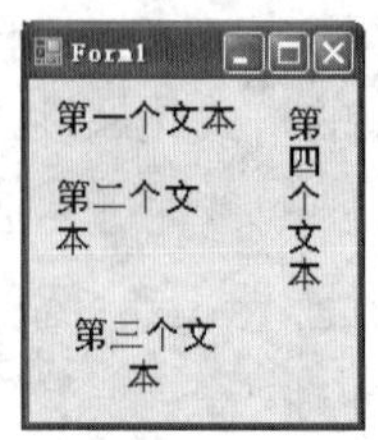

图 8.7　例 8-7 运行结果

从运行结果得知，使用 RectangleF 结构来限定文本的边界将导致文本自动换行。第 9 行代码创建了一个 StringFormat 类，第 10 行将文字方向设置为向边界的右边对齐，第 11 行代码使文本居中。

8.4　用 GDI+呈现图像

本节介绍如何使用 GDI+呈现图像。

(1) 用 GDI+呈现图像的步骤如下。

① 创建 Image 对象，该对象表示要显示的图像。

② 创建一个 Graphics 对象，该对象表示要使用的绘图表面。

③ 调用图形对象的 Graphics.DrawImage( )方法来呈现图像。

(2) 下面介绍几种常用的创建图像对象的方法。

① 利用 Image 对象的 FromFile 方法从指定的文件创建图像对象，如：

```
Image newImage = Image.FromFile(@"f:\abc\MyImages\C1.BMP");
```

② 从指定的文件初始化 Bitmap 类创建图像对象，如：

```
Bitmap myBitmap = new Bitmap(@"f:\abc\MyImages\C1.BMP");
```

虽然类名为 Bitmap，但并不代表只能载入 BMP 格式的图像，它一样可以载入 Jpeg、Gif 等格式的图像。

③ 用指定的大小初始化 Bitmap 类创建图像对象，如：

```
Bitmap myBitmap = new Bitmap(200, 300);
```

其中 200 表示新 Bitmap 对象的宽度(以像素为单位)。300 表示新 Bitmap 对象的高度(以像素为单位)。

④ 从 ImageList 对象中提取一张图像，如：

```
Bitmap myBitmap = new Bitmap(imageList1.Images[0]);
```

当程序中有多张图像时，可以把它们放在 ImageList 对象中，这样可以很方便地把某张图像提取出来创建 Bitmap。

(3) 绘制图像有如下几种方法。

① 在指定位置并且按原始大小绘制指定的 Image 对象：

```
DrawImage(Image image, int x, int y);
DrawImage(Image image, float x, float y);
DrawImage(Image image, Point point);
DrawImage(Image image, PointF point);
```

其中参数类型前文都已经介绍过，它们表示的都是所绘制图像的左上角坐标值。

② 在指定位置并且按指定大小绘制指定的 Image 对象：

```
DrawImage(Image image, int x, int y, int width, int height);
DrawImage(Image image, Rectangle rect);
```

其中，x、y、width、height 参数或 rect 参数定义的矩形确定所绘制图像的位置和大小。由 image 对象表示的图像被缩放为由 x、y、wdith 和 height 参数定义的矩形或 rect 参数定义的矩形的尺寸。

【例 8-8】呈现图像。

新建一个 Windows 应用程序项目。选中窗体并在事件窗口中双击 Paint 事件，生成一个窗体的 Paint 事件。在代码窗口中输入代码如下：

```
1 private void Form1_Paint(object sender, PaintEventArgs e)
2 {
3     Bitmap myBitmap = new Bitmap(@"C:\米老鼠.jpg");
4     Graphics g = e.Graphics;
5     g.DrawImage(myBitmap, 1, 1);
6     g.DrawImage(myBitmap, 350, 10, 100, 200);
7 }
```

运行结果如图 8.8 所示。

第 5 行代码指定一个图像左上角的点来创建图像，以这种方式绘制原始尺寸的图像。第 6 行代码指定一个矩形创建图像，此时为了适应矩形的大小，图像被缩小并变形了。另外需要注意，第 3 行代码的图片路径要根据自己计算机上的图片的实际路径来书写，不要照抄。

图 8.8 例 8-8 运行结果

8.5 动画制作

动画制作的基本原理是使用定时器控制绘图控件在画板上连续画图，以达到动起来的效果。C#语言中可以使用 GDI+或 DirectX 来制作动画。DirectX 具有强大的多媒体制作功能并在游戏开发中被广泛使用，但本书并不打算讨论如何使用 DirectX 来进行应用程序的开发，只使用 GDI+来演示一些简单的动画以达到初步了解动画制作的目的。

1. Paint 事件的执行机制

在学习动画制作之前，首先应该了解 Paint 事件的执行机制。Windows 应用程序的界面是由自己负责绘制的，当一个窗体改变了大小，或者部分被其他程序窗体遮盖，或者从最小化状态恢复时，窗体都会处于“无效的(Invalidated)”状态。这时窗体需要重绘。当 Windows 窗体程序需要重绘窗体时它触发窗体的 Paint 事件，在 Paint 事件中适当的书写专门用于绘制的代码即可。重绘时需要对整个窗体的客户区域进行重绘。窗体的“客户区域”是指除了标题栏和边框外的所有窗体区域(可以通过 ClientSize 属性获得窗体客户区域的尺寸)。如果希望强迫窗体进行重绘，可以调用窗体的 Refresh( )方法。

窗体重绘使画面刷新一次以维持窗口正常显示，刷新过程中会导致所有图元重新绘制。整个窗口中，只要是图元所在的位置，都在刷新，而刷新的时间是有差别的，这时就有可能出现闪烁现象。当图元数目不多时，窗口刷新的位置也不多，窗口闪烁效果并不严重；当图元数目较多时，绘图窗口进行重绘的图元数量增加，绘图窗口每一次刷新都会导致较多的图元重新绘制，窗口的较多位置都在刷新，闪烁现象就会越来越严重。特别是图元较大、绘制时间较长时，因为时间延迟会更长，因此闪烁问题会更加严重。要解决这个问题，可以采用双缓冲技术。

2. 双缓冲技术

双缓冲使用内存缓冲区来解决由于多重绘制操作造成的闪烁问题。当启用双缓冲时，所有绘制操作首先呈现到内存缓冲区，而不是屏幕上的绘图图面。所有绘制操作完成后，内存缓冲区直接复制到与其关联的绘图图面上。因为在屏幕上只执行一个图形操作，所以消除了由复杂绘制操作造成的图像闪烁。

在应用程序中使用双缓冲的最简便的方法是通过把 DoubleBuffered 属性设置为 true，使用 SetStyle 方法也可以为 Windows 窗体和所创建的 Windows 控件启用默认双缓冲。如：

```
this.SetStyle(ControlStyles.DoubleBuffer, true);
```

另外，也可以在内存中建立一块虚拟画布，先把所有要画的图元在虚拟画布上画好，最后再一次性地把这一整块画布画到窗体上，这样就有效地减少了刷新次数。其实现步骤如下。

(1) 在内存中建立一块“虚拟画布”，如：

```
Bitmap bmp = new Bitmap(600, 600);
```

(2) 获取这块内存画布的 Graphics 引用：

```
Graphics g = Graphics.FromImage(bmp);
```

(3) 在这块内存画布上绘图：

```
g.FillEllipse(brush, 10, 10, 50, 50);
```

(4) 将内存画布画到窗口中：

```
this.CreateGraphics().DrawImage(bmp, 0, 0);
```

需要注意的是，使用双缓冲将消耗大量内存，如果所绘制的图元并不多，没有造成窗体闪烁，不建议使用双缓冲技术。

【例 8-9】 运动的球。

操作步骤如下。

(1) 新建一个 Windows 应用程序项目，把窗体命名为“MainForm”，并把它的 Text 属性设置为“运动的球”，DoubleBuffered 属性设置为 true。

(2) 在窗体上放置一个 Button，命名为 btnPlay，Text 属性设置为“开始”。

(3) 放置一个 Timer 控件，Interval 属性设置为 25。

(4) 选中窗体并在事件窗口中双击 Paint 事件，生成一个窗体的 Paint 事件。双击 btnPlay 控件生成一个按钮的 Click 事件，双击 timer1 控件生成一个定时器的 Tick 事件。在代码窗口中输入代码如下：

```
int[,] ballArr = new int[12, 4];          //记录球的位置和方向
int ballDia = 40;                         //球的直径
Color[] colorArr ={Color.Red, Color.Blue, Color.Black,
      Color.Yellow, Color.Crimson, Color.Gold, Color.Green,
      Color.Magenta, Color.Aquamarine, Color.Brown,
      Color.DarkBlue, Color.Brown};       //球的颜色
private void btnPlay_Click(object sender, EventArgs e)
{
   if (btnPlay.Text == "开始")
   {
     Random r = new Random();
      for (int i = 0; i < ballArr.GetLength(0); i++)
      {   //用随机数决定球的方向和速度
         ballArr[i, 2] = r.Next(1, 11); //X 轴方向
         ballArr[i, 3] = r.Next(1, 11); //Y 轴方向
      }
      timer1.Start(); //开始运动
      btnPlay.Text = "停止";
   }
   else
   {
      timer1.Stop(); //停止运动
      btnPlay.Text = "开始";
   }
```

```
}
private void timer1_Tick(object sender, EventArgs e)
{
    for (int i = 0; i < ballArr.GetLength(0); i++)
    {
        if (ballArr[i, 0] + ballDia > ClientSize.Width || ballArr[i, 0] < 0)
        {   //超出左或右边界

            ballArr[i, 2] = -ballArr[i, 2];
        }
        if (ballArr[i, 1]+ballDia > ClientSize.Height || ballArr[i, 1] < 0)
        {   //超出上或下边界
            ballArr[i, 3] = -ballArr[i, 3];
        }
        ballArr[i, 0] += ballArr[i, 2]; //延 X 轴移动
        ballArr[i, 1] += ballArr[i, 3]; //延 Y 轴移动
    }
    this.Refresh(); //强迫窗体执行 Paint 事件
}
private void MainForm_Paint(object sender, PaintEventArgs e)
{
    Bitmap bmp = new Bitmap(ClientSize.Width, ClientSize.Height);
    Graphics bmpGraphics = Graphics.FromImage(bmp);
    for (int i = 0; i < ballArr.GetLength(0); i++)
    {   //画球
        bmpGraphics.DrawEllipse(new Pen(colorArr[i % 12], 2),
            ballArr[i, 0], ballArr[i, 1], ballDia, ballDia);
    }
    e.Graphics.DrawImage(bmp, 0, 0);
    bmpGraphics.Dispose();
    bmp.Dispose();
}
```

运行结果如图 8.9 所示。

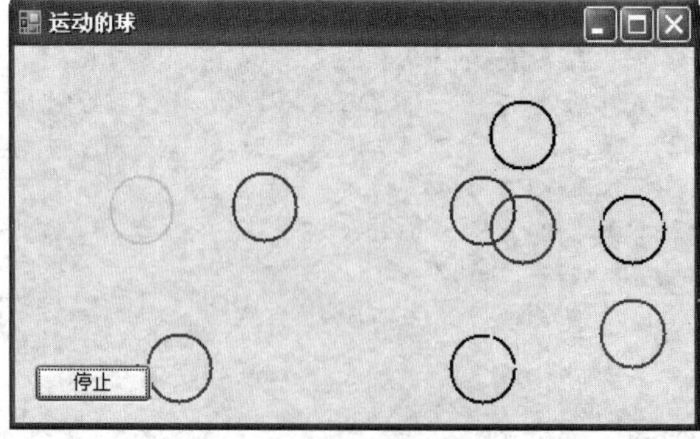

图 8.9　例 8-9 运行结果

如图 8.10 所示，当一个球如箭头所指方向运动时，可用 *xv* 和 *yv* 表示它的运动方向。当 *xv* 和 *yv* 都为正数时，球往右下方运动；当 *xv* 为正，*yv* 为负时，球往右上方运动；当 *xv* 为负，*yv* 为正时，球往左下方运动；当 *xv* 和 *yv* 都为负时，球往左上方运动。

xv 和 *yv* 的正负决定了球运动的方向，但 *xv* 和 *yv* 的值越大，球每次移动的距离越大，它的速度就越快。因此，*xv* 和 *yv* 的值决定了球的方向和速度。

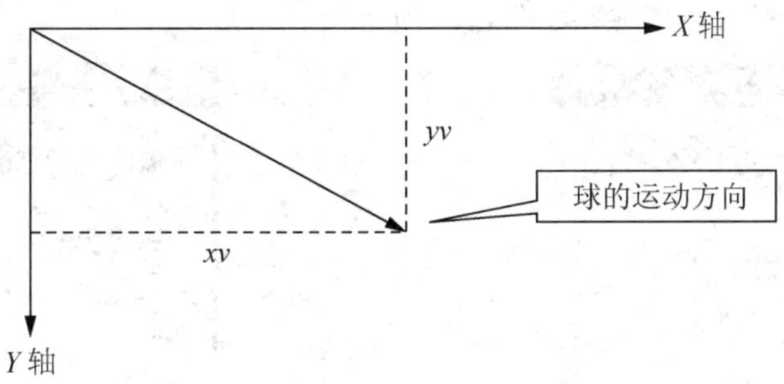

图 8.10　例 8-9 运动方向分析图

第 1 行代码声明了一个二维数组 ballArr，它的第 1 列、第 2 列分别存放球所在位置的 *X* 轴坐标值和 *Y* 轴坐标值。第 3 列、第 4 列用于存放 *xv* 和 *yv* 的值。也就是说，ballArr[i, 2] 和 ballArr[i, 3]的值决定了球运动的方向和速度。改变它们的正负就可以改变球的运动方向。

第 46～55 行代码演示了双缓冲技术的使用。

思考：

(1) 参阅 MSDN 中 PathGradientBrush 的使用方法，把运动的球由圆圈改为具有光影效果的立体球。

(2) 本例中球碰到上边界和左边界时会立即反弹，而到达下边界和右边界时球要消失后才会反弹，为什么？修改程序，使得球在到达右下边界时可以立即反弹。

实 训 指 导

1. 实训目的

(1) 掌握图像绘制。

(2) 初步掌握动画制作的方法。

(3) 初步掌握双缓冲技术的使用。

2. 实训内容

龟兔赛跑：在窗体内画一只龟和一只兔比赛跑步。

3. 实训步骤

(1) 新建 1 个 Windows 应用程序并把项目命名为“Exp8”。

(2) 把窗体命名为 MainForm，Text 属性设置为“龟兔赛跑”，DoubleBuffered 属性设置为 true。

(3) 在窗体上放置1个Button控件并命名为btnPlay，Text属性设置为“开始”。

(4) 在窗体上放置1个Timer控件，把它的Interval属性设置为150。

(5) 在窗体上放置 1 个 ImageList 控件，命名为 imgTortoise。ImageSize 属性设置为“100,100”。载入龟的8张图像，如图8.11所示。

(6) 在窗体上放置 1 个 ImageList 控件，命名为 imgRabbit。ImageSize 属性设置为“100,100”。载入兔的8张图像，如图8.12所示。

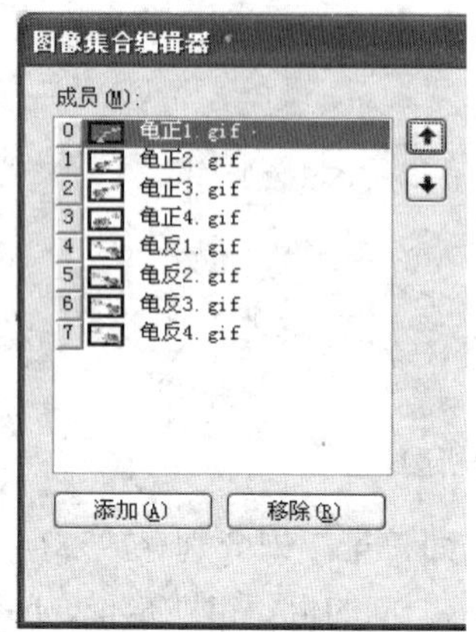

图 8.11　imgTortoise 图像

图 8.12　imgRabbit 图像

(7) 选中窗体并在事件窗口中双击Paint事件，生成1个窗体的Paint事件。双击btnPlay控件生成1个按钮的Click事件，双击timer1控件生成1个定时器的Tick事件。在代码窗口中输入代码如下：

```
int torX = 0;      //龟的位置
int torVX = 10;    //龟的方向和每次移动的距离
int torPic = 0;    //龟的轮换图片索引
int rabX = 0;      //兔的位置
int rabVX = 30;    //兔的方向和每次移动的距离
int rabPic = 0;    //兔的轮换图片索引
private void MainForm_Paint(object sender, PaintEventArgs e)
{    //用虚拟画布画图
    Bitmap bmp = new Bitmap(ClientSize.Width, ClientSize.Height);
    Graphics bmpGraphics = Graphics.FromImage(bmp);
    bmpGraphics.DrawImage(imgTortoise.Images[torPic], torX, 110);
    bmpGraphics.DrawImage(imgRabbit.Images[rabPic], rabX, 10);
    e.Graphics.DrawImage(bmp, 0, 0);
    bmpGraphics.Dispose();
    bmp.Dispose();
}
private void btnPlay_Click(object sender, EventArgs e)
{
    if (btnPlay.Text == "开始")
    {
```

```
        timer1.Start();
        btnPlay.Text = "停止";
    }
    else
    {
        timer1.Stop();
        btnPlay.Text = "开始";
    }
}
private void timer1_Tick(object sender, EventArgs e)
{
    torX += torVX; //移动龟
    if (torVX > 0)
    {   //当龟方向为右时，只取前 4 张图片
        torPic = (++torPic) % 4;
    }
    else
    {   //当龟方向为左时，只取后 4 张图片
        torPic = 4 + (++torPic) % 4;
    }
    rabX += rabVX; //移动兔
    if (rabVX > 0)
    {   //当兔方向为右时，只取前 4 张图片
        rabPic = (++rabPic) % 4;
    }
    else
    {   //当兔方向为左时，只取后 4 张图片
        rabPic = 4 + (++rabPic) % 4;
    }
    if (torX + 100 >= ClientSize.Width || torX <= 0)
    {   //当龟到达边界时转向
        torVX = -torVX;
    }
    if (rabX + 100 >= ClientSize.Width || rabX <= 0)
    {   //当兔到达边界时转向
        rabVX = -rabVX;
    }
    this.Refresh();
}
```

运行结果如图 8.13 所示。

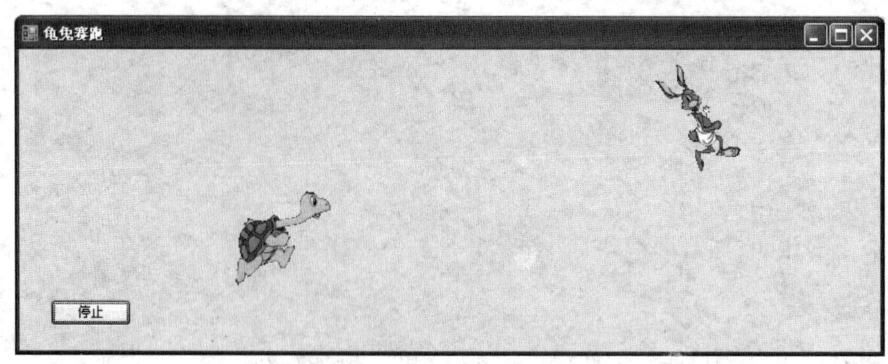

图 8.13　龟兔赛跑运行结果

思考：如何更改程序让龟跑得比兔快？

本 章 小 结

本章介绍了如何使用 GDI+在 Windows 应用程序中绘图，首先介绍了绘图的基本要素笔和画刷，然后再介绍了一些基本的几何图形的绘制，随后讲述了如何绘制文本和呈现图像，最后讲述了如何制作一些简单的动画。掌握这些基础内容可以为将来的学习打下一个良好的基础。

习　　题

1. 填空题

(1) 在 C#语言中一般使用________进行绘图。

(2) 在用 GDI+绘图时，需要先创建________图形对象。

(3) C#语言中，________类可用于绘制线条和空心形状，________类可用于填充形状或绘制文本。

(4) C#语言中可以使用________类和________类来表示一个矩形。

(5) ________是一个结构体，表示在二维平面中定义点的 x 和 y 坐标的有序对。

(6) ________方法用于绘制封闭的多边形轮廓，________方法用于绘制填充的多边形。

(7) DrawEllipse( )方法用于绘制________。

(8) 当窗体从最小化恢复时，会调用窗体的________事件。

2. 判断题

(1) Point 结构与 PointF 结构的区别是 Point 结构存储 int 类型，而 PointF 结构存储 float 类型。（　）

(2) 不能在指定的矩形内绘制图像。（　）

(3) 当一个窗体改变大小时，不会触发窗体的 Paint 事件。（　）

(4) 窗体的客户区域指的是整个窗体。 (　　)

(5) 使用双缓冲技术可以有效地减少窗体绘制时出现的闪烁问题。 (　　)

(6) DrawLine( )方法用于绘制直线，DrawLines( )方法则用于绘制由多条直线组成的折线。 (　　)

(7) Pen 的 Width 属性是一个只读属性，不能通过它对画笔的线宽进行更改。 (　　)

(8) Brush 对象可以用于绘制线条。 (　　)

3. 选择题

(1) 以下对 Rectangle 描述正确的是(　　)。

A. Rectangle 是一个对象，用来表示一个矩形

B. Rectangle 是一个结构体，它表示一个矩形

C. Rectangle 是一个对象，它可以用 4 个整数表示一个矩形

D. Rectangle 是一个结构体，它可以用 4 个浮点数表示一个矩形

(2) 创建一个矩形可以使用方法：

```
Rectangle (int x, int y, int width, int height)
```

关于这个方法，以下说法错误的是(　　)。

A. x 表示矩形左上角坐标点的 X 轴坐标值

B. y 表示矩形右下角坐标点的 Y 轴坐标值

C. width 表示矩形宽度

D. height 表示矩形高度

(3) Rectangle 结构体的方法 Inflate 用于改变矩形的大小，假设一个矩形的大小为 50×50，调用 Inflate(20,20)后，它的长和宽各为多少？(　　)

A. 90×90　　B. 50×50　　C. 70×70　　D. 90×70

(4) 可以通过(　　)属性获得窗体客户区域的尺寸。

A. Location　　B. Size

C. Width 和 Height　　D. ClientSize

(5) 双缓冲技术的缺点是(　　)。

A. 绘制图像时闪烁严重　　B. 使用复杂

C. 消耗大量内存　　D. 只能绘制静止图像

(6) DrawImage( )方法用于在画布上绘制图像，以下哪个方法原型是错误的？(　　)

A. DrawImage(Image image, int x, float y)

B. DrawImage(Image image, float x, float y)

C. DrawImage(Image image, Point point)

D. DrawImage(Image image, PointF point)

(7) 关于 Pen 和 Brush 以下说法错误的是(　　)。

A. Pen 对象可以用于填充形状

B. Pen 对象可以用来呈现图形和文本

C. Brush 对象可以用于填充图形

D. Brush 对象不能用于绘制直线

(8) 关于 Point 结构以下说法错误的是(　　)。

A. Point 结构用于表示一个点的坐标

B. Point.X 用于表示点的 *X* 轴坐标值

C. Point.Y 用于表示点的 *Y* 轴坐标值

D. Point 结构没有 *X* 和 *Y* 属性

4. 简答题

(1) 试阐述 Graphics 图形对象的几种创建方法。

(2) 简述使用虚拟画布绘图的步骤。

5. 编程题

(1) 编写一个程序，使得窗体上的一个红色小球能按圆形轨迹运动。

(2) 编写程序，在窗体上画出一个五角星。

(3) 编写一个程序，当运行程序后在窗体上画出如图 8.14 所示的 10 条直线。

(4) 编写一个程序，当运行程序后在窗体上画出如图 8.15 所示的 10 个矩形。

(5) 编写一个程序，在窗体上输出一行文字“你好，世界!”。使用字体为隶书 24 号字。

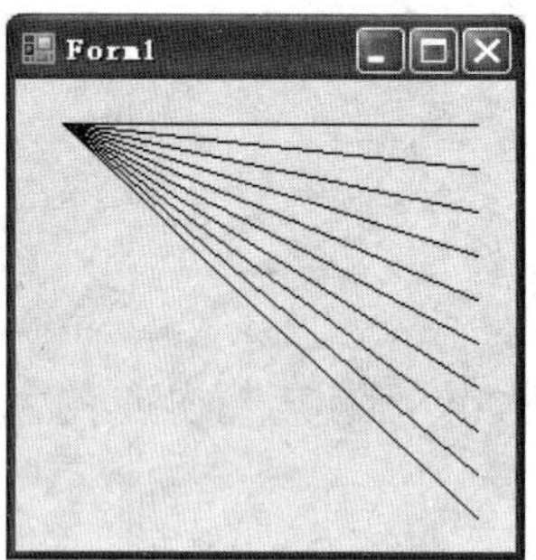

图 8.14　编程题 3 的图

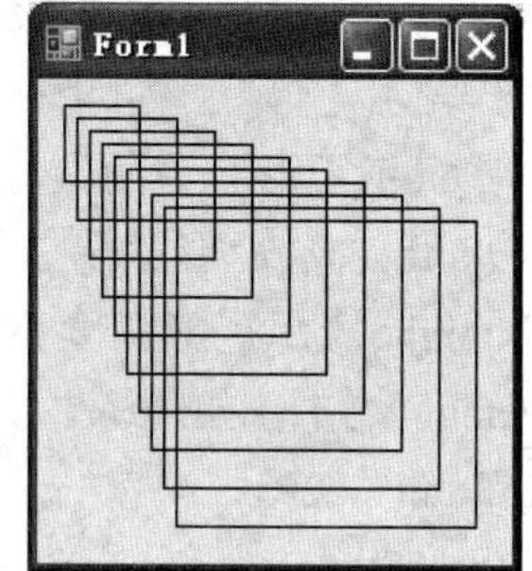

图 8.15　编程题 4 的图

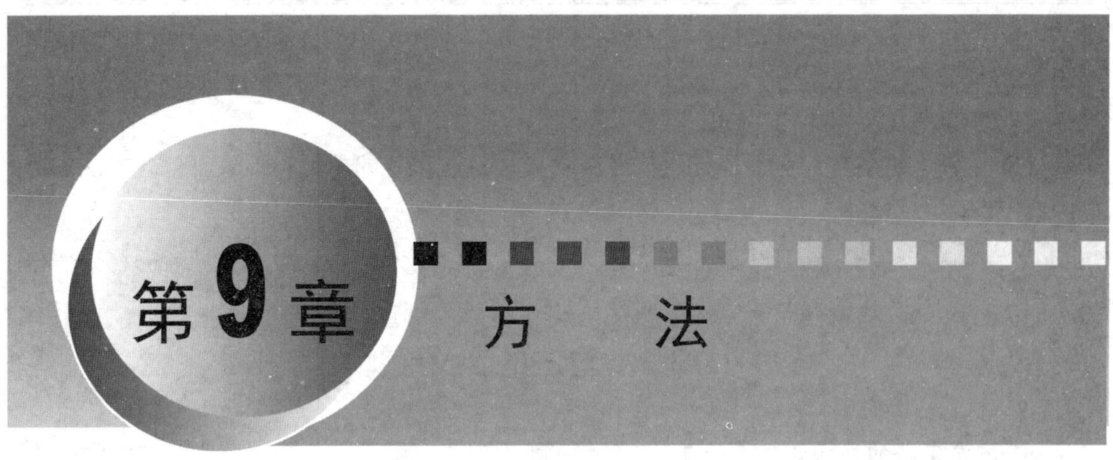

第9章 方　法

教学提示

在编写程序的过程中，实现某个特定功能的程序段有可能在程序中多次出现。相同的代码散落于程序的各个角落给维护带来了不便，而方法正是用于包装这些程序段，一次书写，多处调用。方法的出现有效地减少了重复编写程序段的工作量。

教学要求

知识要点	能力要求	相关知识
方法的定义	(1) 能够说明方法的作用及意义 (2) 能够正确定义方法	(1) 方法的概念 (2) 方法的定义格式 (3) 方法的参数 (4) 方法的返回值
方法的调用	(1) 能够识别形参与实参 (2) 能够正确地调用方法	(1) 方法调用格式 (2) 形参与实参
方法的参数传递机制	(1) 能够正确使用方法的值参数 (2) 能够正确使用方法的引用参数 (3) 能够正确使用方法的输出参数 (4) 能够正确使用方法的数组参数	(1) 方法的值类型参数和引用类型参数在使用上的区别 (2) 各类方法参数的使用方法及区别
方法的重载	(1) 理解方法重载的意义 (2) 能够正确的重载方法	(1) 方法重载的意义 (2) 方法的重载
变量作用域及可见性	能够识别在不同位置声明的变量的作用域及可见性	(1) 作用域和可见性的概念 (2) 变量的作用域及可见性
方法的递归调用	(1) 理解递归方法的作用及原理 (2) 能够正确的对方法进行递归调用	递归方法的原理及应用

在前面的学习中已经大量使用了方法，比如用得最多的 Console.WriteLine( )方法是在屏幕上打印指定字符。这些方法是由系统提供的已经定义好的方法，它们实现了某些特定功能。在很多时候，所需要的功能系统并没有提供，就需要自己定义方法，以解决用户专门的需求，这些方法又称为自定义方法。

方法是类中用于执行计算或其他行为的成员函数，用于把程序分解为小的单元。

可以把在一个程序中多次用到的某个任务定义为方法，如常用的计算、文本和控件的操作。方法对执行重复或共享的任务大有用处，可以在代码中的许多不同位置调用方法，可以将方法作为应用程序的生成块。

用方法构造代码有以下优点。

(1) 方法允许将程序分为不连续的逻辑单元。调试单独的单元与调试不包含方法的整个程序相比要容易得多。

(2) 可以在其他程序中使用为某个程序开发的方法，而通常只需要进行少量修改，甚至不需要修改。

9.1　方法的定义

1. 方法定义的格式

方法定义的具体格式如下：

```
方法修饰符 返回类型 方法名(形参列表)
{
        方法体
}
```

方法修饰符包括 new、public、protected、internal、private、static、virtual、sealed、override、abstract 和 extern，修饰符可以是一个，也可以是多个，甚至可以省略。这些方法修饰符并不是本书所关注的内容，在对 C#语言进行更深入地学习时再理解它们的作用也不迟。

返回类型：方法执行完毕后可以不返回任何值也可以返回 1 个值，值的类型可以是合法的 C#语言的数据类型。如果方法不返回值，则返回类型为 void。

方法名：规范的方法命名应该使用 Pascal 命名法，即将标识符的首字母和后面连接的每个单词的首字母都大写。方法名不应与同一个类中的其他方法同名，也不能与类中的其他成员名称相同。

形参列表：方法可以不带参数，也可以带多个参数。

注意： 即使不带参数也要在方法名后加一对圆括号，区别方法和属性的方法就是看它们的后面是否带圆括号。方法的参数可以有一种类型，也可以有多种类型。每个参数都要有自己的类型声明，多个参数之间使用逗号分隔。如：

```
void StartGame()                          //没有参数
void PlaySound(string path)               //带一个参数
int Max(int a, int b, int c)              //带多个相同类型的参数
void GetInfo(string Name, int lever)      //带多个不同类型的参数
```

2. 返回值

方法的返回值是通过方法体中的 return 语句获得的，return 语句后面表达式的值即为方法的返回值。方法体中任何位置可以出现任意数目的 return 语句，当执行到某一个 return 语句时，该 return 语句起作用。return 语句在赋予返回值的同时退出方法的执行。下面定义一个实现两数比较求最大值的方法，注意学习方法定义的格式以及如何给方法返回值。

```
public int Max(int x, int y)
{
```

```
    if (x > y)          //如果参数 x 大于 y
        return x;       //返回 x 的值
    else                //否则
        return y;       //返回 y 的值
}
```

当方法的返回类型为 void 时，方法体中可以有 return 语句，也可以没有 return 语句，但不允许给 return 语句指定表达式。在返回类型为 void 的方法中使用 return 语句的作用是立即退出方法的执行，如下所示：

```
return;             // 正确，立即退出方法
return x;           // 错误，返回类型为 void 时，return 后面不允许指定表达式
```

当方法的返回类型不是 void 时，方法体中必须有 return 语句且每个 return 语句都必须指定一个跟方法声明中的返回类型相一致的表达式。

9.2　方法的调用

9.2.1　方法调用格式

在 C#语言中，方法的调用主要采用以下两种格式。

格式一：表达式 = 方法名(实参列表)。

格式二：方法名(实参列表)。

使用带返回值的方法时往往使用格式一来调用方法。如果不需要使用方法的返回值，则可以采用格式二来调用方法，这时将执行方法的所有操作而忽略返回值。

注意： 在调用返回类型为 void 的方法时，不能在表达式中或赋值语句中使用其名称来调用它。

【例 9-1】 控制台应用程序示例代码。

```
static int Max(int x, int y) //声明一个方法
{
    if (x > y)
        return x;
    else
        return y;
}
static void Main(string[] args)
{
    Console.WriteLine("6 和 8 比较大的值为: " + Max(6, 8));
}
```

形参 x 和 y

调用方法

实参 6 和 8

运行结果：6 和 8 比较大的值是 8。

本章的控制台示例代码与前面章节有所不同。由于程序的入口点 Main( )方法本身就是一个方法，不能在一个方法体内声明另一个方法，所以方法必须在 Main( )方法外部声明。需要自己输入的代码使用正常字体表示，而 Visual Studio 2008 自动生成的代码将使用斜体表示。请读者在 Main( )方法的最后自行添加 Console.ReadLine( )方法，让控制台窗口不会自动关闭。

1～7 行代码声明了一个方法 Max( )，在声明方法时使用了 static 关键字，表示这是一个静态方法，这里使用静态方法是为了调用方便。如果不使用 static 关键字，则必须先创建方法所在类的实例才能使用该方法。

第 10 行使用格式二调用了之前声明的方法 Max( )，由于该方法将返回 6 和 8 之间较大的值，所以调用的结果将返回一个较大的整数 8。当然，也可以使用格式一来调用 Max( ) 方法，如可以把第 10 行改为：

```
int i = Max(6, 8); //采用格式一调用方法
Console.WriteLine("6 和 8 比较大的值为: " + i);
```

首先使整数 i 的值为方法 Max(6,8)的值，然后再打印 i 的值。这样做的效果和例 9-1 是一样的。

9.2.2　形参与实参

在定义方法时，方法名后面的圆括号中的变量名称为“形参”，如例 9-1 中第 1 行代码。在调用方法时，方法名后面圆括号中的表达式称为“实参”，如例 9-1 中的第 10 行代码。由此可知，形参和实参都是方法的参数，它们的区别是一个表示声明时的参数，另一个表示调用时的参数。

关于形参与实参有以下几点说明。

(1) 在定义方法中指定的形参变量，在未出现方法调用时，它们并不占内存中的存储单元。只有在发生方法调用时，才给方法中的形参分配内存单元。在调用结束后，形参所占的内存单元也被释放。

(2) 实参可以是常量、变量或表达式，如：

```
Max(3, a + b); //第 1 个参数为 3, 第 2 个参数为表达式 a+b 的值
```

但要求它们有确定的值。在调用时将实参的值赋给形参变量，如果是引用类型变量，则传递的仅仅是对这个对象的引用。

(3) 在定义方法时，必须指定形参的类型。

(4) 在方法调用中，实参列表中参数的数量、类型和顺序必须与形参列表中的参数完全对应。如将例 9-1 第 10 行代码中对 Max( )方法的调用改变如下将不能通过编译：

```
Max(6, 8F)          //错误, 类型不匹配
Max(6, 7, 8)        //错误, 参数个数不一致
```

(5) 实参变量对形参变量的数据传递是单向传递，只由实参传给形参，而不能由形参传回来给实参。在内存中，实参单元与形参单元是不同的单元，在调用函数时，给形参分配存储单元并将实参对应的值传递给形参，调用结束后，形参单元被释放，实参单元仍保留并维持原值。

9.3　方法的参数传递机制

从参数的传递机制来说，C#语言中方法的参数有以下 4 种类型。

(1) 值参数，不含任何修饰符。

(2) 引用型参数，以 ref 修饰符声明。

(3) 输出参数，以 out 修饰符声明。

(4) 数组型参数，以 params 修饰符声明。

9.3.1 值参数(Value Parameter)

声明时不带任何修饰符的参数是值参数。

当形参是值参数时，实参变量对形参变量的数据传递是“传值”，在调用方法时将实参的值赋给形参。但需要注意的是，当参数为值类型时和参数为引用类型时，它们所传递的内容是不一样的。关于值类型和引用类型可以参考 7.1.4 小节。

【例 9-2】控制台应用程序示例代码。

```
1  static void ChangeParameter(int x, int[] theArr) //声明方法
2  {
3      x = 100;                  //改变形参 x 的值
4      theArr[0] = 200;          //改变形参数组的第 1 个元素的值
5  }
6  static void Main(string[] args)
7  {
8      int[] arr ={ 0, 1, 2 };
9      int i = 1;
10     ChangeParameter(i, arr);            //调用方法并把整数 i 和数组 Arr 传递进去
11     Console.WriteLine("i 的值为: " + i);   //打印整数 i 的值
12     Console.WriteLine("arr[0]={0},arr[1]={1},arr[2]={2}",
13         arr[0], arr[1], arr[2]);          //打印数组元素的值
14 }
```

运行结果：

```
i 的值为：1
arr[0]=200，arr[1]=1，arr[2]=2
```

本例中，值类型变量 i 和引用类型变量 arr 作为实参被传递进 ChangeParameter( )方法，在方法中对它们所对应的形参进行了改变。但是从运行结果得知，变量 i 的值并没有被改变，而数组第 1 个元素的值由 0 变为 200。

程序运行时，首先进入程序的入口点 Main 方法执行第 8 行代码初始化一个数组 arr。这一操作将在堆中创建一个有 3 个元素的数组对象，在栈上创建一个数组变量 arr，变量 arr 实际存放的是指向堆的内存地址(假设是 2046)。第 9 行代码栈上创建了一个值类型变量 i，它的值为 1。执行完这两步后内存状态如图 9.1 所示。

第 10 行代码调用 ChangeParameter( )方法，并把变量 i 和 arr 作为参数传递过去，这时程序将跳转到第 1 行代码继续执行。方法执行时，会为 2 个形参在栈上创建新的存储单元，而它们的值正好是传递过来的实参的值。如图 9.2 所示，此时，形参 x 的值等于实参 i 的值，形参 theArr 的值与实参 arr 的值也相等。也就是说，它们所指向的是同一块内存空间，即堆中的数组对象。

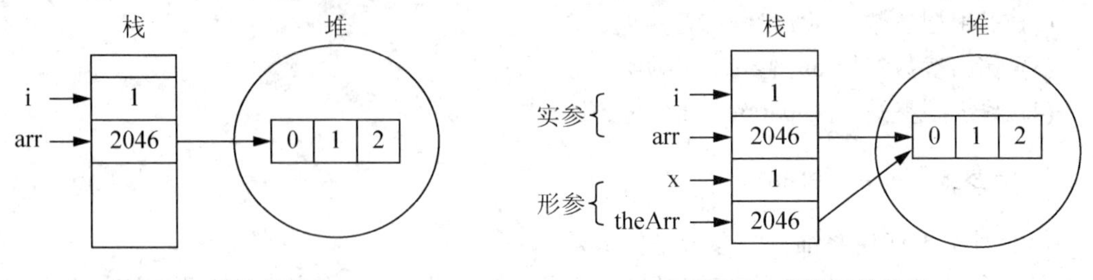

图 9.1　方法执行前　　　　图 9.2　方法开始执行

第 3 行代码把 x 的值改变为 100，由于 i 和 x 分属于不同的内存空间，i 的值自然就不会跟着一起改变。第 4 行代码把 theArr[0]的值改变为 200，这个操作改变的是堆上的数组对象中的内容，如图 9.3 所示。此时，无论是实参 arr 还是形参 theArr，它们所指向的还是堆上的同一数组对象。当方法执行完毕返回到调用方法的地方(第 10 行代码)继续往下执行时，数组 arr 的元素值已经被改变。

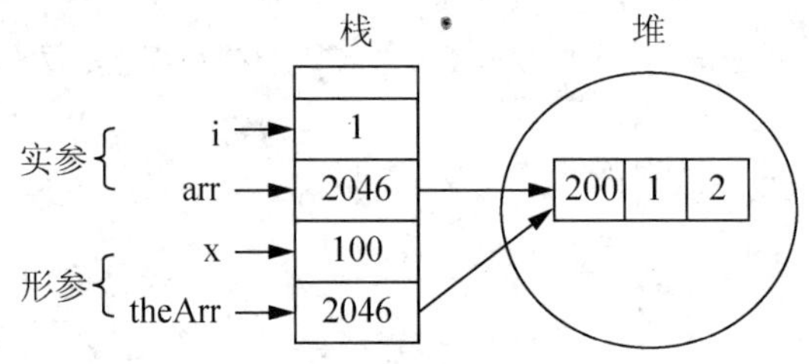

图 9.3　方法执行完毕

注意：7.1.4 小节已经提到字符串是一个特殊的类型，虽然是引用类型，但它的值不能被改变。当把字符串变量作为值参数进行传递时也无法改变它的值，如例 9-3。

【例 9-3】控制台应用程序示例代码。

```
static void ChangeStr(string s)
{
    s = "changed"; //改变形参的值
}
static void Main(string[] args)
{
    string s = "original";
    ChangeStr(s);
    Console.WriteLine(s);
}
```

运行结果：original。

本例中的形参和实参的变量名相同，都为 s，但它们是两个完全不同的变量，分属于不同的内存单元，这点不要混淆。

9.3.2　引用参数(Reference Parameter)

经过前面的学习已经知道，方法的返回值只能有一个，如果希望方法能返回多个值，常规的方法就无能为力了。这时可以做个变通，使用引用参数或输出参数来实现为一个方法返回多个值的功能。

用 ref 修饰符声明的参数为引用参数。和值参不同的是，实参变量对形参变量的数据传递是“传引用”。引用型参数并不开辟新的内存区域。当利用引用型参数向方法传递形参时，编译程序将把实际值在内存中的地址传递给方法，使得实参的存储位置与形参的存储位置相同。在执行一个方法调用时，形参的值如果发生改变将会影响在方法调用中给出的实参的值。

【例 9-4】控制台应用程序示例代码。

```
static void Swap(ref int x, ref int y)
{   //交换 2 个形参的值
    int temp = x;
    x = y;
    y = temp;
}
static void Main(string[] args)
{
    int i = 10, j = 20;
    Console.WriteLine("i={0},j={1}", i, j);  //打印被方法调用前的值
    Swap(ref i, ref j);                      //调用方法
    Console.WriteLine("i={0},j={1}", i, j);  //打印被方法调用后的值
}
```

运行结果：

```
i=10，j=20
i=20，j=10
```

本例中的函数 Swap 有 2 个引用参数 x 和 y，在函数内交换 x 和 y 的值的同时也交换了实参 i 和 j 的值。

从例 9-2 得知，当参数为值类型时，改变形参不会影响实参的值。但例 9-4 中使用了带 ref 前缀的值类型参数后，改变形参的同时也改变了实参的值。

需要注意的是，无论是方法定义还是调用方法，使用引用参数时都必须显式使用 ref 关键字。另外，对于字符串来说，引用参数同样有效。将例 9-3 的方法参数更改为引用参数。

【例 9-5】控制台应用程序示例代码。

```
static void ChangeStr(ref string s) //将参数改为引用参数
{
    s = "changed";                  //改变形参的值
}
static void Main(string[] args)
{
    string s = "original";
    ChangeStr(ref s);               //这里使用引用参数的方式调用
    Console.WriteLine(s);
}
```

运行结果：changed。

可以看到，与例 9-3 的结果不同，使用引用参数的方式调用字符串后，字符串实参的值也被更改了。现在它和形参所指向的是同一个字符串对象。

9.3.3　输出参数(Output Parameter)

用 out 修饰符声明的参数称为输出参数。输出参数与引用参数类似，也不开辟新的内存区域，当在方法体中为输出参数赋值时，就相当于给实参变量赋值。它与引用参数的差别在于，调用方法前无须对变量进行初始化。

【例 9-6】控制台应用程序示例代码。

```
1  static void OutMultiValue(out int x, out int y)
2  {    //更改输出参数的值
3      x = 100;
4      y = 200;
5  }
6  static void Main(string[] args)
7  {
8      int i, j; //声明 2 个变量并不对它们进行初始化
9      OutMultiValue(out i, out j); //使用输出参数进行调用
10     Console.WriteLine("r={0},j={1}", i, j);
11 }
```

运行结果：r=100，j=200。

通过前面的学习已经知道，变量在没有进行初始化之前是不能使用的，但把它作为输出参数是一个特例。第 8 行代码并没有对变量 i 和 j 进行初始化，但可以在调用方法时直接使用它作为输出参数。在 OutMultiValue( )方法内部更改形参 x 和 y 的同时，i 和 j 的值也被更改。可以看到在更改形参的同时也更改了实参这一点上，引用参数和输出参数是一样的。另外，无论是定义方法还是调用方法，使用输出参数时都必须显式使用 out 关键字。

引用参数和输出参数之间存在如下区别。

(1) 引用参数必须在进行初始化之后才能调用，而输出参数则不用。

将例 9-6 方法中的输出参数更改为如下引用参数。

【例 9-7】控制台应用程序示例代码。

```
static void OutMultiValue(ref int x, ref int y) //这里进行了更改
{
    x = 100;
    y = 200;
}
static void Main(string[] args)
{
    int i, j;
    OutMultiValue(ref i, ref j); //这里进行了更改
    Console.WriteLine("r={0},j={1}", i, j);
}
```

运行结果：不能通过编译，提示“使用了未赋值的局部变量 i”。

因为在使用变量作为引用参数前必须对它进行初始化，因此本例的代码无法通过编译。只要把第 8 行代码更改为：

```
int i = 0, j = 0;
```

即可通过编译并正确运行。

(2) 在方法体内可以不给引用参数赋值，但必须给输出参数赋值。

将例 9-7 代码更改如下。

【例 9-8】控制台应用程序示例代码。

```
static void OutMultiValue(ref int x, ref int y)
{
}
static void Main(string[] args)
{
    int i = 0, j = 0;
    OutMultiValue(ref i, ref j);
    Console.WriteLine("r={0},j={1}", i, j);
}
```

运行结果：r =0，j=0。

可以看到，方法 OutMultiValue( )什么都没做，但程序依然通过编译。如果把程序中的 ref 全部改为 out 则结果就不一样了。将例 9-8 做如下更改。

【例 9-9】控制台应用程序示例代码。

```
static void OutMultiValue(out int x, out int y) //这里进行了更改
{
}
static void Main(string[] args)
{
    int i = 0, j = 0;
    OutMultiValue(out i, out j); //这里进行了更改
    Console.WriteLine("r={0},j={1}", i, j);
}
```

运行结果：无法通过编译，提示“控制离开当前方法之前必须对 out 参数 x 赋值”。

由此可知，如果想让方法返回多个参数，输出参数比引用参数更为适合，因为输出参数强迫使用者必须在方法体内给参数赋值。

9.3.4　数组参数

用 params 修饰符声明的参数称为数组参数。数组型参数允许向方法传递个数变化的参数。也就是说，调用方可以传递一个属于同一类型的数组变量，或任意多个与该数组的元素属于同一类型的变量。需要注意以下 3 点。

(1) 如果形参列表中包含了数组型参数，那么它必须在参数列表中位于最后。

(2) 数组型参数只允许是一维数组。

(3) 数组型参数不允许使用 ref 和 out 修饰符。

【例 9-10】控制台应用程序示例代码。

```
1  static void MultiParams(params int[] varPara)
2  {
3      Console.Write("数组包含{0}个元素：", varPara.Length);//打印参数个数
4      foreach (int i in varPara)
5      {  //打印所有输入的参数
6          Console.Write("{0} ", i);
7      }
8      Console.WriteLine();
9  }
10 static void Main(string[] args)
11 {
12     int[] arr ={ 1, 2, 3, 4, 5 };
13     MultiParams(arr);               //使用数组作为实参
14     MultiParams(10, 20);            //使用 2 个整数作为实参
15     MultiParams(5, 6, 7, 8);        //使用 4 个整数作为实参
16     MultiParams();                  //没有参数
17 }
```

运行结果：

```
数组包含 5 个元素：1 2 3 4 5
数组包含 2 个元素：10 20
数组包含 4 个元素：5 6 7 8
数组包含 0 个元素：
```

第 1 行代码声明了一个 MultiParams( )方法，它的形参为一个整型数组，并在参数前面使用 Params 关键字进行修饰。这表示在调用方法时使用多个整数或一个整型数组作为实参。

第 12～16 行代码 4 次调用 MultiParams( )方法，并分别采用了不同的参数个数。第 13 行代码直接使用一个整型数组作为参数。第 14 行和第 15 行代码分别使用了 2 个和 4 个参数。第 15 行代码没有使用任何参数，而这些都是合法的。由此可见在方法中使用数组参数时调用是非常灵活的。

9.4　方法的重载

在本章开始处，定义了一个 int Max(int x, int y)方法，用于对 2 个整数进行比较。如果需求改变要求对两个浮点数进行比较，则需重新定义一个方法，如：

```
double MaxDouble(double x, double y){}
```

如果还需要对多种类型进行比较，则需要定义多个不同名称的方法，如 MaxChar( )、MaxDecimal( )、MaxString( )等。更糟糕的是，如果需要比较的是 3 个数字，还要添加新的方法。如：

```
int MaxThreeNum(int x, int y, int z){}
```

这些方法虽然实现了相同的功能，但却有着各种各样的名称，它们难于记忆，给开发人员带来了极大的困难。幸运的是，C#语言支持方法的重载，从根本上解决了这类问题。可以给以上的方法起相同的名称，在调用时，编译器会根据不同的方法签名调用相应的方法。

方法签名由方法名称和一个参数列表(方法参数的顺序和类型)组成。只要签名不同，就可以在一种类型内定义具有相同名称的多种方法。当定义两种或多种具有相同名称的方法时，就称为重载。C#语言类库中存在着大量的重载方法，如 Console.WriteLine( )方法有19 个重载的版本，MessageBox.Show( )方法有 21 个重载的版本。这些重载方法使程序的调用更加灵活方便，极大地提高了开发效率。

【例 9-11】控制台应用程序示例代码。

```
static int Max(int x, int y)                 //Max 方法的版本一
{
   return (x > y) ? x : y;
}
static double Max(double x, double y)    //Max 方法的版本二
{
   return (x > y) ? x : y;
}
static int Max(int x, int y, int z)      //Max 方法的版本三
{
   if (x > y && x > z)
   {
      return x;
   }
   else
   {
      return (y > z) ? y : z;
   }
}
static void Main(string[] args)
{
   Console.WriteLine(Max(1, 2));          //调用版本一
   Console.WriteLine(Max(2.3, 4.5));     //调用版本二
   Console.WriteLine(Max(2, 1, 3));      //调用版本三
}
```

运行结果：

```
2
4.5
3
```

本例声明了 3 个名字同为 Max 的方法，版本一和版本二有着相同的参数个数，但它们的参数类型不同。版本三与版本一的参数同为整型参数，但参数个数不同，符合方法的重载的条件。另外，如果两个方法的参数类型相同，但顺序不一样，也可以构成重载的条件，如：

```
static int Max(int x, char y){}
static int Max(char y, int x){}      //可以重载
```

两个方法的参数类型都是一个整型一个字符型，但顺序不同，这种情况可以重载。

方法的重载需要注意以下几点。

(1) 如果两个方法只是返回类型不一致，则不构成重载条件。如：

```
static int Max(int x, int y){}
static void Max(int x, int y){}      //不可以重载
```

(2) 如果一个方法采用 ref 参数，而另一个方法采用 out 参数，则无法重载这两个方法。如：

```
static int Max(ref int x){}
static void Max(out int x){}         //不可以重载
```

(3) 如果一个方法采用 ref 或 out 参数，而另一个方法不采用这两类参数，则可以进行重载，如：

```
static int Max(int x){}
static void Max(ref int x){}         //可以重载
```

9.5　变量的作用域及可见性

作用域是标识符在程序中有效的范围。可见性则是从另一角度表示标识符的有效性，标识符在某个位置可见，表示该标识符可以被使用。可见性和作用域是保持一致的。

C#语言中的变量从作用域上来说可分为局部变量和成员变量。成员变量在类中声明，它的可见性由可见性标识符控制，可以是类的内部，也可以是类的外部(本节不讨论成员变量在类外部的可见性)，而在方法中声明的则是局部变量。

【例 9-12】控制台应用程序示例代码。

```
class Program //用class关键字声明的是类
{   //--------------------------------a 的作用域从此开始
    static int Mul(int c) //---------c 的作用域从此开始
    {
       return a * c;
    }                      //---------c 的作用域到此结束
    static void Main(string[] args)
    {
       int b = 3;          //----------b 的作用域从此开始
       Console.WriteLine(Mul(b));
    }                      //----------b 的作用域到此结束
    static int a=2;        //成员变量
}   //--------------------------------a 的作用域到此结束
```

运行结果：6。

局部变量 b 的作用域从声明的地方开始，在 Main( )方法结尾处结束。如果把 Main( )方法中的代码改为：

```
Console.WriteLine(Mul(b)); //错误，在使用 b 之前必须首先声明并初始化 b
int b = 3;
```

将无法通过编译，提示“当前上下文中不存在名称 b”。

参数 c 的作用域在整个方法 Mul( )内。

成员变量 a 的作用域则在整个类的内部，包括类中的所有方法。可以看到，在方法 Mul( )中使用了 a 变量进行计算。与局部变量有所不同，无论把成员变量 a 的声明放在 Main( )方法的后面还是类的开始处，它的可见性都是一样的。

可以把 a、b、c 的名字全部改为 i，如例 9-13。

【例 9-13】控制台应用程序示例代码。

```
1  class Program
2  {
3      static int i = 2;           //-----------成员变量 i
4      static int mul(int i)       //-------参数 i
5      {
6          return i * i;           //这时访问的是参数 i
7      }
8      static void Main(string[] args)
9      {
10         int i = 3;              //--------------Main()中的 i
11         Console.WriteLine(mul(i)); //这里访问的是 Main()中的 i
12     }
13 }
```

运行结果：9。

在本例中，同时出现了 3 个 i 变量。第 10 行代码处即可以访问成员变量 i，也可以访问 Main( )中的 i，从结果得知，这里访问的是 Main( )中的 i。第 6 行代码也可以访问到成员变量 i 和参数 i，而它选择了访问参数 i。通过这个例子可以得知，当变量同名且同时可见时，程序优先选择的是离自己最近的变量(方法体内的代码优先选择方法体内声明的变量)。另外，参数 i 和 Main( )中的 i 的关系是形参和实参的关系，两者分属于不同的内存单元，互不可见，同名不会有任何影响。

如果想让例 9-13 实现例 9-12 同样的效果，即在第 6 行代码处访问成员变量 i，可以使用类名作为前缀。将第 6 行代码更改如下：

```
return Program.i * i; //Program.i 指明访问的是成员变量
```

由于成员变量 i 使用了 static 关键字，是一个静态成员变量。如果 i 是实例成员变量，则需使用 this 关键字作为前缀才能访问到。

有一点需要注意，并不是说可以随意地声明同名变量。如在 Main( )方法中声明 2 个变量 i：

```
int i = 3;
```

```
int i = 4; //错误，与前面声明的 i 冲突
```

在相同的作用域内声明同名变量是非法的。

在循环和判断语句中声明的变量只在循环判断语句中有效，如：

```
static void Main(string[] args)
{
    int sum = 0;
    for (int i = 1; i <= 100; i++) //---------i 的作用域从此开始
    {
        sum += i;
    }                              //---------i 的作用域到此结束
    i = 0;  //这一句代码试图访问循环中声明的 i，将导致编译错误！
}
```

可以在 2 个没有嵌套关系的循环或判断语句中声明 2 个同名变量，如例 9-14。

【例 9-14】控制台应用程序示例代码。

```
static void Main(string[] args)
{
    int sum1 = 0, sum2 = 0;          //sum1 和 sum2 的作用域从此开始
    for (int i = 1; i <= 50; i++)   //第 1 个 i 的作用域从此开始
    {
        sum1 += i;
    }                                //第 1 个 i 的作用域到此结束
    for (int i = 1; i <= 100; i++)  //第 2 个 i 的作用域从此开始
    {
        sum2 += i;
    }                                //第 2 个 i 的作用域到此结束
    Console.WriteLine("sum1={0}; sum2={1}", sum1, sum2);
    Console.ReadLine();
}                                    //sum1 和 sum2 的作用域到此结束
```

运行结果：sum1=1275；sum2=5050。

本例中的 Main( )方法存在着 2 个变量 i，每个 i 分属于不同的循环语句，它们都只在自己的 for 语句内有效，它们的作用域没有交叉部分，相互之间是不可见的。但如果 2 个循环是属于嵌套关系就不能这样写代码了。

9.6　方法的递归调用

在方法中直接或间接地调用自己称为方法的递归调用。在程序设计中，很多算法需要使用到递归。比如遍历计算机硬盘中某个盘符下的所有文件和文件夹，一个盘符下可以有多个子文件和子文件夹，而这些子文件夹下还可以有自己的子文件和子文件夹。这样所有的文件和文件夹之间就构成了一个树状关系。这类树状关系问题的求解就需要使用到递归算法。

求 1～100 的和也可以使用递归来实现。

【例 9-15】控制台应用程序示例代码。

```
1  static int SumOf(int i)
2  {
3      if (i == 1)
4      {
5          return 1;
6      }
7      return i + SumOf(i - 1);          //调用自己
8  }
9  static void Main(string[] args)
10 {
11     Console.WriteLine(SumOf(100));    //调用递归方法
12 }
```

运行结果：5050。

1～100 的和等于 100 加上 1～99 的和，而 1～99 的和又等于 99 加上 1～98 的和……如此反复，一直到 1～2 的和等于 1 加上 1～1 的和。最后可知，1～1 的和等于 1。有了一个明确的结果后，再反推回去，最后得到 1～100 的和。这就是这道题的解题思路。

SumOf(int i)方法的作用是求 1～i 的和。第 3 到第 6 行判断 i 是否等于 1，如果等于 1，由于 1～1 的和等于 1，因此自然就返回 1。这里它作为递归返回的条件是确定的，没有明确的返回条件方法将会无限递归下去。假设求 1～3 的和，用图解这个运算过程，如图 9.4 所示。

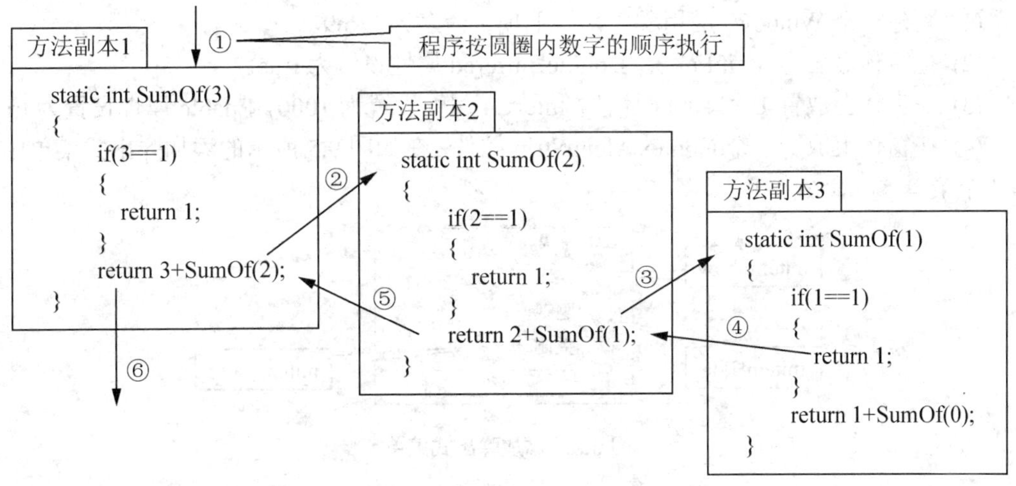

图 9.4 图解递归过程

(1) 开始调用 SumOf( )方法，为方法分配一块内存空间，这时 i 的值为 3。方法副本 1 所示的是把 i 替换成 3 后的代码。

(2) 方法副本 1 要执行 return 语句返回结果就必须等待 SumOf(2)返回一个值。此时，方法副本 1 中的方法暂停执行，在内存中开辟另一块内存空间执行方法副本 2。

(3) 方法副本 2 执行到 return 语句需要等待 SumOf(1)返回一个值。此时，方法副本 2 也暂停执行，在内存中为 SumOf( )方法开辟第 3 块内存空间并执行方法副本 3。

(4) 由于方法副本 3 中形参的值为 1，方法副本 3 返回一个确定的值 1 给方法副本 2 的 SumOf(1)。

(5) 由于 SumOf(1)的值为 1，表达式 2+SumOf(1)的值为 3。方法副本 2 返回一个 3 给方法副本 1 的 SumOf(2)。

(6) 由于 SumOf(2)的值为 3，表达式 3+SumOf(2)的值为 6，此时方法调用结束并返回 6。

很多时候，使用递归算法求解问题时所使用的代码更精简易读，但使用递归会大量地使用内存，导致程序性能下降。因此，能够使用循环解决的问题就不要使用递归来求解。

实 训 指 导

1. 实训目的

(1) 掌握方法的定义。

(2) 掌握方法的调用。

2. 实训内容

手绘时钟：制作一个指针式的时钟，可以放在桌面上显示，背景透明，图标不显示在任务栏而显示在系统栏上。可以通过系统栏图标显示、隐藏并关闭时钟。制作完成后可以把这个时钟当作桌面的饰物。

3. 实训步骤

(1) 新建一个 Windows 应用程序，并把项目命名为 Exp9。

(2) 把窗体命名为 MainForm，DoubleBuffered 属性设置为 true。

(3) 在窗体上放置 1 个 Timer 控件，Interval 属性设置为 1000，Enable 属性设置为 true。

(4) 在窗体上放置一个 ContextMenuStrip 控件，在如图 9.5 所示的添加弹出式菜单中添加 3 个菜单项并命名。

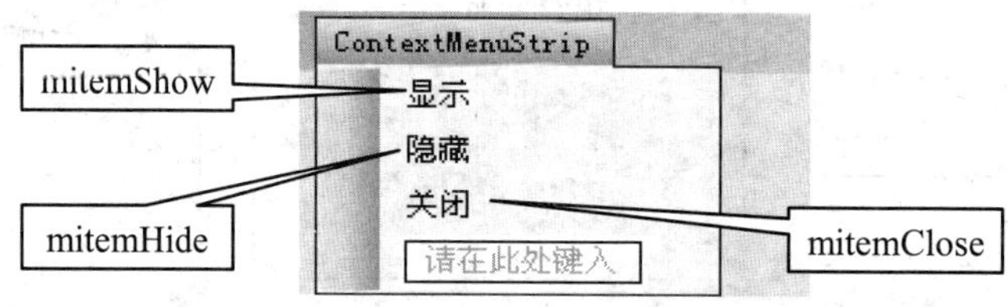

图 9.5　添加弹出式菜单

(5) 在窗体上放置一个 NotifyIcon 控件，将它的 ContextMenuStrip 属性设置为第 4 步所创建的 contextMenuStrip1 控件。单击 Icon 属性右边的小按钮，在【打开文件】对话框中选择图标文件“时钟.ico”，此图标可在二维码中的“素材”文件夹下找到。

NotifyIcon 组件可以在系统栏中为应用程序显示图标，可通过鼠标右键单击系统栏图标所弹出的菜单来访问应用程序。一般情况下，它与弹出式菜单一起使用。

(6) 第(3)、(4)、(5)步所添加的 3 个控件都将显示在窗体下方的灰色区域，下面生成程序所需要的事件。

(7) 选中窗体，打开事件窗口，双击 Paint 事件生成一个窗体的 Paint 事件。

(8) 双击 Timer 事件，生成一个定时器的 Tick 事件。

(9) 分别双击弹出式菜单 contextMenuStrip1 下的 3 个菜单项，给它们生成各自的 Click 事件。

(10) 选中 notifyIcon1 控件，打开事件窗口，双击 DoubleClick 事件，给它生成一个鼠标的双击事件并在代码窗口中输入代码如下：

```
const float RADIUS = 100;                           //时钟半径
int hour, min, sec;                                 //小时，分钟，秒
PointF center = new PointF(RADIUS + 10, RADIUS + 10);
Pen pDisk = new Pen(Color.Orange, 3);               //时钟背景的笔
Pen pScale = new Pen(Color.Coral);                  //刻度的笔
Pen pHour = new Pen(Color.Blue, 6);                 //时针的笔
Pen pMin = new Pen(Color.Coral, 3);                 //分针的笔
Pen pSec = new Pen(Color.Green, 2);                 //秒针的笔
SolidBrush sb = new SolidBrush(Color.Green); //时钟圆心的刷子
private void MainForm_Paint(object sender, PaintEventArgs e)
{
    Bitmap bmp = new Bitmap(ClientSize.Width, ClientSize.Height);
    Graphics g = Graphics.FromImage(bmp);
    //画时钟背景
    g.DrawEllipse(pDisk, 10, 10, RADIUS * 2, RADIUS * 2);
    //画刻度
    for (int i = 0; i < 360; i += 6)
    {   //小时的刻度加粗
        Pen tempPen = (i % 30 == 0) ? pDisk : pScale;
        PointF begin = AngleToPos(i, 0.87F);
        PointF end = AngleToPos(i, 0.95F);
        g.DrawLine(tempPen, begin, end);
    }
    PaintHand(g); //画指针
    g.FillEllipse(sb, center.X - 8, center.Y - 8, 16, 16); //画圆心
    e.Graphics.DrawImage(bmp, 0, 0); //把虚拟画布画到窗体上
    g.Dispose();
    bmp.Dispose();
}
private void timer1_Tick(object sender, EventArgs e)
{
    this.Refresh();
}
PointF AngleToPos(int angle, float percent)         //自定义方法
{   //根据角度和百分比计算出一个点的坐标值
    PointF pos = new PointF();
    double radian = angle * Math.PI / 180;          //把角度转化为弧度
    pos.Y = center.Y - RADIUS * percent * (float)Math.Sin(radian);
    pos.X = center.X + RADIUS * percent * (float)Math.Cos(radian);
```

```
    return pos;
}
void PaintHand(Graphics g) //自定义方法
{   //把当前时间分解成小时、分钟、秒
    DateTime now = DateTime.Now;
    hour = now.Hour;
    min = now.Minute;
    sec = now.Second;
    //画时针
    PointF endHour = AngleToPos(90 - (hour * 30 + min / 2), 0.5F);
    g.DrawLine(pHour, center, endHour);
    //画分针
    PointF endMin = AngleToPos(90 - min * 6, 0.7F);
    g.DrawLine(pMin, center, endMin);
    //画秒针
    PointF endSec = AngleToPos(90 - sec * 6, 0.9F);
    g.DrawLine(pSec, center, endSec);
}
private void notifyIcon1_DoubleClick(object sender, EventArgs e)
{   //双击系统栏图标时显示或隐藏窗口
    this.Visible = !this.Visible;
}
private void mitemShow_Click(object sender, EventArgs e)
{
    this.Show();           //显示窗口
}
private void mitemHide_Click(object sender, EventArgs e)
{
    this.Hide();           //隐藏窗口
}
private void mitemClose_Click(object sender, EventArgs e)
{
    this.Close();          //关闭应用程序
}
```

(11) 调试程序直到运行成功，看到时钟正常运转后再更改窗体属性。

(12) 把窗体的 FormBorderStyle 属性设置为 None，这个属性使得窗体没有边框。Icon 属性设置为“时钟.ico”。ShowInTaskbar 属性设置为 false，这个属性的应用程序在任务栏不显示图标。StartPosition 属性设置为 CenterScreen，这个属性使得应用程序的窗口在屏幕正中央显示。TransparencyKey 属性设置为 Control，注意把这个颜色设置成和窗体的 BackColor 属性一样的颜色，这样可以使窗体背景透明。

运行程序，桌面出现如图 9.6 所示的手绘时钟效果。系统栏显示时钟图标，双击这个图标可以显示和隐藏时钟。右击这个图标可以显示、隐藏时钟或关闭应用程序。

图 9.6　手绘时钟效果图

在绘制这个时钟之前，可以想象除了时钟背景边框和时钟圆心的实心圆之外，所有的图元都是直线。这些直线都有一个共同的特点，即都是沿半径方向画的直线。而画直线需要知道线段的 2 个端点，这 2 个端点都是半径上的点。可以声明一个方法来计算这些点的位置以供绘制所有直线时统一调用。这个统一的方法就是 AngleToPos( )方法，它有 2 个参数，第 1 个参数 angle 表示点与圆心的直线与水平线之间的夹角；第 2 个参数 percent 是一个浮点数，表示点与圆心的距离除以半径的长度，也就是这个点在半径上的什么位置。这个方法的返回值是一个 PointF 类型，它表示这个点的坐标。由于涉及角度的运算肯定会出现实数，所以为了不损失精度，本程序统一使用浮点数进行运算。

如图 9.7 所示，点 P 到圆心的距离为半径 r 的 0.7 倍。则点 P 的 X 轴坐标值为

$x = r * 0.7 * \cos\alpha$

Y 轴的坐标值为

$y = r * 0.7 * \sin\alpha$

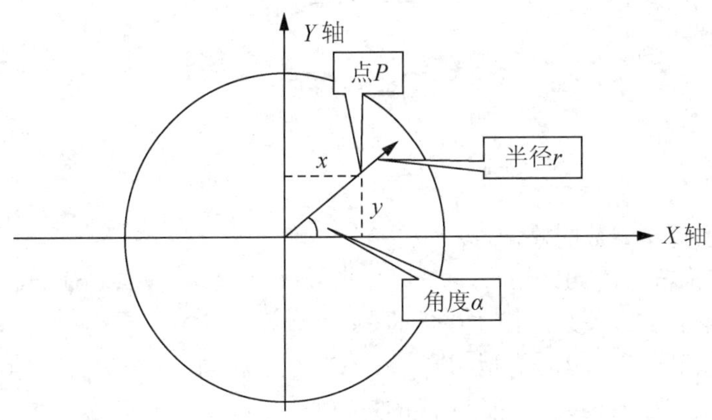

图 9.7　点计算分析图

这个运算结果是在几何坐标系中运算得出的，而且圆心的坐标值为(0，0)。如果想得到点 P 的屏幕坐标值则必须经过转换。假设圆心的屏幕的坐标值为(110，110)，则点 P 的坐标值为

$x = 110 + r * 0.7 * \cos\alpha$

$y = 110 - r * 0.7 * \sin\alpha$

在 C#语言中分别使用 Math.Sin( )方法和 Math.Cos( )方法来求 $\sin\alpha$ 和 $\cos\alpha$ 的值，而角

度α必须用弧度表示。弧度和角度的转换公式为

弧度 =(角度 ＊π / 180)

34～41 行代码的自定义方法 AngleToPos( )所实现的就是以上公式。它最终返回所求点的屏幕坐标。

第 49 行代码：

```
PointF endHour = AngleToPos(90 - (hour * 30 + min / 2), 0.5F);
```

由于每小时时针旋转 30°，一个小时是 60 分钟，则每分钟时针旋转 30°/60=0.5°，所以时针的角度可以使用 hour*30+min/2 计算得出。min/2 代表的是分针旋转时时针所旋转的角度。

思考：

1. 本实训项目中的时钟一旦运行，就无法改变其位置。上网搜寻资料，实现用鼠标随意拖动以改变时钟位置的功能。

2. 尝试寻找精美图片或用专业绘图工具绘制钟盘、时针、分针、秒针并在程序中使用，使得时钟更加美观。

本 章 小 结

本章介绍了方法的声明和使用，并介绍了方法中的各种机制，如方法的参数类型、方法的重载、方法的递归调用。灵活的使用方法能在很大程度上提高程序开发的效率。掌握方法的各种机制也成为进一步学习 C#语言的关键所在。

习　　题

1. 选择题

(1) 请指出引用型参数的修饰符。(　　)

A. 无修饰符　　B. ref　　C. out　　D. params

(2) 关于形参和实参关系的描述错误的是(　　)。

A. 数量相同　　B. 类型相同　　C. 顺序相同　　D. 名称相同

(3) 下列关于方法的重载描述不正确的是(　　)。

A. 两个方法的参数类型都是一个整型一个字符型但顺序不同，则不构成重载条件

B. 如果两个方法只是返回类型不一致，则不构成重载条件

C. 如果一个方法采用 ref 参数，而另一个方法采用 out 参数，则无法重载这两个方法

D. 如果一个方法采用 ref 或 out 参数，而另一个方法不采用这两类参数，则可以进行重载

(4) 下列哪个修饰符声明的方法为静态方法？(　　)

A. virtual　　B. override　　C. static　　D. abstract

(5) 指出哪种类型参数通常用于产生多个返回值的方法中？(　　)

A. 值参数　　B. 引用型参数　　C. 输出参数　　D. 数组型参数

(6) 在循环和判断语句中声明的变量的有效范围是(　　)。

A. 只在该循环和判断语句中有效

B. 只在使用该循环和判断语句的方法中有效

C. 从声明的地方开始到Main( )方法结尾处结束

D. 只在该循环和判断语句所在的类中有效

(7) 关于数组参数的描述不正确的是(　　)。

A. 数组型参数允许向方法传递个数变化的参数

B. 数组型参数允许使用 ref 和 out 修饰符

C. 数组型参数必须在参数表中位于最后

D. 参数只允许是一维数组

(8) 下列代码段执行后的结果是(　　)。

```
static void testref(ref int a)
{
   a=a+50;
    Console.WriteLine("a={0}", a);
}
static void Main(string[] args)
{
   int b = 100;
   testref (ref b); //调用方法
   Console.WriteLine("b={0}", b);
}
```

A. a=50　　b=100

B. a=150　　b=100

C. a=50　　b=150

D. a=150　　b=150

2. 填空题

(1) 方法的返回值可以通过方法体中的________语句获得。

(2) 如果方法没有返回值，则方法的返回类型为________。

(3) 声明方法时不带任何修饰符的参数是________。

(4) ________参数允许向方法传递个数变化的参数。

(5) 在一个类中允许有同名的方法存在，这称为方法的________。

(6) 在定义方法时，方法名后面的圆括号中的变量名称为________；在调用方法时，方法名后面圆括号中的表达式称为________。

(7) C#语言中的变量从作用域上来说可分为局部变量和________。

(8) 在方法中直接或间接地调用自己称为方法的________调用。

3. 判断题

(1) 方法可以不带参数，也可以带多个参数。 (　)

(2) 区别方法和属性的方法是看它们的后面是否带圆括号。 (　)

(3) 在方法调用中，实参列表中参数的数量、类型和顺序必须与形参列表中的参数完全对应。 (　)

(4) 实参变量对形参变量的数据传递是单向传递，只由实参传给形参，而不能由形参传回给实参。 (　)

(5) 如果形参表中包含了数组型参数则参数可以是一维数组或多维数组。 (　)

(6) 在调用返回类型为 void 的方法时，不能在表达式中或赋值语句中使用其名称来调用它。 (　)

(7) 当参数为引用类型时，改变形参不会影响实参的值。 (　)

(8) 方法体中任何位置可以出现任意数目的 return 语句，但只有最后一个 return 语句能在赋予返回值的同时退出方法。 (　)

4. 简答题

(1) 简述用方法构造代码的好处。

(2) 简述什么是递归。

(3) 简述什么是方法的重载。

5. 编程题

(1) 编写一个输入 0～6 数字、显示汉英对照输出星期的方法。

(2) 计算 3！、5！、6！以及其和 3!+5!+6!。

(3) 编写计算圆面积的方法。

(4) 编写求两数最大公约数的方法。在主程序中输入 3 个整数，调用方法求 3 个整数的最大公约数。

(5) 编制判断素数的方法，验证哥德巴赫猜想：一个不小于 6 的偶数可以表示为 2 个素数之和，例如：6=3+3，8=3+5，10=3+7，…

(6) 利用递归编写程序打印斐波那契(Fibonacci)数列。斐波那契数列如下：

1　1　2　3　5　8　13　21　34　55　…

第10章 窗体与控件

教学提示

窗体与控件用于应用程序的界面开发，一个应用程序界面是否美观并符合人们的使用习惯在很大程度上决定了用户对程序的满意度。熟练使用 Visual Studio 中的各种控件将极大地提高开发效率，并制作出令人满意的应用程序。

教学要求

知识要点	能力要求	相关知识
窗体	(1) 掌握窗体的常用属性 (2) 掌握窗体的常用事件	(1) 窗体属性 (2) 窗体事件
单选按钮	(1) 掌握 RadioButton 的常用属性及事件 (2) 能够正确地使用 RadioButton	(1) RadioButton 的属性 (2) RadioButton 的事件
复选框和复选列表框	(1) 掌握 CheckBox 和 CheckedListBox 的常用属性及事件 (2) 能够正确使用 CheckBox (3) 能够正确使用 CheckedListBox	(1) CheckBox 和 CheckedListBox 的属性及事件 (2) CheckBox 的使用方法 (3) CheckedListBox 的使用方法
组合框	(1) 掌握 ComboBox 的常用属性及事件 (2) 能够正确使用 ComboBox	(1) ComboBox 的常用属性及事件 (2) ComboBox 的使用方法
图片框	(1) 掌握 PictureBox 支持的图像类型 (2) 掌握 PictureBox 的常用属性及事件 (3) 能够正确使用 PictureBox	(1) PictureBox 的常用属性及事件 (2) PictureBox 的使用方法

Windows 应用程序的界面是由窗体和控件组成的。窗体好比是一个家，而控件就好比是家具。在家里面摆放着各种各样的家具，它们各自都有不同的用途和功能。控件按照可见性来说又可分为可视控件和非可视控件。顾名思义，可视控件是在运行时可以看得见的控件，如 TextBox、ListBox 等。非可视控件又称组件，指的是在运行时不能看到的控件，如 Timer 等。在第 3 章中，已经对最常用的几个控件进行了讲解，这一章介绍 Visual Studio 中另外一些常用控件的功能和使用方法。

10.1　窗体概述

每当新建一个 Windows 应用程序时，Visual Studio 都会自动地创建一个窗体，并把窗体命名为 Form1。当然，Form1 这个名字并不规范，应该在属性窗口中通过更改它的 Name 属性给它起一个更有意义的名字。一般情况下，Visual Studio 自动创建的窗体都会作为程序的主窗体(主窗体和子窗体将会在下一章进行阐述)，因此一般都会把这个窗体命名为 MainForm。

10.1.1　窗体的常用属性

1. StartPosition(运行时窗体的起始位置)

StartPosition 属性使用户可以在窗体显示时设置窗体的起始位置。比如可以手动指定窗体的位置或在 Windows 指定的默认位置显示窗体，还可以将窗体定位到屏幕的中心来显示。对于像多文档界面(MDI)子窗体这样的窗体(MDI 子窗体会在下一章进行介绍)，可以将其显示在父窗体的中心位置。

StartPosition 的属性可以有如下 5 种取值。

(1) CenterParent：窗体在其父窗体中居中。只有当窗体为子窗体时，设置这个属性才有效，如 MDI 子窗体。

(2) CenterScreen：窗体在当前屏幕中居中，其尺寸在窗体大小(Size 属性)中指定。

(3) Manual：窗体的位置由 Location 属性确定。

(4) WindowsDefaultBounds：窗体定位在 Windows 默认位置，其边界也由 Windows 默认决定。

(5) WindowsDefaultLocation：窗体定位在 Windows 默认位置，其尺寸在窗体大小中指定。

2. WindowState(窗口状态)

WindowState 属性用来设置窗口的操作状态，只有窗口有这个属性。它的值是一个 FormWindowState 枚举类型，有如下 3 个可选择的值。

(1) Maximized：最大化的窗口。

(2) Minimized：最小化的窗口。

(3) Normal：默认大小的窗口。

可以在属性窗口中设置这个值，也可以通过代码设置，如：

```
this.WindowState = FormWindowState.Maximized;
```

3. KeyPreview

KeyPreview 值指示在将按键事件传递到具有焦点的控件前，窗体是否接收此按键事件。如果把这个值设置为 true，则可以在控件的按键事件发生前首先执行窗体的按键事件，这样可以对窗体上的所有按键事件进行统一处理。如 KeyPreview 经常用于对窗体上所包含控件的 KeyPress 事件处理，以防止焦点不在控件上时无法接收 KeyPress 事件。

4. Opacity(窗体透明度)

Opacity 值指示窗体的透明度，100 为不透明，0 为完全透明即不可见。窗体上的所有控件将跟随窗体一起透明，如果只是希望窗体的背景透明则可以设置 TransparencyKey 属性。

5. TransparencyKey(透明色)

将某种颜色显示为透明色。可以在 TransparencyKey 属性中指定一种颜色，然后把窗体上希望透明的地方全部设成这种颜色，就可以使窗体部分透明。

6. ShowInTaskbar

ShowInTaskbar 属性指示窗体是否在任务栏显示窗口图标。

10.1.2　窗体的常用事件

1. Click(单击)事件

单击窗体时触发 Click 事件。程序运行后，单击窗口内的某个位置，C#语言将调用事件的过程 Form_Click。

2. DoubleClick(双击)事件

双击窗体时触发 DoubleClick 事件。程序运行后，双击窗口内的某个位置，C#语言将调用事件过程 Form_DoubleClick。

3. Load(载入)事件

Load 事件是把窗体载入工作区时所发生的事件，如果这个事件的过程存在，就会继续执行它。Load 事件一般用来做一些程序初始化的工作。在程序运行并载入窗口时会自动调用事件过程 Form_Load。

4. FormClosed(关闭)事件

当关闭一个窗体时触发 FormClosed 事件，可以使用此事件执行一些任务，如释放窗体使用的资源，还可使用此事件保存输入窗体中的信息或更新其父窗体。在窗体关闭时，会自动调用事件过程 Form_FormClosed。

5. Resize(尺寸改变)事件

当用户调整窗体大小(通常通过单击或拖动其中一个边框或位于窗体右下角的大小调整手柄)时会引发 Resize 事件。在调整窗体大小的过程中会不断调用 Form_Resize 方法。

10.1.3　实例演示

【例 10-1】窗体属性设置。

操作步骤如下。

(1) 新建一个 Windows 应用程序项目并命名为“FormProperty”。

(2) 把窗体 Form1 命名为 MainForm，并将其 Text 属性设置为“窗体常用属性使用示例”。

(3) 在窗体上放置 12 个 Button 控件，并分别按如图 10.1 所示的控件分布图进行摆放，按标注给每个 Button 重命名(修改 Name 属性)，按按钮上所显示的文字设置每个 Button 的 Text 属性。

(4) 在窗体上放置 3 个 TextBox 控件，并分别按如图 10.1 所示进行摆放并按标注重命名；在工具箱的【对话框】栏内拖动一个 ColorDialog 控件到设计窗体，并重命名为 clrDlg。

(5) 双击窗体生成 Load 事件，对应的方法为 MainForm_Load。

(6) 选中窗体，在事件窗口内找到 Resize 事件并双击生成 MainForm_Resize 方法。

(7) 双击每个按钮，生成相应的 Click 事件。

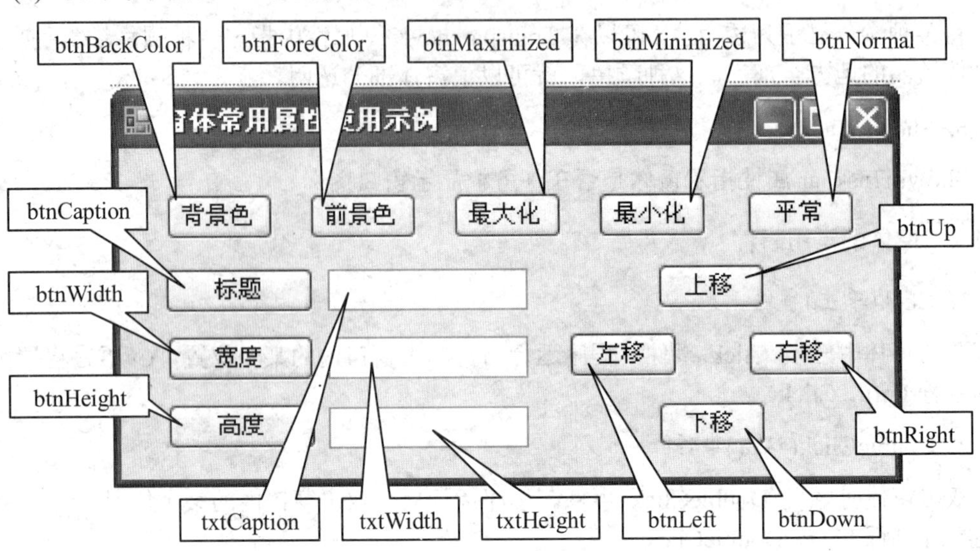

图 10.1　例 10-1 控件分布图

(8) 在每个事件方法中输入相应的代码，程序代码如下：

```
private void MainForm_Load(object sender, EventArgs e)
{   //窗体载入时发生
    txtWidth.Text = this.Width.ToString();
    txtHeight.Text = this.Height.ToString();
}
private void MainForm_Resize(object sender, EventArgs e)
{   //窗体尺寸改变时发生
    txtWidth.Text = this.Width.ToString();
    txtHeight.Text = this.Height.ToString();
}
private void btnBackColor_Click(object sender, EventArgs e)
{   //改变背景色
    if (clrDlg.ShowDialog() == DialogResult.OK)
    {
        this.BackColor = clrDlg.Color;
    }
}
private void btnForeColor_Click(object sender, EventArgs e)
{   //改变前景色
    if (clrDlg.ShowDialog() == DialogResult.OK)
    {
        this.ForeColor = clrDlg.Color;
    }
}
private void btnMaximized_Click(object sender, EventArgs e)
{   //使窗体最大化
    this.WindowState = FormWindowState.Maximized;
```

```
}
private void btnMinimized_Click(object sender, EventArgs e)
{   //使窗体最小化
    this.WindowState = FormWindowState.Minimized;
}
private void btnNormal_Click(object sender, EventArgs e)
{   //使窗体变为正常状态
    this.WindowState = FormWindowState.Normal;
}
private void btnCaption_Click(object sender, EventArgs e)
{   //改变窗体标题
    this.Text = txtCaption.Text;
}
private void btnWidth_Click(object sender, EventArgs e)
{   //改变窗体宽度
    this.Width = int.Parse(txtWidth.Text);
}
private void btnHeight_Click(object sender, EventArgs e)
{   //改变窗体高度
    this.Height = int.Parse(txtHeight.Text);
}
private void btnUp_Click(object sender, EventArgs e)
{   //窗体向上
    this.Top -= 10;
}
private void btnLeft_Click(object sender, EventArgs e)
{   //窗体向左
    this.Left -= 10;
}
private void btnRight_Click(object sender, EventArgs e)
{   //窗体向右
    this.Left += 10;
}
private void btnDown_Click(object sender, EventArgs e)
{   //窗体向下
    this.Top += 10;
}
```

运行结果如下。

运行程序，在【标题】按钮右边的文本框内输入文字，并单击【标题】按钮把窗体标题更改为文本框中的内容。更改【宽度】、【高度】按钮右边的文本框里的数字并分别单击 2 个按钮更改窗体的尺寸。按住鼠标左键拖动窗体边框，以改变窗体的大小，观察【宽度】、【高度】按钮右边的文本框中的数字是否随着改变。单击其余各按钮改变相应的窗体属性。

如果在【宽度】、【高度】按钮右边的文本框中输入的不是数字或没有任何输入，单击这 2 个按钮时程序将会发生错误。关于如何处理程序出现的异常将在第 12 章进行介绍。

10.2 单选按钮

当需要用户在多个选项中选择一项时，可以使用单选按钮。单选按钮处于被选中状态时，其左边圆圈中心有一黑点。单选按钮通常以选项组的形式存在，在由若干单选按钮组成的选项组中，每次只能选择其中一个。当选中一个单选按钮时，其他单选按钮将会自动关闭。在 C#语言中，单选按钮就是 RadioButton 控件，在工具箱的【公共控件】栏内可以找到它。

10.2.1 RadioButton 的常用属性

1. Checked(是否选中)

Checked 属性指示单选按钮是否处于选中状态，它是一个 bool 值，当为 true 时表示选中，为 false 时表示处于不选中状态。当有多个 RadioButton 在同一个容器中时，它们将自动组合成为一个选项组，也就是说，这些 RadioButton 只会有一个处于选中状态。

C#语言中的容器表示可以包含其他控件的控件，它们在工具箱的【容器】栏内可以找到。一个容器控件可以控制摆放在它上面的控件。比如当一个容器的 Visible(可见性)属性为 false 时，放在它上面的全部控件都将不可见；当它的 Enabled(可用)属性为 false 时，放在它上面的全部控件都将变为不可用。

如果在一个窗体或容器内需要 2 组单选按钮时，则可以把这 2 组分别放在 2 个不同的容器内，这样它们就可以各有一个单选按钮处于选中状态了。

2. Appearance(样式)

Appearance 属性控制 RadioButton 是按通常情况下显示还是显示为 Windows PushButton，如图 10.2 所示。

通常情况下　　Windows PushButton

图 10.2　Appearanc 属性所表示的两种外观

Windows PushButton 在一些编程工具中也称为快速按钮，它的特点是一组按钮在同一时间内只有 1 个可以处于按下状态。

3. FlatStyle(外观)

FlatStyle 属性确定当用户将鼠标移动到控件上并单击时该控件的外观。这个属性在设计程序的界面时用处较大，比如希望控件为平面型控件，则可以把这个属性设置为 Flat。FlatStyle 属性可以有如下 4 种取值。

(1) Flat：Flat 控件以平面显示。

(2) Popup：Popup 控件以平面显示，直到鼠标指针移动到该控件为止，此时该控件外观为三维。

(3) Standard：Standard 控件外观为三维。

(4) System：System 控件的外观是由用户的操作系统决定的。

可以通过代码来改变 FlatStyle 属性，如：

```
radioButton6.FlatStyle = FlatStyle.Flat;
```

很多可视控件都有 FlatStyle 属性，后文将不再对它进行讲述。

10.2.2 RadioButton 的常用事件

1. Click(单击)事件

用鼠标左键单击 RadioButton 时触发 Click 事件。当发生该事件时，C#语言调用事件的过程 radioButton_Click。如果在选项组中单击了一个没有被选中的 RadioButton，将使这个 RadioButton 处于选中状态，而原来被选中的 RadioButton 将会变为非选中状态。

2. CheckedChanged(Checked 属性值更改)事件

当一个 RadioButton 的 Checked 属性值发生改变时将会触发这个事件，调用事件的过程 radioButton_CheckedChanged。

注意： 当单击一个没有被选中的 RadioButton 时，将会 2 次触发这个事件。第 1 次是在之前被选中的 RadioButton 变为非选中状态时触发，第 2 次是所单击的 RadioButton 从非选中状态变为选中状态时触发。除非是特殊情况，否则一般都会使用 Click 事件而非 CheckedChanged 事件。

10.2.3 实例演示

【例 10-2】 RadioButton 的使用。

操作步骤如下。

(1) 新建一个 Windows 应用程序项目并命名为“RadioButton”。

(2) 把窗体 Form1 命名为 MainForm，并将其 Text 属性设置为“RadioButton 演示程序”。

(3) 在窗体上放置 2 个 GroupBox 容器控件，并分别命名为 gpbAppearance 和 gpbRead。它们的 Text 属性分别设置为：“Appearance 属性”和“读取选项组的值”。

(4) 在 gpbAppearance 容器控件上放置 4 个 RadioButton 控件，按如图 10.3 所示的控件分布图对它们命名和设置 Text 属性，并把 rdoStandard 的 Checked 属性设置为 true。

(5) 在 gpbRead 容器控件上放置 3 个 RadioButton 控件，把它们的 Appearance 属性全部设置为 Button，Size 属性全部设置为“26,26”。按如图 10.3 所示的控件分布图对它们命名和设置 Text 属性，并把它们的 TextAlign 属性设置为 MiddleCenter，使得按钮上的文字居中，然后把 A、B、C 按钮的 Tag 属性分别设置为 0、1、2。

(6) 在 gpbRead 容器中放置 2 个 Label 标签控件，第 1 个命名为 lblIndex，Text 属性设置为“你选中了第　项”。第 2 个命名为 lblText，Text 属性设置为“名称是”。把 2 个标签的 AutoSize 属性设置为 false，TextAlign 属性设置为 MiddleLeft。

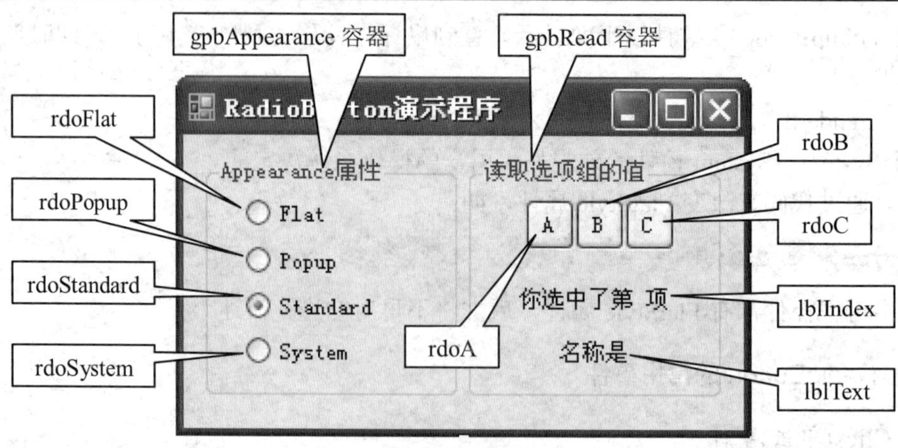

图 10.3　例 10-2 控件分布图

(7) 选中 rdoFlat 控件，在事件窗口中找到 Click 事件并双击生成 rdoFlat_Click 方法。使用相同的方法给 rdoPopup 控件生成 rdoPopup_Click 方法。

(8) 同时选中 rdoStandard 控件和 rdoSystem 控件(可以用鼠标框选，也可以先选中一个再按住 Ctrl 键选中第 2 个)，在事件窗口中找到 Click 事件并双击生成 rdoStandard_Click 方法。这意味着 rdoStandard 控件和 rdoSystem 控件同时使用 rdoStandard_Click 方法作为 Click 事件的方法，单击两个控件的任何一个都会导致这个方法的调用。

可以使用另一种方法使得两个控件共用同一事件方法。第 1 步首先生成 rdoStandard 控件的 Click 事件方法 rdoStandard_Click。第 2 步选中 rdoSystem 控件，在事件窗口中找到它的 Click 事件，单击 Click 事件右边的带有向下箭头的小按钮，弹出可选事件列表，在列表中选择 rdoStandard_Click 事件，即给控件选择一个已存在的事件方法，如图 10.4 所示。

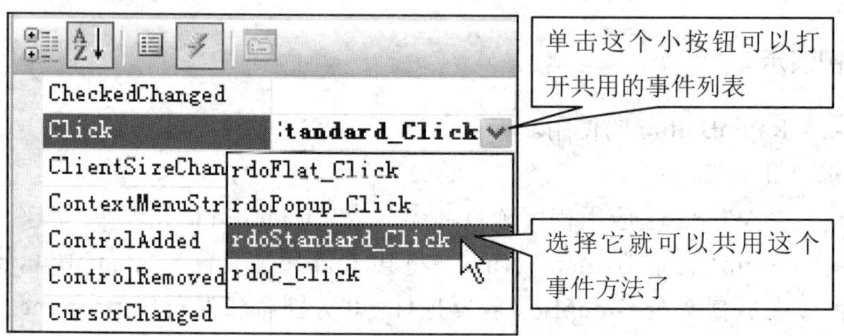

图 10.4　给控件选择一个已存在的事件方法

(9) 打开代码窗口，输入代码如下：

```
private void rdoFlat_Click(object sender, EventArgs e)
{
    rdoA.FlatStyle = FlatStyle.Flat;
    rdoB.FlatStyle = FlatStyle.Flat;
    rdoC.FlatStyle = FlatStyle.Flat;
}
private void rdoPopup_Click(object sender, EventArgs e)
{   //遍历容器 gpbRead 中的所有控件
```

```
9     foreach (Control c in gpbRead.Controls)
10    {
11        if (c is RadioButton) //如果找到RadioButton控件
12        {  //使用强制类型转换把Control控件转化为RadioButton
13            ((RadioButton)c).FlatStyle = FlatStyle.Popup;
14        }
15    }
16 }
17 private void rdoStandard_Click(object sender, EventArgs e)
18 {   //2个RadioButton共用1个Click事件
19    FlatStyle fs = FlatStyle.Standard; //声明一个FlatStyle变量
20    if (rdoStandard.Checked)
21    {
22        fs = FlatStyle.Standard;
23    }
24    else if (rdoSystem.Checked)
25    {
26        fs = FlatStyle.System;
27    }
28    rdoA.FlatStyle = fs;
29    rdoB.FlatStyle = fs;
30    rdoC.FlatStyle = fs;
31 }
32 private void rdoC_Click(object sender, EventArgs e)
33 {   //使用强制类型转换把Object类型的实例sender转化为Control类型
34    lblIndex.Text="你选中了第" + ((Control)sender).Tag + "项";
35    lblText.Text = "名称是" + ((Control)sender).Text;
36 }
```

运行结果：

运行程序，单击每个 RadioButton，注意界面上的变化。

代码分析：

第 3～5 行代码使用了很常规的方法改变 RadioButton 的 FlatStyle 属性。但是如果要改变属性的控件很多，就会出现大量重复代码。

第 9～15 行代码比较有技巧性，适用于改变相同控件的同一属性时使用。在 C#语言中可视控件全部继承自 Control 类，第 9 行使用了一个 foreach 语句遍历了 gpbRead 容器上的所有控件，并把它们一一赋给 Control 类型的临时变量 c。由于在容器上可以存放其他控件，所以 C#语言中，每个容器都有一个 Controls 属性，它代表了容器上包含的所有控件的集合。第 11 行代码中的：

```
c is RadioButton
```

判断变量 c 是否是一个 RadioButton 类型，它是一个安全的强制类型转换的写法。如果成功，返回 true，如果失败，返回 false。

第 13 行代码把变量 c 强制转化为 RadioButton 类型，并给它的 FlatStyle 属性赋值。总而言之，这几行代码的作用就是查找 GroupBox 容器上的所有控件，如果找到 RadioButton 控件就改变它的 FlatStyle 属性。

第 19～30 行代码让 2 个 RadioButton 控件共享一个事件方法，这样做可以把多个分散在不同地方具有相似逻辑的代码组合在一起，方便共同处理，使代码变得更加简洁。在此例中完全可以把 4 个 RadioButton 的 Click 事件方法合并为一个。

在使用 RadioButton 编程时，经常需要获得选项组中被选中的 RadioButton 的索引号。但由于 C#语言中没有相应的单选按钮选项组控件，使得获取这个索引号非常麻烦。在这个例子中使用了一个技巧，在每个控件的 Tag 属性内存放各自的索引号，这样就可以在代码中很方便地获取它。C#语言中的每个控件都有 Tag 属性，这个属性本身没有什么意义，但有时却非常有用，经常用来存放一些与控件相关的信息。

radioButton_Click 事件的第 1 个参数 sender 代表了触发这个事件的控件，它是 object 类型。一般情况下使用这个参数之前需要将它强制转换为相应的控件类型。因为 Text 和 Tag 属性都已经存在于 Control 类型内，因此，第 34～35 行代码都把它强制转换为 Control 类型。这里也可以把它强制转换为 RadioButton 类型，效果是一样的。总而言之，这 2 行代码的作用是当单击某个 RadioButton 时，获取这个 RadioButton 的索引号和文本。

这个例子不但介绍了 RadioButton 的使用方法，而且介绍了一些编程技巧。这些技巧的使用涉及一些较高级的内容，需要日后慢慢体会和理解方能完全掌握。

10.3　复选框和复选列表框

当需要用户在多个选项中选择多个项时，可以使用复选框(CheckBox)或复选列表框(CheckedListBox)。复选按钮处于被选中状态时，其左边方块会出现钩号(为与处于高亮显示的选中状态有所区别，以下称之为勾选状态，反之为未勾选状态)。复选框的使用和单选按钮很相似(都拥有 Checked 属性，这里将不再对它进行介绍)，只是由复选框所组成的选项组可以进行多选，而单选按钮选项组则只能选择其中一个。复选列表框是一个选项组控件，它几乎能完成列表框可以完成的所有任务，并且还可以在列表中的项旁边显示复选标记。可以把它视做 CheckBox 和 ListBox 的组合体。CheckedListBox 和 ListBox 拥有很多功能相同的属性，如 Items，这里也不再对它们进行介绍。

10.3.1　CheckBox 和 CheckedListBox 的常用属性

1. CheckState(状态)

RadioButton 拥有两种状态，用 Checked 属性来表示勾选和未勾选。CheckBox 除了拥有 Checked 属性外，还可以通过 CheckState 属性表示 3 种状态。

(1) Checked：Checked 控件处于勾选状态。

(2) Unchecked：Unchecked 控件处于未勾选状态。

(3) Indeterminate：Indeterminate 控件处于不确定状态。

它们的外观如图 10.5 所示。

Checked 状态　　Unchecked 状态　　Indeterminate 状态

图 10.5　CheckBox 的 3 种状态

注意：当把 CheckState 属性设置为 Indeterminate 时，Checked 属性会自动变为 true。当 Checked 属性值改变时，会导致 CheckState 属性自动变为 Checked 或 Unchecked。

2. CheckOnClick(单击时切换状态)

CheckOnClick 属性是 CheckedListBox 控件所独有的，它是一个 bool 值，指示在 CheckedListBox 中是否应在首次单击某项时改变其状态。当它的取值为 false 时，需要单击某个项 2 次才能改变其状态。

3. SelectedIndex(选中项的索引号)

SelectedIndex 是 CheckedListBox 控件的属性，它只能通过代码方式访问。CheckedListBox 控件可以包含多个项，每个项都有自己的索引号，索引号从 0 开始计算。比如说有 3 个项，那么它们的索引号就分别为 0、1、2。SelectedIndex 属性是一个可读、可写的属性，当读取它时，返回当前选中的项；当给它赋值时，将使得指定项处于选中状态。

4. SelectedItem(选中的项)

SelectedItem 是 CheckedListBox 控件的属性，它只能通过代码方式访问。它是一个只读属性，返回当前被选中的项。

5. CheckedIndices(勾选项的索引集合)

CheckedIndices 是 CheckedListBox 控件的属性，它只能通过代码方式访问。它是一个只读属性，返回所有勾选项的索引集合。可以通过 foreach 语句访问所有被勾选的项，如：

```
foreach (int i in checkedListBox.CheckedIndices)
```

6. CheckedItems(勾选项的集合)

CheckedItems 是 CheckedListBox 控件的属性，它只能通过代码方式访问。它是一个只读属性，返回所有勾选项集合。可以通过 foreach 语句访问所有被勾选的项，如：

```
foreach (object o in checkedListBox.CheckedItems)
```

10.3.2　CheckBox 和 CheckedListBox 的常用事件

1. CheckedChanged(Checked 属性值更改)事件

CheckedChanged 是 CheckBox 控件的事件，当 CheckBox 的 Checked 属性值发生改变时，将会触发这个事件，并调用事件的过程 checkBox_CheckedChanged。它与 RadioButton 的 CheckedChanged 事件基本相同，只是由于勾选一个 CheckBox 时不会导致其他 CheckBox

状态的改变，所以单击一个没有被勾选的 CheckBox 时，不会导致该事件被触发 2 次。

2. CheckStateChanged(CheckState 属性值更改)事件

CheckStateChanged 是 CheckBox 控件的事件，它与 CheckedChanged 事件基本一样，在 Checked 属性值被更改时两者都会被触发。唯一不同的是，当 CheckBox 处于勾选状态时，使用代码方式将 CheckState 的属性值设置为 Indeterminate，不会触发 CheckedChanged 事件而会触发 CheckStateChanged 事件。

3. ItemCheck(Checked 属性值更改)事件

ItemCheck 是 CheckedListBox 控件的事件，当 CheckedListBox 中某个项的 Checked 属性发生改变时，将会触发该事件。这里需要注意，先触发事件才会改变 Checked 属性。

4. SelectedIndexChanged(Checked 属性值更改)事件

SelectedIndexChanged 是 CheckedListBox 控件的事件，当 CheckedListBox 中某个项的 Checked 属性发生改变时，会触发该事件。跟 ItemCheck 事件不同，它将在 Checked 属性改变后才触发该事件而且该事件一般用于鼠标勾选项时的情况，如果使用代码更改 Checked 属性，将不会触发该事件。

10.3.3　CheckedListBox 的常用方法

CheckedListBox 是一个带有集合性质的控件，它可以包含多个项。为了方便管理，所有的项都被存放于 Items 属性内，可以通过 Items 属性里的一些方法和属性来管理 CheckedListBox 里的每一个项。

1. CheckedListBox.Items.Add 方法

有时需要根据实际情况动态地在 CheckedListBox 中添加项，Items.Add 方法可以实现这样的功能，比如需要添加一个名称为“北京”的项，可以使用以下代码：

```
checkedListBox.Items.Add("北京");
```

2. CheckedListBox.SetItemChecked 方法

如果需要用代码指定某项是否处于勾选状态，可以使用此方法，这个方法的原型是：

```
public void SetItemChecked (int index, bool value)
```

第 1 个参数 index 是一个整数值，表示指定项的索引号。

第 2 个参数 value 是一个 bool 值，表示指定项是否处于勾选状态。当它为 true 时，表示勾选，为 false 时，表示指定项处于非勾选状态。如果要将索引号为 2 的项设为非勾选状态可以使用以下代码：

```
checkedListBox.SetItemChecked(2, false);
```

3. CheckedListBox.SetItemCheckState 方法

前面曾经介绍过 CheckBox 控件的 CheckState 属性。CheckedListBox 中的项是一个

CheckBox，当然它也具有 CheckState 属性。可以通过 SetItemCheckState 方法来设置项的 CheckState 属性。SetItemCheckState 方法的原型是：

```
public void SetItemCheckState (int index, CheckState value)
```

第 1 个参数 index 是一个整数值，表示指定项的索引号。

第 2 个参数 value 是一个 CheckState 类型，它的值可参考 CheckBox 控件的 CheckState 属性。如果要将索引号为 0 的项设为不确定状态可以使用以下代码：

```
checkedListBox.SetItemCheckState(0, CheckState.Indeterminate);
```

10.3.4　实例演示

【例 10-3】CheckBox 和 CheckedListBox 的使用。

操作步骤：

(1) 新建一个 Windows 应用程序项目并命名为“CheckBox”。

(2) 把窗体 Form1 命名为 FormFavor 并将其的 Text 属性设置为【请选择您关注的编程语言】。

(3) 在窗体上放置 1 个 Label、1 个 CheckedListBox、1 个 Button、1 个 TextBox、3 个 CheckBox，并按如图 10.6 所示的控件分布图对控件进行命名。选中 CheckedListBox 控件，在【属性】窗口中找到 Items 属性，单击右侧有向下箭头的小按钮，按图 10.6 所示给 CheckedListBox 添加 8 个项。

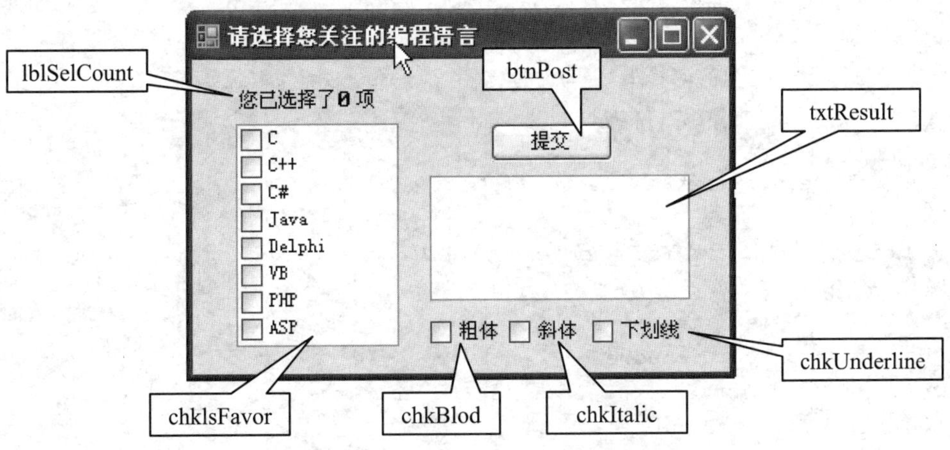

图 10.6　例 10-3 控件分布图

(4) 按表 10-1 对各控件属性进行设置。

表 10-1　例 10-3 各控件属性值列表

控 件 名 称	属　　性	属 性 值
lblSelCount	Text	您已选择了 0 项
	AutoSize	false
	TextAligh	MiddleLeft
chklsFavor	CheckOnClick	true

续表

控件名称	属　性	属性值
btnPost	Text	提交
txtResult	AutoSize	false
	Multiline	true
chkBlod	Text	粗体
chkItalic	Text	斜体
chkUnderLine	Text	下划线

(5) 给 chklsFavor 控件生成 SelectedIndexChanged 事件。给 btnPost 控件生成 Click 事件。

(6) 同时选中 3 个 CheckBox 控件并在事件窗口中双击 CheckedChanged 事件，使 3 个控件共用 1 个事件过程。

(7) 打开代码窗口，分别在事件方法中输入如下代码：

```
private void chklsFavor_SelectedIndexChanged(object sender,
    EventArgs e)
{   //显示勾选项的数目
    lblSelCount.Text = "您已经选择了" +
      Convert.ToString(chklsFavor.CheckedIndices.Count) + "项";
}
private void btnPost_Click(object sender, EventArgs e)
{
    string s = "您对以下几种编程语言感兴趣：";
    foreach (object o in chklsFavor.CheckedItems)
    {   //遍历复选列表框中被勾选的项目，并把每个项目的名称加进变量s
        s += o.ToString() + "、";
    }
    txtResult.Text = s.TrimEnd('、') + "。";
}
private void chkBlod_CheckedChanged(object sender, EventArgs e)
{  //修改文本框内文字的特效
    FontStyle fs = new FontStyle();
    fs = chkBlod.Checked ?
        fs | FontStyle.Bold : fs & ~FontStyle.Bold;
    fs = chkItalic.Checked ?
        fs | FontStyle.Italic : fs & ~FontStyle.Italic;
    fs = chkUnderline.Checked ?
        fs | FontStyle.Underline : fs & ~FontStyle.Underline;
    txtResult.Font = new Font(txtResult.Font, fs);
}
```

运行结果：

运行程序，在复选列表框内选择喜欢的语言，单击【提交】按钮在文本框内显示文字，单击 CheckBox 查看文本框内文字效果的变化。

代码分析：

第 4 行代码使用了 CheckedListBox.CheckedIndices.Count 属性，表示复选列表框内被勾选项的数目，这里选用了 SelectedIndexChanged 事件而没有选用 ItemCheck 事件，这是因为 ItemCheck 事件发生后 Checked 属性才发生改变，从而导致统计数目出错。可以尝试使用 ItemCheck 事件来处理这段代码，看看有什么样的效果。

第 17～24 行代码中，FontStyle 是一个位标志，使用“|(或)”运算符进行或运算，给一个 FontStyle 加入一种特效。使用“&~”运算符减去 FontStyle 的一种特效，这里先进行~(求补)运算，再进行&(与)运算。这里涉及的知识有：位运算、运算符优先级、三目运算符。如果有不明白的地方，请查看本书第 4 章的内容对这些知识点进行回顾。

10.4　组　合　框

当需要用户在多个选项中选择一项时，除可以使用单选按钮外，还可以使用组合框(ComboBox)。组合框是 TextBox 与 ListBox 的组合，具有列表框和文本框的大部分属性。组合框在列表框中列出可供用户选择的项，另外还有一个文本框。当列表框中没有所需选项时，允许在文本框中用键盘输入用户自定义的内容。

10.4.1　ComboBox 的常用属性、事件和方法

1. DropDownStyle(外观和功能)

DropDownStyle 属性控制组合框的外观和功能，可以有如下 3 种取值。

(1) DropDown：文本部分可编辑，用户必须单击箭头按钮来显示列表部分。这是默认样式。

(2) DropDownList：用户不能直接编辑文本部分，必须单击箭头按钮来显示列表部分。使用这个样式，组合框的功能就与 RadioButton 很相似了。

(3) Simple：文本部分可编辑。列表部分总可见。

可以使用如下代码修改组合框的 DropDownStyle 属性：

```
comboBox.DropDownStyle = ComboBoxStyle.Simple;
```

2. MaxDropDownItems(下拉列表中显示的最多项数)

MaxDropDownItems 属性指示组合框下拉列表显示的项的最大数目。多出来的项可以通过拖动列表框的滚动条进行查看。

3. SelectedIndex(当前显示的项)

SelectedIndex 属性通过指定一个索引号使组合框显示某项，索引号从 0 开始。它只能通过代码的方式访问，一般用于指定组合框的默认显示项。

4. SelectedIndexChanged(选择项)事件

当选择一个组合框的项时会触发 SelectedIndexChanged 事件。

5. ComboBox.Items.Add(添加项)方法

如果需要动态地在组合框内添加项，可以使用 ComboBox.Items.Add 方法。如要在组合框内添加【北京】项可使用如下代码：

```
comboBox.Items.Add("北京");
```

10.4.2　实例演示

【例 10-4】ComboBox 的使用。

操作步骤：

(1) 新建一个 Windows 应用程序项目并命名为“ComboBox”。

(2) 在窗体上放置一个 Label，命名为 lblIndex，Text 属性设置为【索引号】。

(3) 在窗体上放置一个 ComboBox，命名为 cbStyle。单击属性窗口的 Item 属性右边的小按钮打开【字符串集合编辑器】窗口，给 cbStyle 添加 3 个项：Simple、DropDown、DropDownList。设置 DropDownStyle 属性为 Simple 并调整 cbStyle 的高度，使得所有选项得以显示，如图 10.7 所示。

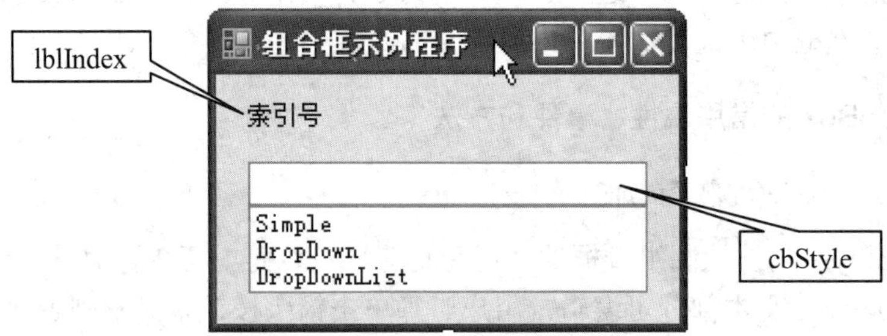

图 10.7　例 10-4 控件分布图

(4) 生成 cbStyle 的 SelectedIndexChanged 事件，并在事件方法内添加如下代码：

```
private void cbStyle_SelectedIndexChanged(object sender, EventArgs e)
{   //显示索引号和项目名称
    lblIndex.Text = "索引号: " + cbStyle.SelectedIndex.ToString() +
        "  名称为: " + cbStyle.Text;
    if (cbStyle.SelectedIndex == 0)
    {   //如果选中第 0 项
        cbStyle.DropDownStyle = ComboBoxStyle.Simple;
    }
    else if (cbStyle.SelectedIndex == 1)
    {   //如果选中第 1 项
        cbStyle.DropDownStyle = ComboBoxStyle.DropDown;
    }
    else if (cbStyle.SelectedIndex == 2)
    {   //如果选中第 2 项
        cbStyle.DropDownStyle = ComboBoxStyle.DropDownList;
    }
}
```

运行结果如下。

运行程序，选择不同的项，看看组合框会有什么样的变化。

10.5　图　片　框

图片框(PictureBox)用于显示图像，支持以下几种类型的图像。

(1) 位图(bitmap)：是将图像定义为像素的图案，这种图像格式体积很大，未经压缩。位图文件的扩展名是.bmp 或.dib。

(2) 图标(icon)：是特殊类型的位图。图标的最大尺寸为 32×32 像素。图标文件的扩展名是.ico。

(3) Windows 文件(metafile)：将图形定义为编码的线段和图形。普通图元文件扩展名为.wmf，增强图元文件扩展名为.emf。

(4) GIF：由 CompuServe 开发的一种压缩位图格式，是互联网上流行的一种文件格式。

(5) JPEG：是一种支持 8 位和 24 位颜色的压缩位图格式，也是互联网上流行的一种文件格式。

10.5.1　PictureBox 的常用属性

1. Image(图像)

Image 属性用于获取或设置 PictureBox 显示的图像。单击 Image 属性右侧的小按钮可以打开【选择资源】窗口，如图 10.8 所示。在单选按钮【项目资源文件】处于选中状态时，单击左下方的【导入】按钮可以打开【打开】对话框选择一幅将要显示在 PictureBox 的图像。这幅图像将保存在 Resources 文件夹内，可以选择把它生成为内嵌在可执行文件内的资源文件。当单选按钮【本地资源】处于选中状态时，可以单击【本地资源】单选按钮下方的【导入】按钮导入一个图像文件。此时，图像不能作为内嵌的资源文件存在于文件中，程序运行时会通过一个文件的路径载入图像。

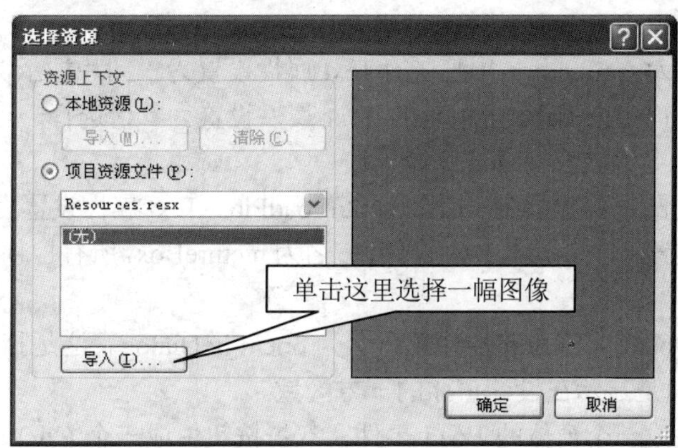

图 10.8　【选择资源】窗口

2. ImageLocation(图像路径)

ImageLocation 属性获取或设置要在 PictureBox 中显示的图像的路径。调用 Load 方法将改写 ImageLocation 属性，将 ImageLocation 设置为在该方法调用中指定的路径。Load 方法有 2 个版本，第 1 种是：

```
public void Load ()
```

这个方法没有任何参数，它会读取 ImageLocation 中存放的路径并载入图像。第 2 种是：

```
public void Load (string url)
```

这个方法有一个字符串类型参数 url，为图像的路径。Load 方法会按照这个路径读取图片并设置 ImageLocation 的属性值为这个路径。

3. SizeMode(图像显示模式)

SizeMode 属性控制着图像以什么样的方式在 PictureBox 内显示。它可以有以下 5 种取值。

(1) AutoSize：调整 PictureBox 大小，使其大小等于所包含的图像大小。

(2) CenterImage：如果 PictureBox 比图像大，则图像将居中并全部显示。如果图像比 PictureBox 大，则图片将居于 PictureBox 中心，而外边缘将被剪裁掉。

(3) Normal：图像被置于 PictureBox 的左上角。如果图像比包含它的 PictureBox 大，则该图像将被剪裁掉。

(4) StretchImage：使 PictureBox 中的图像被拉伸或收缩，以适合 PictureBox 的大小。

(5) Zoom：使图像大小按其原有的大小比例增加或减小，以使其完全容纳于 PictureBox 之中。

10.5.2　实例演示

【例 10-5】图片框的使用。

操作步骤：

(1) 新建一个 Windows 应用程序项目并命名为“PictureBox”。

(2) 把窗体命名为 frmPicture 并把它的 Text 属性设置为“图片框示例程序”。

(3) 在窗体上放置一个 Label，把它的 Text 属性设置为“请选择一个图片样式”。放置一个 ComboBox，命名为 cbSizeMode。

(4) 在窗体上放置一个 Button，命名为 btnLoadPic。Text 属性设置为“载入图像”。

(5) 在窗体上放置一个 PictureBox 控件，命名为 pictureBox。所有控件摆放位置如图 10.9 所示。

(6) 放置一个 OpenFileDialog 控件，命名为 openFileDialog。这是打开文件对话框，不会在窗体内显示，而是显示在设计窗体的下方区域。

(7) 双击窗体生成一个窗体的 Load 事件。双击按钮生成一个 Click 事件。给组合框控件 cbSizeMode 生成一个 SelectedIndexChanged 事件。

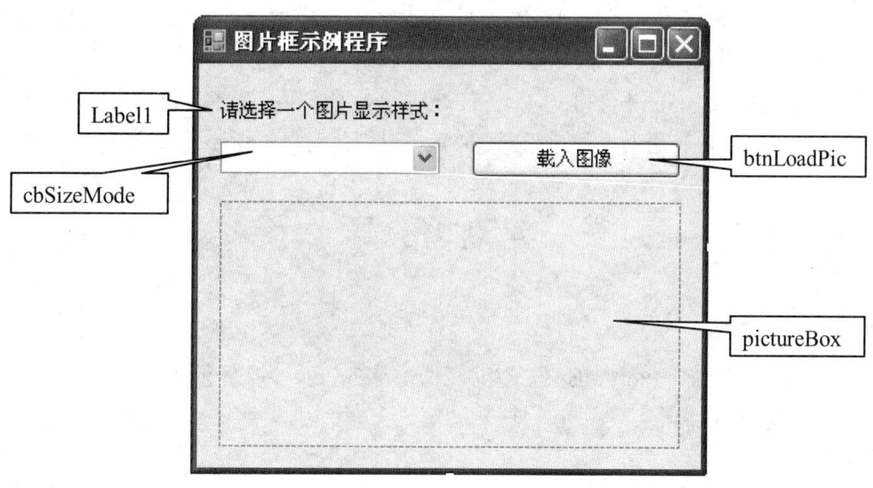

图 10.9　例 10-5 控件分布图

(8) 打开代码窗口并输入如下代码：

```
1  private void frmPicture_Load(object sender, EventArgs e)
2  {    //在组合框内添加 PictureBoxSizeMode 对象
3       cbSizeMode.Items.Add(PictureBoxSizeMode.Normal);
4       cbSizeMode.Items.Add(PictureBoxSizeMode.StretchImage);
5       cbSizeMode.Items.Add(PictureBoxSizeMode.AutoSize);
6       cbSizeMode.Items.Add(PictureBoxSizeMode.CenterImage);
7       cbSizeMode.Items.Add(PictureBoxSizeMode.Zoom);
8       cbSizeMode.SelectedIndex = 0; //让第 0 项为默认选中项
9  }
10 private void btnLoadPic_Click(object sender, EventArgs e)
11 {
12      if (openFileDialog.ShowDialog() == DialogResult.OK)
13      {   //按打开文件的路径载入图像
14          pictureBox.Load(openFileDialog.FileName);
15      }
16 }
17 private void cbSizeMode_SelectedIndexChanged(object sender, EventArgs e)
18 {  //根据组合框的选择项改变图片框中图片的显示样式
19      pictureBox.SizeMode = (PictureBoxSizeMode)cbSizeMode.SelectedItem;
20 }
```

运行结果：

运行程序，单击【载入图像】按钮，选择一副图像在 pictureBox 内显示。在组合框中选择不同的项，看看图片框会有什么样的变化。

代码分析：

第 3～7 行代码演示了组合框的另一种用法：在里面存放对象。组合框会根据存放对象的 ToString( )方法所返回的字符串来显示项目名称。第 8 行代码让组合框显示一个项，如果希望组合框在程序开始运行时就显示内容，可以使用这个方法。

第 12～15 代码行用打开文件对话框的方法打开一个图像并载入 pictureBox。这里需要注意，如果选择的不是图片框所能接受的格式，将会弹出错误。可以使用 OpenFileDialog 控件的 Filter 属性来过滤不合格的文件，这里不对它进行详细介绍，请自行查找资料。

第 19 行代码中，由于组合框内存放的是对象，所以可以直接把它的值赋给图片框的 SizeMode 属性，但是需要进行强制类型转换，先把它转换为 PictureBoxSizeMode 类型。

实 训 指 导

1. 实训目的

(1) 掌握 ComboBox、PictureBox、CheckBox、Timer 等控件的使用。

(2) 学习如何利用代码实现简单的逻辑。

2. 实训内容

实训项目：制作简易图像浏览器。

制作一个简易图像浏览器，可以浏览多幅图片，有翻页功能，并可以自动循环播放图片。

3. 实训步骤

(1) 新建一个 Windows 应用程序并把项目命名为“Exp10”。

(2) 把窗体命名为 MainForm，Text 属性设置为“图片浏览器”

(3) 在窗体上放置 3 个 Button、1 个 Label、1 个 ComboBox、1 个 PictureBox 和 1 个 CheckBox 控件。按如图 10.10 所示的图片浏览器控件分布图给控件命名并修改 Text 属性，把 PictureBox 控件的 BorderStyle 属性设置为 FixedSingle 以使图片框的边框得以显示。

(4) 在窗体上拖放一个 Timer 控件和一个 OpenFileDialog 控件，使用它们的默认名称。这 2 个控件都将显示在窗体外下方的灰色区域。

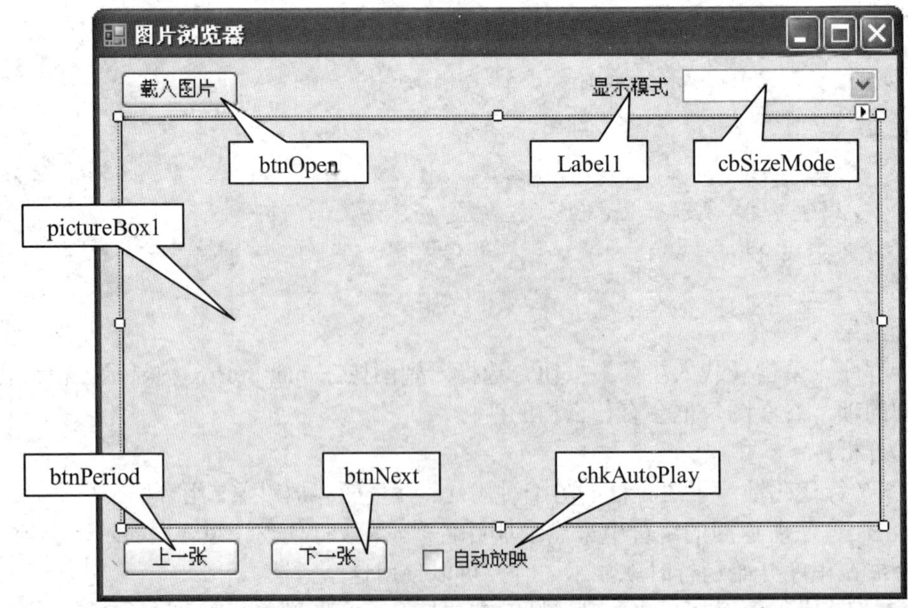

图 10.10　图片浏览器控件分布图

(5) 双击窗体生成窗体的 Load 事件，给每个按钮生成各自的 Click 事件，生成组合框的 SelectedIndexChanged 事件，生成复选框的 CheckedChanged 事件。

(6) 打开代码窗口并输入如下代码：

```
private ArrayList arrPath = new ArrayList(); //用于保存图片路径
private int index = -1; //用于记录当前显示的图片的序号, -1 表示没有图片
private void Form1_Load(object sender, EventArgs e)
{
    openFileDialog1.Multiselect = true; //允许多选
    //设置文件筛选器
    openFileDialog1.Filter =
        "图像文件(*.BMP;*.JPG;*.GIF;*.jpeg)|*.BMP;*.JPG;*.GIF;*.jpeg";
    //把 PictureBoxSizeMode 成员添加到组合框内
    cbSizeMode.Items.Add(PictureBoxSizeMode.Normal);
    cbSizeMode.Items.Add(PictureBoxSizeMode.StretchImage);
    cbSizeMode.Items.Add(PictureBoxSizeMode.AutoSize);
    cbSizeMode.Items.Add(PictureBoxSizeMode.CenterImage);
    cbSizeMode.Items.Add(PictureBoxSizeMode.Zoom);
    pictureBox1.SizeMode = PictureBoxSizeMode.Zoom;
    cbSizeMode.SelectedIndex = 4;     //设置组合框默认显示项
    timer1.Interval = 2000;           //设置定时器的时间间隔为2s
}
private void btnOpen_Click(object sender, EventArgs e)
{
    if (openFileDialog1.ShowDialog() == DialogResult.OK)
    {
        if (openFileDialog1.FileNames.Length != 0) //如果选中图片
        {   //把选中的图片路径放到动态数组 arrPath 内
            foreach (string s in openFileDialog1.FileNames)
            {
                arrPath.Add(s);
            }
            index = 0; //指示要播放的是第 1 张图片
            pictureBox1.Load(arrPath[index].ToString()); //显示图片
        }
    }
}
private void btnPeriod_Click(object sender, EventArgs e)
{
    if (arrPath.Count != 0)
    {   //显示上一张图片
        index = (index == 0) ? (arrPath.Count - 1) : (--index);
        pictureBox1.Load(arrPath[index].ToString());
    }
}
private void btnNext_Click(object sender, EventArgs e)
{   //显示下一张图片
```

```
45     if (arrPath.Count != 0)
46     {
47         index = (index == arrPath.Count - 1) ? 0 : (++index);
48         pictureBox1.Load(arrPath[index].ToString());
49     }
50 }
51 private void cbSizeMode_SelectedIndexChanged(object sender, EventArgs e)
52 {   //设置图片显示模式
53     pictureBox1.SizeMode =
54         (PictureBoxSizeMode)cbSizeMode.SelectedItem;
55 }
56 private void timer1_Tick(object sender, EventArgs e)
57 {   //定时切换下一张图片
58     if (arrPath.Count != 0)
59     {
60         index = (index == arrPath.Count - 1) ? 0 : (++index);
61         pictureBox1.Load(arrPath[index].ToString());
62     }
63 }
64 private void chkAutoPlay_CheckedChanged(object sender, EventArgs e)
65 {   //设置是否使用定时器
66     timer1.Enabled = chkAutoPlay.Checked;
67 }
```

运行程序，查看结果。

思考： 如何更改程序，使得组合框内显示中文项目，并实现同样的功能。把第 39、47 行的三目运算符改为 if 表达式，作为程序的第 2 个版本。

本 章 小 结

本章介绍了窗体、单选按钮、复选框、复选列表框、组合框、图片框这些最常用控件的使用方法。C#语言中的控件远远不止这些，由于篇幅所限，无法将这些控件一一介绍。但控件的很多属性及使用方法具有互通性，希望大家通过本章的学习能够举一反三，学习、摸索其他控件的使用方法。

习　　题

1. 选择题

(1) 请选出用来设置窗体标题的属性。(　　)

A. Name　　B. Text　　C. Caption　　D. List

(2) 当用户调整窗体大小会引发哪种事件？(　　)

A. Click　　B. Load　　C. Resize　　D. Move

(3) 要使控件外观为三维，应将控件的 FlatStyle 属性值设置成(　　)。

A. Flat　　B. Popup　　C. Standard　　D. System

(4) 复选框(CheckBox)的 CheckState 属性表示 3 种状态，请选出描述错误的一项。(　　)

A. 勾选状态　　B. 未勾选状态　　C. 不确定状态　　D. 不可见状态

(5) 实现往组合框添加成员项的功能应设置以下哪个属性？(　　)

A. Text　　B. Items　　C. TabIndex　　D. Member

(6) 当 SizeMode 属性取何值时 PictureBox 中的图像被拉伸或收缩，以适合 PictureBox 的大小？(　　)

A. StretchImage　　B. Normal　　C. AutoSize　　D. Zoom

(7) 如果希望每秒产生一个计时器事件，那么应将其 Interval 属性值设为(　　)。

A. 1　　B. 10　　C. 100　　D. 1000

(8) 要返回选中项的索引号，应设置 CheckedListBox 控件的哪个属性？(　　)

A. CheckedIndices　　B. CheckedItems

C. SelectedIndex　　D. SelectedItem

2. 填空题

(1) Windows 应用程序的界面是由________和控件组成的。

(2) 要使窗体运行最大化，可通过设置其 WindowState 属性值为________来实现。

(3) ________事件是把窗体载入工作区时所发生的事件。

(4) Checked 属性指示单选按钮是否处于选中状态，当为________时表示选中。

(5) 当一个 RadioButton 的 Checked 属性值发生改变时，将会触发________事件。

(6) 组合框是 TextBox 与________的组合。

(7) ________属性用于获取或设置 PictureBox 显示的图像。

(8) Timer 控件的________属性表示两个记时器事件之间的时间间隔。

3. 判断题

(1) Timer 控件是运行时不能看到的控件。(　　)

(2) 程序设计中的屏幕坐标系统与数学中的几何坐标系统相同。(　　)

(3) 所有的控件都具有 Name 属性。(　　)

(4) 当需要用户在多个选项中选择多个项时，可以使用复选框(CheckBox)或复选列表框(CheckedListBox)。(　　)

(5) Enabled 属性用来设置控件的可见性。如果将其设置为 false，则将隐藏该对象。(　　)

(6) CheckBox 的 CheckState 属性只有勾选和未勾选两种状态。(　　)

(7) Timer 控件只有唯一的事件，即 Tick 事件。(　　)

(8) Picture 属性用于获取或设置 PictureBox 显示的图像。(　　)

4. 简答题

(1) 简述组合框的使用特点。

(2) 列出图片框(PictureBox)支持的几种类型的图像并进行简单的说明。

5. 编程题

(1) 设计如图 10.11 所示的程序界面，要求在程序运行并载入窗体时显示【欢迎光临】的友好信息，在窗体上单击相应的按钮能完成对应属性值的设置，关闭窗体时显示【谢谢您的使用!】信息。

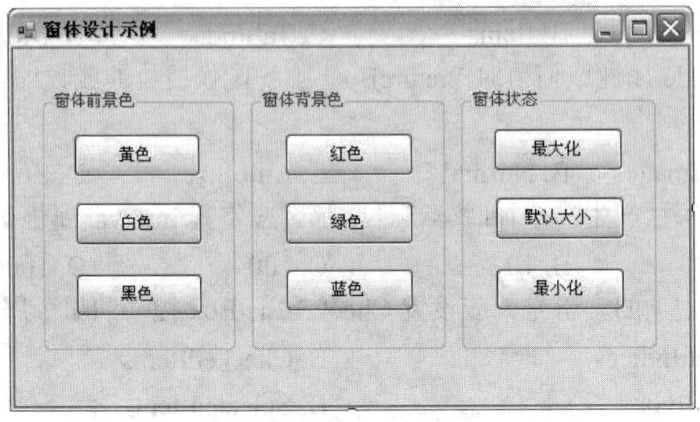

图 10.11　编程题 1 的程序界面

(2) 设计如图 10.12 所示的程序界面，选择不同的选项能实现不同的效果。

(3) 编写一个同学通讯录程序：当在组合框中选择某一同学的姓名后能够在 3 个文本框中分别显示该同学的电话号码、邮政编码和住址。

(4) 利用组合框设计一个“简易抽奖机”。在组合框中输入每一个抽奖号码，输入完成后单击【抽奖开始】按钮，这时将得到随机抽取的中奖号。

(5) 开发一个如图 10.13 所示的图片浏览器，能实现简单的图片浏览功能。

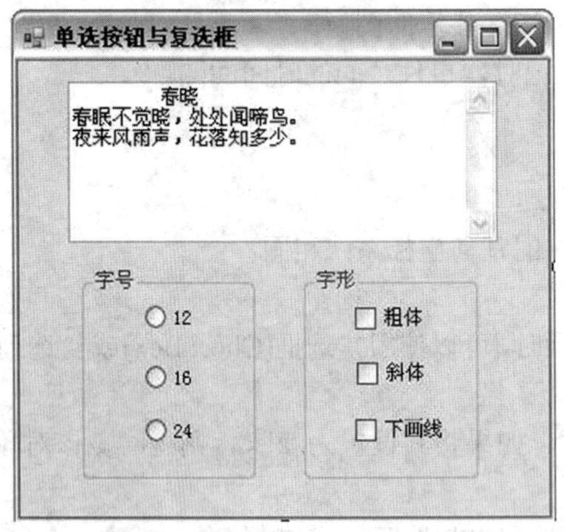

图 10.12　编程题 2 的程序界面

图 10.13　编程题 5 的图片浏览器

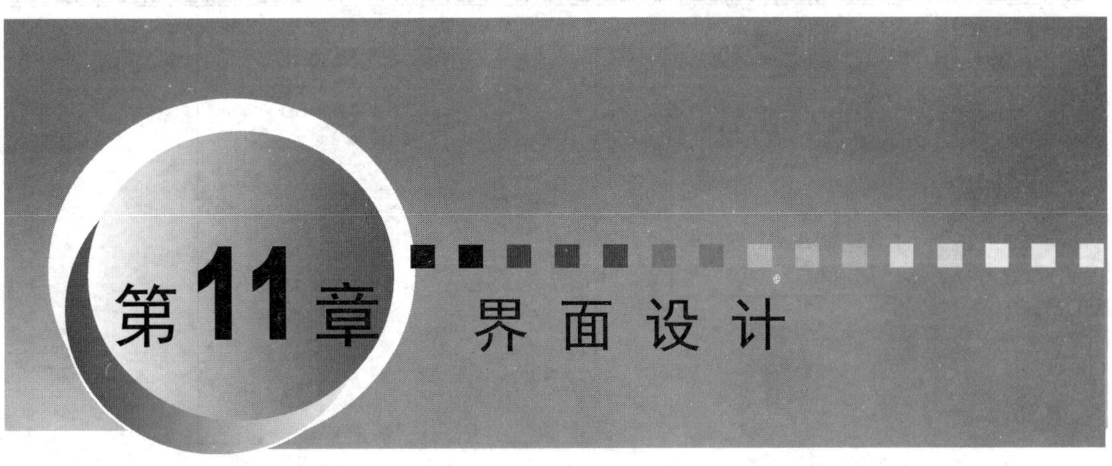

第11章 界面设计

教学提示

窗体、菜单栏、工具栏以及各种可视控件组合在一起，构成了应用程序的界面。如何制作美观、易用、符合使用习惯的程序界面，往往成为评价一个应用程序好坏的关键因素。

教学要求

知识要点	能力要求	相关知识
模式窗体	(1) 理解模式窗体的作用及意义 (2) 能够正确打开与关闭模式窗体 (3) 掌握模式窗体返回值的使用	(1) 模式窗体的概念 (2) 模式窗体的打开与关闭 (3) DialogResult 类型的使用
非模式窗体	(1) 理解模式窗体与非模式窗体的区别 (2) 能够正确打开与关闭非模式窗体	(1) 非模式窗体的概念 (2) 非模式窗体的打开与关闭
菜单	(1) 了解菜单的组成 (2) 掌握菜单的设计	(1) 菜单的组成 (2) 菜单的设计
工具栏	掌握工具栏的设计	(1) 工具栏的属性及事件 (2) 工具栏的设计
MDI 窗体	(1) 能够说明多文档界面应用程序的作用 (2) 能够制作 MDI 窗体的应用程序	(1) MDI 窗体的概念 (2) MDI 窗体的创建及使用

一个应用程序往往是由多个窗体组成的。窗体可以创建为模式窗体或非模式窗体。应用程序还可以分为单文档(SDI)应用程序和多文档(MDI)应用程序。MDI 子窗体是一种较特殊的窗体，包含并完全显示在主窗体之内。可以通过如下方法给应用程序添加一个窗体。

(1) 在【解决方案资源管理器】窗口中用鼠标右击项目名称，在弹出菜单中选择【添加】|【新建项】打开【添加新项】窗口，如图 11.1 所示(也可以在弹出菜单中选择【添加】|【Windows 窗体】打开此窗口)。

(2) 在【添加新项】对话框中，确保选中【Windows 窗体】项，并在【名称】文本框中输入窗体的名称。单击【添加】按钮就可以新建一个窗体，如图 11.2 所示。

在一个应用程序的主窗体中，往往包含有菜单栏和工具栏。菜单栏和工具栏的设计，也是界面设计中的重要一环。

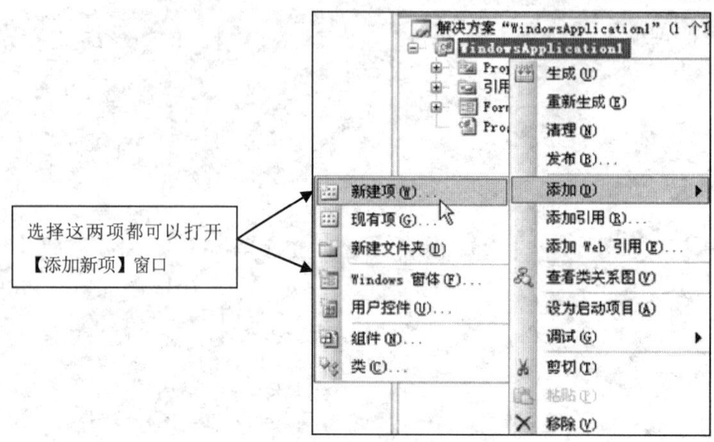

图 11.1　打开【添加新项】窗口

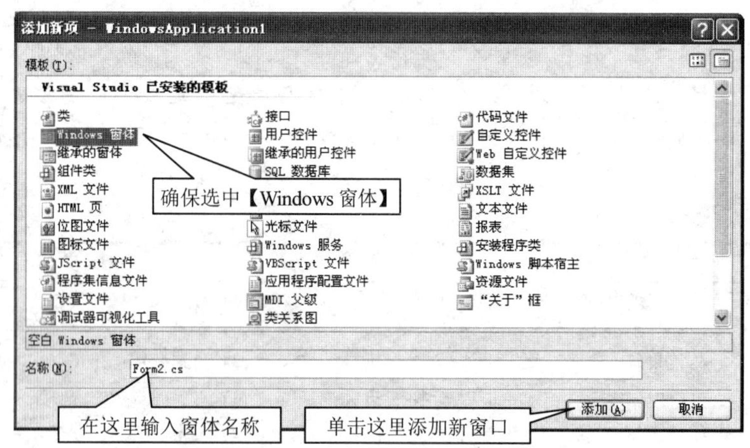

图 11.2　【添加新项】窗口

11.1　模式窗体

何谓模式窗体？简单地说，可以把它理解为窗体对话框，当打开一个模式窗体后，用户无法与应用程序的其他部分交互，直到用户关闭了这个窗体。模式窗体是 Windows 应用程序中最常见的一种窗体，在 Visual Studio 2008 中存在很多模式窗体，例如：选择菜单中的【工具】|【选项】打开【选项】窗口，它就是一个模式窗体。

11.1.1　模式窗体的属性设置

在 Windows 操作系统中，模式窗体都具备一定的特征，这些特征在属性窗口中都可以进行设置，下面对它们逐一进行介绍。

(1) ShowIcon 属性，指示是否在窗体的标题栏中显示图标。一般情况下模式窗体左上角不显示图标，这里应该把它设置为 false。

(2) ShowInTaskbar 属性，确定窗体是否出现在 Windows 任务栏中。模式窗体很多情况下都作为对话框存在，为了节省任务栏的宝贵空间，应该把它设置为 false。

(3) FormBorderStyle 属性，指示窗体的边框和标题栏的外观和行为。它的取值有以下 7 种，可根据实际情况进行设置。

① Fixed3D：固定的三维边框。

② FixedDialog：固定的对话框样式的粗边框，不显示图标。

③ FixedSingle：固定的单行边框。

④ FixedToolWindow：不可调整大小的工具窗口边框。工具窗口不会显示在任务栏中也不会显示在系统栏，当用户按 Alt+Tab 快捷键时出现在窗口中。尽管指定 FixedToolWindow 的窗体通常不显示在任务栏中，但还是必须确保 ShowInTaskbar 属性设置为 false。其默认值为 true。

⑤ None：无边框。

⑥ Sizable：可调整大小的边框。

⑦ SizableToolWindow：可调整大小的工具窗口边框。工具窗口不会显示在任务栏中，当用户按 Alt+Tab 快捷键时也不会出现在窗口中。

(4) Form.ControlBox 属性，确定窗体是否有【控件/系统】菜单框。如果设置为 false，标题栏将只出现标题文字。一般情况下设置为 true，但在有时有必要设置为 false。

通过对以上属性的设置，可以基本实现模式窗体的静态功能。对于是否允许调整窗体的大小可根据实际情况而定。

11.1.2　模式窗体的打开与关闭

模式窗体的打开，一般使用 Form.ShowDialog ( )方法。

【例 11-1】 打开一个模式窗体。

操作步骤：

(1) 新建一个 Windows 应用程序项目并命名为“ModalForm”。

(2) 窗体使用默认名称 Form1。在 Form1 上放置一个 Button，命名为 btnCreateForm，Text 属性设置为“打开一个模式窗体”。

(3) 按照本章开头部分所述的步骤在项目内新建一个 Windows 窗体 Form2。

(4) 在 Form2 上放置一个 Label 控件，并把它的 Text 属性设置为“我是模式窗体”。

(5) 切换到 Form1 窗体，双击 btnCreateForm 生成 1 个 Click 事件，在其中输入如下代码：

```
1 private void btnCreateForm_Click(object sender, EventArgs e)
2 {
3     Form2 f2 = new Form2();     //创建一个 Form2 的实例
4     f2.ShowDialog();            //以模式窗体的方式打开 f2
5 }
```

运行程序，单击【打开一个模式窗体】按钮，打开一个模式窗体。看看切换回 Form1 的结果如何。

代码分析：

第 3 行代码中，由于新建一个窗体只是创建了窗体类并不能直接使用，所以必须使用 new 关键字创建这个窗体的实例才能使用。

第 4 行代码使用了 ShowDialog( )显示一个模式窗体，ShowDialog 方法有 2 个重载版本，原型分别如下：

```
版本 1：public DialogResult ShowDialog()
版本 2：public DialogResult ShowDialog(IWin32Window owner)
```

版本 2 方法中有一个 IWin32Window 类型的参数 owner，表示给将要显示的模式窗体指定一个父窗体，这样就可以在模式窗体内部获取父窗体的引用。将本例的第 4 行代码改为：

```
f2.ShowDialog(this);
```

就可以将 Form1 指定为 f2 的父窗体。关于父子窗体还有一些特征将在非模式窗体中详细介绍。

模式窗体另一个很重要的特征是在被关闭时会返回一个 DialogResult 类型的值，它可以有以下几种取值。

① Abort：对话框的返回值是 Abort(通常通过单击标签为【中止】的按钮发送)。

② Cancel：对话框的返回值是 Cancel(通常通过单击标签为【取消】的按钮发送)。

③ Ignore：对话框的返回值是 Ignore(通常通过单击标签为【忽略】的按钮发送)。

④ No：对话框的返回值是 No(通常通过单击标签为【否】的按钮发送)。

⑤ None：从对话框返回 Nothing，这表明模式窗口将继续运行。

⑥ OK：对话框的返回值是 OK(通常通过单击标签为【确定】的按钮发送)。

⑦ Retry：对话框的返回值是 Retry(通常通过单击标签为【重试】的按钮发送)。

⑧ Yes：对话框的返回值是 Yes(通常通过单击标签为【是】的按钮发送)。

在程序中给模式窗体的 DialogResult 属性赋以上值，可以导致模式窗体的关闭(None 值除外)。

【例 11-2】让模式窗体返回一个指定值。

操作步骤：

(1) 打开例 11-1，在窗体 Form1 上添加一个 TextBox 控件，命名为 txtDialogResult。

(2) 双击【打开一个模式窗体】按钮，把 btnCreateForm_Click 方法内的代码删除并添加如下代码：

```
【Form1.cs】：
private void btnCreateForm_Click(object sender, EventArgs e)
{
    Form2 f2 = new Form2();
    DialogResult dr= f2.ShowDialog(this);
    txtDialogResult.Text = dr.ToString();
}
```

(3) 打开 Form2 的窗体设计器，在 Form2 上添加一个 Button 控件，命名为 btnReturn，并将它的 Text 属性设置为“关闭”。双击 btnReturn 按钮，生成一个 Click 事件并在其中输入如下代码：

```
【Form2.cs】：
private void btnReturn_Click_1(object sender, EventArgs e)
{
   this.DialogResult = DialogResult.OK;
}
```

运行结果：

运行程序，单击【打开一个模式窗体】按钮，打开一个 Form2。单击 Form2 窗体上的

【关闭】按钮关闭 Form2，观察 Form1 上的文本框的变化。

关闭程序，更改 Form2.cs 中的代码，把第 13 行代码中的窗体返回值设为不同的值，看看有什么不同的效果。

代码分析：

第 5 行代码中打印窗体的返回值。第 13 行代码中，this 代表 Form2 的实例 f2，给它的 DialogResult 属性赋值以达到关闭窗体并返回指定值的目的。

上述代码看上去没有什么问题而且运行良好，其实不然。当窗体显示为模式对话框时，单击【关闭】按钮(窗体右上角带“×”的按钮)会隐藏窗体并将 DialogResult 属性设置为 DialogResult.Cancel。当用户单击对话框的【关闭】按钮或设置 DialogResult 属性的值时，不会自动调用 Close 方法而是隐藏该窗体并可重新显示该窗体，不用创建该对话框的新实例。

例 11-2 中，每当单击【打开一个模式窗体】按钮时，都会执行：

```
Form2 f2 = new Form2();
```

这句代码会在内存中新建一个窗体的实例。那些曾经创建过的模式窗体都将成为垃圾，等待垃圾回收器的回收。这样做不会有什么危害，但会使垃圾回收器频繁启动，导致程序性能下降。解决这个问题可以使用以下两种方法。

① 让 Form2 的实例只会被创建一次。把 Form1.cs 的代码更改如下：

```
1 private Form2 f2; //把Form2的实例作为Form1的成员变量
2 private void btnCreateForm_Click(object sender, EventArgs e)
3 {
4     if (f2 == null) //判断前面是否曾经创建过该实例
5     {
6         f2 = new Form2();
7     }
8     DialogResult dr= f2.ShowDialog(this);
9     txtDialogResult.Text = dr.ToString();
10 }
```

这段代码的第 1 行首选把 f2 作为 Form1 的私有成员变量，这样 f2 由原来的局部变量变成了成员变量，f2 的生命周期将和 Form1 一样。第 4 行代码判断 f2 是否为空，如果曾创建过 Form2，f2 自然不会为空，就不用再创建它了。如果没有创建过，就执行第 6 行代码创建一个 Form2 的实例。这样做的好处是如果不单击【打开一个模式窗体】按钮，就不会创建 Form2 的实例。如果单击这个按钮多次，则只创建一次 Form2 实例。

② 每次关闭 Form2 时，都调用 Dispose 方法手动释放它。把 Form1.cs 代码更改如下：

```
private void btnCreateForm_Click(object sender, EventArgs e)
{
    Form2 f2=new Form2();
    DialogResult dr= f2.ShowDialog(this);
    txtDialogResult.Text = dr.ToString();
    f2.Dispose(); //释放窗体
}
```

这段代码只是在原来的基础上添加了第 6 行，手工释放窗体。这样做其实还是不能避免重复创建窗体的问题，但如果模式窗体中使用了本地资源，则可以使这些资源得到及时清理。具体使用哪种方法可以根据实际情况来确定。

11.2　非模式窗体

非模式窗体和模式窗体有以下区别。

(1) 打开一个非模式窗体后，用户可以与应用程序的其他部分交流，而模式窗体不行。这意味着，程序在执行到创建模式窗体的代码时会停下来等待模式窗体关闭后再继续往下执行。而程序在打开非模式窗体的同时会继续往下执行后面的代码。

(2) 非模式窗体没有返回值，模式窗体有返回值。

(3) 关闭非模式窗体会直接在内存中释放窗体，而模式窗体则不会。

(4) 非模式窗体使用 Show 方法创建，模式窗体使用 ShowDialog 方法创建。

非模式窗体在程序中的应用也比较广泛。在 Visual Studio 2008 中，按 Ctrl+F 快捷键打开【查找和替换】对话框，它就是一个非模式窗体。

【例 11-3】打开一个非模式窗体。

操作步骤：

(1) 新建一个 Windows 应用程序项目并命名为“ModelessForm”。

(2) 窗体使用默认名称 Form1。在 Form1 上放置一个 Button，名称为 btnCreateForm，Text 属性设置为【打开一个非模式窗体】。

(3) 按照本章开头部分所述的步骤在项目内新建一个 Windows 窗体 Form2。

(4) 在 Form2 上放置一个 Label 控件，并把它的 Text 属性设置为【我是非模式窗体】。

(5) 切换到 Form1 窗体，双击 btnCreateForm 生成一个 Click 事件，在其中输入如下代码：

```
1 private void btnCreateForm_Click(object sender, EventArgs e)
2 {
3     Form2 f2 = new Form2();
4     f2.Show();
5 }
```

运行结果：

运行程序，单击【打开一个模式窗体】按钮打开 Form2 窗体，不要关闭它，继续回到 Form1 多次单击【打开一个模式窗体】按钮创建多个 Form2 窗体。单击 Form1 的最小化按钮使主窗体最小化，这时 Form2 并没有随主窗体一起最小化。

代码分析：

这个程序和例 11-1 唯一不同的地方在于第 4 行代码使用了 Show 方法而不是 ShowDialog 方法。由于在非模式窗体打开期间仍可以对 Form1 进行操作，所以可以多次单击 Form1 上的按钮生成多个窗体。这也从另一方面证明了：

```
Form2 f2 = new Form2();
```

这句代码会创建不同的窗体。

和 ShowDialog 方法一样，Show 方法也有两个重载版本，其原型如下：

```
版本 1：public void Show()
版本 2：public void Show(IWin32Window owner)
```

第 2 个版本的作用依然是给非模式窗体指定一个父窗体。本例中子窗体并没有跟随主窗体的最小化而最小化。而如果给子窗体指定父窗体，则情况会有所不同。将本例的第 4 行代码更改为：

```
4 f2.Show(this);
```

再次运行程序，打开多个子窗体，最小化 Form1，这时可以发现所有打开的子窗体都跟随 Form1 一起最小化了。这是因为 Form1 现在是这些子窗体的拥有者。

本例可以同时打开多个同样的非模式窗体，应该尽量避免这样做。可以将本例代码更改如下，以达到同一时间只能显示一个非模式窗体的目的：

```
1 private Form2 f2;
2 private void button1_Click(object sender, EventArgs e)
3 {
4     if (f2 == null || f2.IsDisposed)
5     {
6         f2 = new Form2();
7         f2.Show(this);
8     }
9 }
```

这段代码与例 11-2 的防止模式窗体多次被实例化的代码很相似，只是第 4 行代码的判断上多了一个 f2.IsDisposed 条件，这个条件的作用是判断 f2 是否被打开并释放过。当 f2 第 1 次被打开时，会满足“f2 == null”这个条件。当第 1 次打开的 f2 被释放后再次打开 f2，会满足 f2.IsDisposed 这个条件。

11.3 指定启动窗体

在程序拥有多个窗体的情况下，需要指定一个窗体作为程序的启动窗体，默认情况下，在编写程序时第一个被创建的窗体就是启动窗体，也可以指定其他窗体作为启动窗体。

启动窗体实际上是在 Main( )方法中被指定的。在前面章节讲解 Windows 应用程序的制作过程中，一直没有接触到 Main( )方法，实际上 Windows 应用程序也有自己的 Main( )方法，它在“Program.cs”文件中，由系统自动生成。在【解决方案资源管理器】中双击打开“Program.cs”，在 Main( )方法中，找到如下代码：

```
Application.Run(new Form1());
```

每个应用程序都有且只有一个主窗体，Application.Run( )方法指定了程序的主窗体。以上代码中只需将 Form1 更改为其他窗体，便可指定不同的主窗体。

注意：编写程序时应该尽量把主窗体放在 Run( )方法中。

默认情况下，Run( )方法中的窗体也是启动窗体，如果需要在启动主窗体之前弹出其他窗体，则可以在 Main( )方法中编写代码实现。

【例 11-4】 启动窗体的制作。

本例中，程序启动时先弹出一个 3 秒的广告窗体，之后弹出登录窗体，登录成功则进入主窗体，失败则关闭应用程序，操作步骤如下。

(1) 新建一个 Windows 应用程序项目并命名为“StartForm”。

(2) 将窗体命名为 MainForm 并设计成如图 11.3 所示。

(3) 新添加一个窗体，命名为 FrmAdvert。FormBorderStyle 属性设置为“None”，StartPosition 属性设置为“CenterScreen”并设计成如图 11.4 所示。添加一个 timer 控件，将其 Enabled 属性设置为 True，Interval 属性设置为 3000。

(4) 新添加一个窗体，命名为 FrmLogin，按图 11.5 进行设计。

图 11.3　例 11-4 主窗体

图 11.4　例 11-4 广告窗体

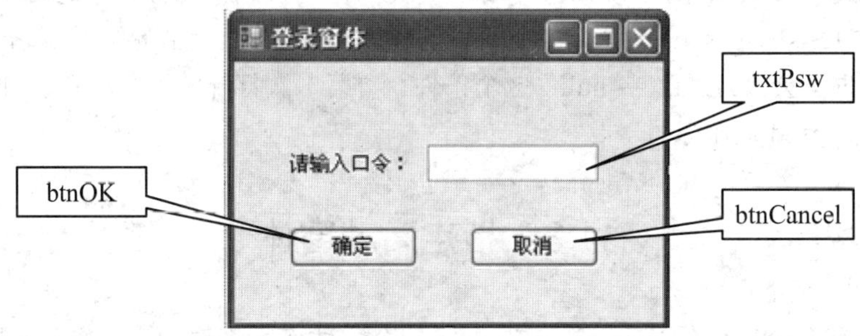

图 11.5　例 11-4 登录窗体控件分布图

(5) 打开 Program.cs 文件，修改 Main( )方法代码如下：

```
Application.EnableVisualStyles();
Application.SetCompatibleTextRenderingDefault(false);
FrmAdvert frmAd = new FrmAdvert();  //创建广告窗体
try
{
   frmAd.ShowDialog();                  //以模式窗体的方式打开
}
finally
```

```
9  {
10     frmAd.Dispose();                        //释放窗体
11 }
12 FrmLogin frmLog = new FrmLogin();    //创建登录窗体
13 DialogResult dr;
14 try
15 {
16     dr = frmLog.ShowDialog();//以模式窗体的方式打开并在窗体关闭时返回一个值
17 }
18 finally
19 {
20     frmLog.Dispose();                        //释放窗体
21 }
22 if (dr == DialogResult.OK)
23 {   //如果 frmLog 返回的是 DialogResult.OK，则打开主窗体
24     Application.Run(new MainForm());
25 }
```

代码分析：

第 3～11 行代码使用模式窗体的方式打开广告窗体，使用模式窗体的好处在于程序会暂停执行，直到 frmAd 窗体关闭后才执行后面的代码，这样只需在 frmAd 中让其打开 3 秒便可实现广告窗体的功能，而且保证了登录窗体在广告窗体关闭后才能打开。

frmAd 窗体的打开放在了 try-finally 块中，try-finally 是 12 章的内容，这样做的目的是保证无论打开的窗体出现何种异常或非正常关闭都能保证窗体资源在内存中被释放。在编写代码的过程中，都应以这种方式打开模式窗体。

第 12～21 行代码打开了登录窗体并在登录窗体关闭后把窗体返回值存放在变量 dr 中。

第 22～25 行代码判断登录窗体返回值，只有返回值为 DialogResult.OK 时才允许打开主窗体，否则将关闭应用程序。

(6) 打开 FrmAdvert 窗体，双击 Timer 控件生成一个 Tick 事件，编写代码如下：

```
private void timer1_Tick(object sender, EventArgs e)
{
    this.Close();//3 秒后关闭窗体
}
```

以上代码只是在计时器启动后 3 秒关闭窗体。

(7) 打开 FrmLogin 窗体，双击 btnOK 和 btnCancel 按钮，生成它们的单击事件并编写代码如下：

```
private void btnOK_Click(object sender, EventArgs e)
{
    if (txtPsw.Text == "1234")
    {   //关闭窗体并返回 DialogResult.OK 枚举值
        this.DialogResult = DialogResult.OK;
    }
    else
```

```
8      {
9          MessageBox.Show("密码错误，请重新输入！");
10     }
11 }
12 private void btnCancel_Click(object sender, EventArgs e)
13 {   //关闭窗体并返回 DialogResult.Cancel 枚举值
14     this.DialogResult = DialogResult.Cancel;
15 }
```

代码分析：第 5 行和第 17 行代码给窗体的 DialogResult 属性赋了一个值， 这样会使窗体关闭并返回一个指定的值。

11.4　菜　　单

在 Windows 环境下，几乎所有的应用程序都通过菜单实现各种操作。对于 C#语言应用程序来说，当操作比较简单时，一般通过控件来执行。而当操作复杂时，可利用菜单把有关的应用程序组织在一起，通过单击特定的菜单项执行特定的任务。可见，设计友好、规范的菜单对于制作高质量的应用程序有着十分重要的意义。

11.4.1　菜单的组成

下拉式菜单的组成如图 11.6 所示。

(1) 菜单栏。菜单栏置于窗体标题下方，包含每个菜单标题。

(2) 菜单标题。菜单标题又称为主菜单，其中包括命令列表或子菜单名等若干个选择项。

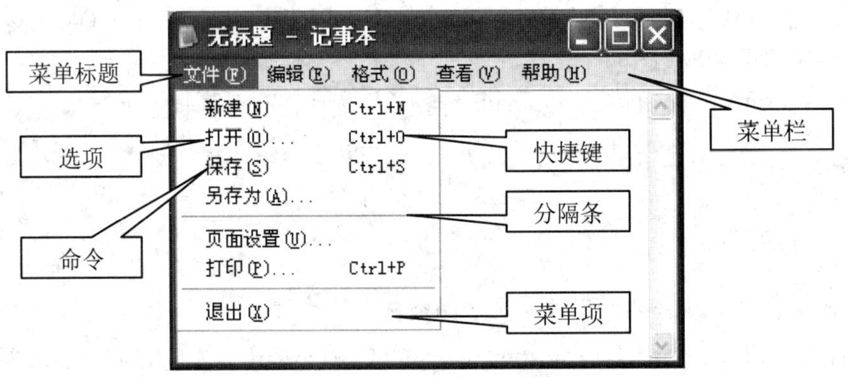

图 11.6　菜单的组成

(3) 菜单项。菜单项又称为子菜单，可以逐级下拉。菜单项可以是命令、选项、分隔条或子菜单标题。每个菜单项都是一个控件，有自己的属性(如 Name、Text、Visible 等)和事件。

菜单项的各组成部分及其特点有如下几种。

① 命令。命令菜单可以直接执行动作。

② 选项。选项菜单可以打开对话框，这样的菜单项右边一般含有省略号。

③ 分隔条。分隔条是在菜单项之间的一条水平直线，用于将菜单项按功能分组。

④ 子菜单标题。单击子菜单标题将显示其下的子菜单项，这样的菜单项右侧一般含有右向箭头。

11.4.2 菜单的设计

在 Visual Studio 2008 中为一个 Windows 应用程序设计菜单非常简单。

1. 添加菜单

在【工具】窗口中的【菜单和工具栏】栏中把 MenuStrip 控件拖到窗口中，这时会在窗体中显示一个空白的菜单栏，左边有【请在此处键入】字样。这个控件也会出现在窗体外下方的灰色区域，如图 11.7 所示。单击窗体上方菜单栏或者下方的 menuStrip1 图标都可以选中菜单。这时所添加的菜单还是一个空白菜单。

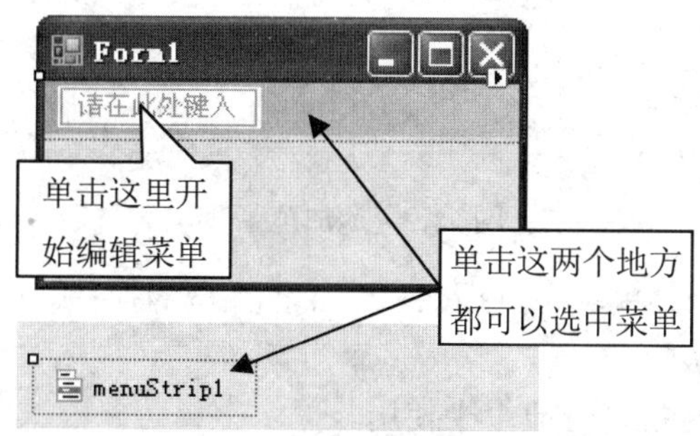

图 11.7 添加菜单

2. 添加主菜单

如图 11.7 所示，单击菜单栏上显示【请在此处键入】的白色区域可以开始编辑菜单。如图 11.8 所示，输入一个菜单标题的名称，如“文件”，即完成了一个菜单标题的添加。单击当前编辑菜单标题的右方白色区域可以继续添加菜单标题，单击下方的白色区域可以给当前菜单标题添加一个子菜单，如图 11.8 所示。

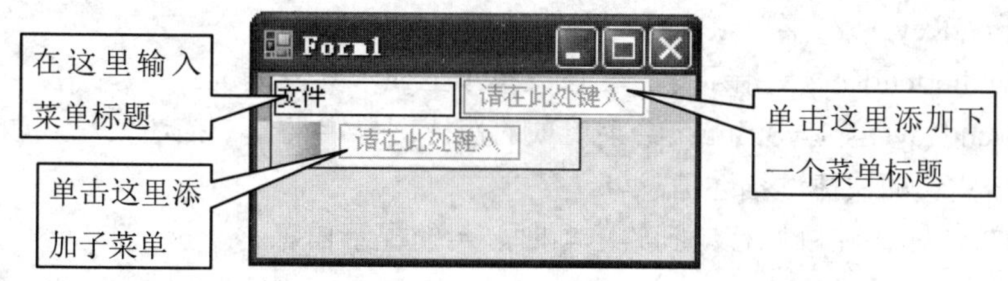

图 11.8 添加主菜单

3. 添加菜单项

添加一个菜单项可以在主菜单下方白色区域内直接输入菜单项名称，也可以右击一个菜单项，在弹出的菜单中选择【插入】|【MenuItem】添加一个新的菜单项，如图 11.9 所示。

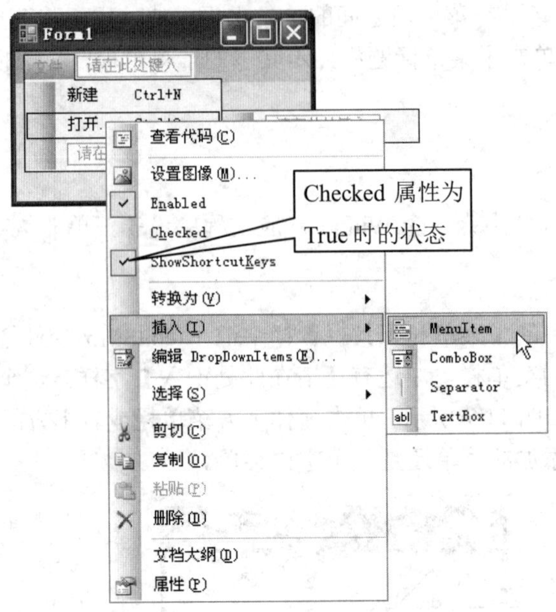

图 11.9　添加菜单项

这种方法可以在一个菜单项上方插入以下 4 种类型的控件。

(1) MenuItem：菜单项。

(2) ComboBox：组合框，一般很少使用。

(3) Separator：分隔条。在显示“请在此处键入”的白色区域内直接输入“-”也可以创建一个分隔条。

(4) TextBox：文本框，一般很少使用。

其中 MenuItem 是最常使用的项，它是一个 ToolStripMenuItem 控件，有如下常用属性。

① Checked：指示该项是否处于勾选状态，如果把它的值设置为 true，可以在菜单项左边显示一个钩号。

② Image：可以通过 Image 属性给菜单项指定一个图标。

③ ShortcutKeys：给菜单项指定一个快捷键。

④ ShowShortcutKeys：指示是否在该菜单项上显示其快捷键。

⑤ ShortcutKeyDisplayString：给菜单项的快捷键自定义一个描述信息，如果它为空白则会显示系统定义的快捷键描述信息。

⑥ ToolTipText：在鼠标移动到菜单项时显示的提示信息。

4. 添加子菜单标题

如果在一个子菜单中又添加了它的子菜单，那么它将自动成为一个子菜单标题(菜单项右侧含有向右箭头)，如图 11.10 所示。

一个菜单可以包含多个子菜单，而这多个子菜单也可以包含各自的子菜单，各个菜单项之间是一种树状关系，而主菜单则是树的最顶层。

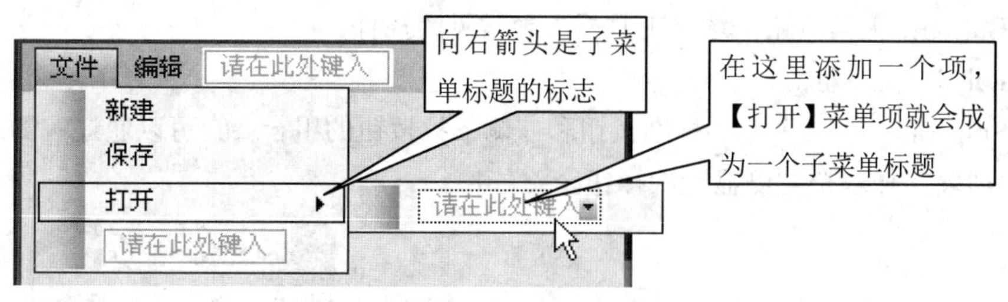

图 11.10　子菜单标题

5. 给菜单项添加事件

菜单项一般情况下只需使用 Click 事件。程序运行时，即使选中一个菜单项并按 Enter 键也可以响应该事件。双击图 11.10 中的【保存】菜单项可以为该菜单项生成一个 Click 事件方法：

```
private void 保存ToolStripMenuItem_Click(object sender,EventArgs e)
```

可以看到，该事件方法名称中存在中文，这并不符合规范。之所以出现这样的情况，是因为菜单项控件的命名中包含有创建菜单项时所输入的名称。选中【保存】菜单项，在属性窗口中可以发现它的 Name 属性为“保存 ToolStripMenuItem”。正确的操作方法是在给一个菜单项生成事件之前必须对该菜单项重命名。把【保存】菜单项命名为“mitemSave”，再双击它生成 Click 事件：

```
private void mitemSave_Click(object sender, EventArgs e)
```

这一次生成的事件方法更符合规范。

可以让几个功能相近的菜单项命令共享同一事件并通过 Text 属性区分不同的菜单项以进行不同的处理，这一点在本章后面的示例中将会演示。

11.5　工　具　栏

工具栏已经成为许多 Windows 应用程序的标准功能。工具栏提供了应用程序中最常用菜单命令的快速访问。它一般由多个按钮排列组成，每个按钮对应菜单中的某一菜单项，运行时，单击工具栏中的按钮就可以快速执行对应的操作。

1. 添加工具栏

在【工具】窗口中的菜单和工具栏中把 ToolStrip 控件拖到窗口中，这时会在窗体中显示一个空白的工具栏，左边有一个带向下箭头的图标。单击窗体上方工具栏或者下方的 toolStrip1 图标都可以选中工具栏。

2. 添加项

单击如图 11.11 所示工具栏左边的带有向下箭头的小图标可以在工具栏中添加一个项。如图 11.12 所示，在 ToolStrip 中可以添加以下 8 种控件。

(1) Button：工具按钮，这是工具栏上最常见的控件。

(2) Label：文本标签。

(3) SplitButton：一个左侧标准按钮和右侧下拉按钮的组合。它可以通过右侧下拉按钮所显示的列表选择一个左侧显示的按钮。

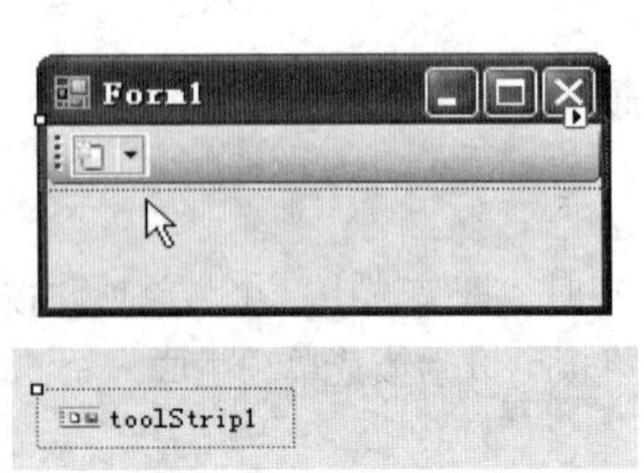

图 11.11　添加工具栏

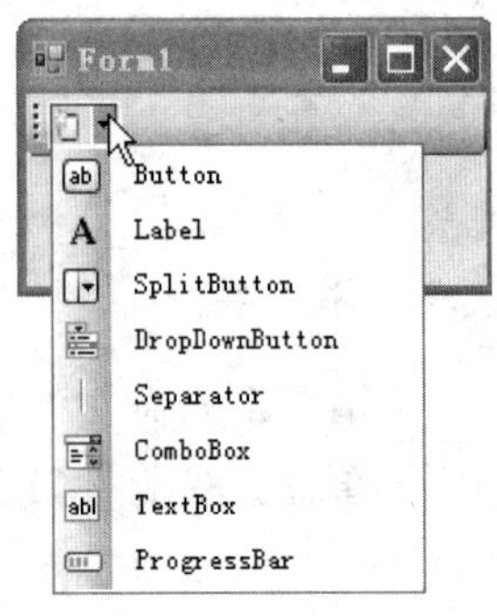

图 11.12　添加项

(4) DropDownButton：与 SplitButton 极其相似。它们之间的区别在于单击 SplitButton 左侧按钮时不会弹出下拉列表，而单击 DropDownButton 左侧按钮时会弹出下拉列表。两者的子菜单设置十分相近。

(5) Separator：分隔线，用于对 ToolStrip 上的其他项进行分组。

(6) ComboBox：组合框。

(7) TextBox：文本框。

(8) ProgressBar：进度条。

3. 添加事件

由于工具栏中最常用的项是按钮(Button)，这里只针对按钮的事件进行讲述。

双击一个按钮，可以生成这个按钮的 Click 事件：

```
private void toolStripBoldButton_Click(object sender, EventArgs e)
```

这是常规的处理方式，也可以把功能相近的按钮放在一个 ToolStrip 中，生成 ToolStrip 的 ItemClicked 事件方法：

```
private void toolStrip_ItemClicked(object sender,
    ToolStripItemClickedEventArgs e)
```

这个方法有两个参数，第 1 个参数 sender 代表发出事件的项，这是事件中必须包含的参数；第 2 个参数是 ToolStripItemClickedEventArgs 类型。这个类包含一个 ClickedItem 属性，这个属性返回的是发生单击事件的项。由于 ToolStrip 上所能容纳的项都继承自 Tool StripItem，可以把发生单击事件的项强制转化成 ToolStripItem 进行处理。这一点会在本章后面的示例中进行演示。

11.6 MDI 窗体

拥有 MDI 窗体的应用程序也称为多文档界面应用程序，每个文档显示在各自的窗口中，每个窗口(MDI 窗口)都包含在主窗体之内。微软的 Excel 和 Access 就是多文档界面的应用程序。

11.6.1 MDI 窗体的创建

多文档界面(MDI)应用程序的基础是 MDI 父窗体，它是包含 MDI 子窗口的窗体。MDI 子窗口是用户与 MDI 应用程序在其中进行交互的子窗口。可以使用以下方法创建一个 MDI 应用程序。

(1) 把作为 MDI 父窗体的 IsMDIContainer 属性设置为 true。

(2) 新建一个窗体(假设窗体名为 Form2)作为 MDI 子窗体。

(3) 在 MDI 父窗体中调用如下代码即可显示一个 MDI 子窗体：

```
Form2 f2 = new Form2();
f2.MdiParent = this;
f2.Show();
```

这里只需要注意第 2 行代码，把一个 MDI 子窗体的实例的 MdiParent 属性指定为一个窗体实例，就可以在这个窗体中生成这个 MDI 子窗体，如图 11.13 所示。

图 11.13 MDI 子窗体

11.6.2 MDI 窗体的排列

应用程序常包含对打开的 MDI 子窗体进行操作的菜单命令，如“平铺”、“层叠”和“排列”。可以在 MDI 父窗体中使用 LayoutMdi 方法重新排列子窗体，例如：

```
this.LayoutMdi(MdiLayout.ArrangeIcons);
```

LayoutMdi 方法可以使用如下 4 个 MdiLayout 枚举值中的一个。这些枚举值将子窗体显示为层叠、水平平铺、垂直平铺或者显示为排列在 MDI 窗体下部的子窗体图标。

(1) ArrangeIcons：所有 MDI 子图标均排列在 MDI 父窗体的工作区内，这一选项只对最小化的窗口有效。

(2) Cascade：所有 MDI 子窗口均层叠在 MDI 父窗体的工作区内。

(3) TileHorizontal：所有 MDI 子窗口均水平平铺在 MDI 父窗体的工作区内。

(4) TileVertical：所有 MDI 子窗口均垂直平铺在 MDI 父窗体的工作区内。

这些方法常用作由菜单项的 Click 事件调用的事件处理程序，这样文本为“层叠窗口”的菜单项可在 MDI 子窗口上产生所需的效果。

11.7　实 例 演 示

这一节使用一个例子来演示 MenuStrip、ToolStrip 以及 MDI 窗体的使用。

【例 11-5】简易文本编辑器。

操作步骤：

(1) 新建一个 Windows 应用程序项目并命名为“Wordpad”。

(2) 把窗体 Form1 命名为 MainForm，Text 属性设置为“文本编辑器”，IsMdiContainer 属性设置为 true。

(3) 在 MainForm 上放置一个 MenuStrip，不更改命名。在如图 11.14 所示的 MDI 窗体菜单中添加主菜单和子菜单并命名和设置 Text 属性。

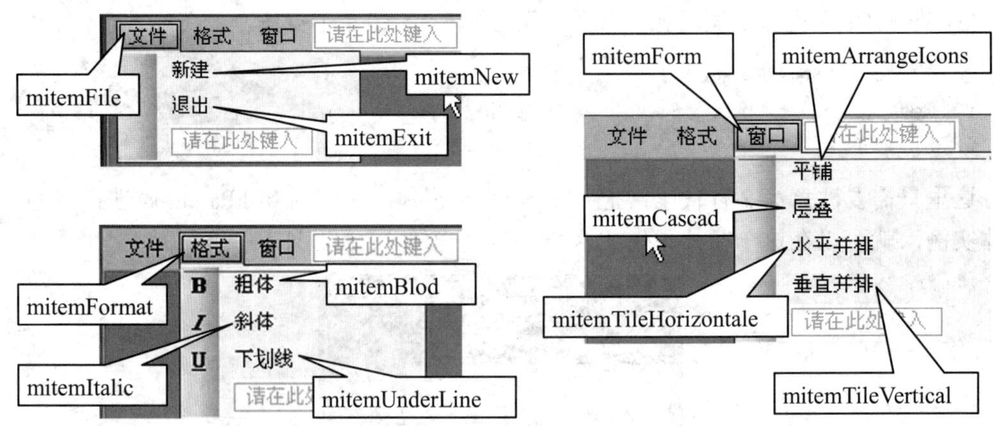

图 11.14　MDI 窗体菜单

(4) 设置【格式】主菜单下的“粗体”、“斜体”和“下划线”3 个菜单项的 Image 属性，并加上相应的图标(图标可以在二维码中的【素材】文件夹下的【图标】文件夹中找到)。

(5) 在 MainForm 上放置一个 ToolStrip，不更改命名。按如图 11.15 所示给工具栏添加 3 个工具按钮并命名和设置 Text 属性。分别设置 3 个工具按钮的 Image 属性并加上相应的图标。

(6) 新添加一个 Windows 窗体，命名为 frmMDIChild。在其中添加一个 RichTextBox 控件，把它的 Dock 属性设置为 Fill，使之充满整个窗体。

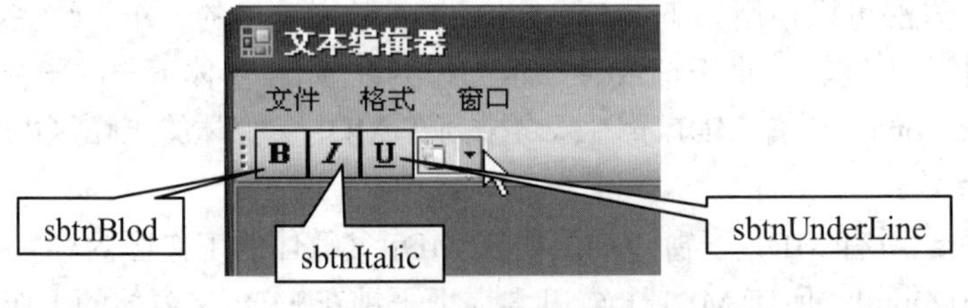

图 11.15　MDI 窗体工具栏

(7) 分别双击【新建】和【退出】子菜单，给它们生成Click事件。

(8) 按住 Ctrl 键同时选中【粗体】、【斜体】、【下划线】子菜单，并在事件窗口中双击 Click 事件，使它们共享同一事件方法。

(9) 同时选中【平铺】、【层叠】、【水平并排】、【垂直并排】子菜单，并在事件窗口中双击 Click 事件，也使它们共享同一事件方法。

(10) 选中前面添加的ToolStrip控件并生成它的ItemClicked事件。

(11) 打开代码窗口，输入如下代码：

```
private int mdiChildCount=0; //用于记录打开MDI子窗体的次数
private void mitemNew_Click(object sender, EventArgs e)
{
    mdiChildCount++; //每打开一个MDI子窗体就加1
    frmMDIChild mdiChild = new frmMDIChild(); //创建一个新的MDI子窗体
    mdiChild.MdiParent = this;
    mdiChild.Show();
    mdiChild.Text = "文档" + mdiChildCount.ToString(); //更改窗体标题
}
private void mitemExit_Click(object sender, EventArgs e)
{   //退出应用程序
    Close();
}
private void mitemBlod_Click(object sender, EventArgs e)
{   //直接调用自定义函数formatText
    formatText(((ToolStripItem)sender).Text);
}
private void toolStrip1_ItemClicked(object sender,
    ToolStripItemClickedEventArgs e)
{   //直接调用自定义函数formatText
    formatText(((ToolStripItem)e.ClickedItem).Text);
}
private void mitemArrangeIcons_Click(object sender, EventArgs e)
{   //根据菜单项的Text属性来区分它们
    switch (((ToolStripItem)sender).Text)
    {   //重新排列MDI子窗体
        case "平铺":
            this.LayoutMdi(MdiLayout.ArrangeIcons);
            break;
        case "层叠":
            this.LayoutMdi(MdiLayout.Cascade);
            break;
        case "水平并排":
            this.LayoutMdi(MdiLayout.TileHorizontal);
            break;
        default:
            this.LayoutMdi(MdiLayout.TileVertical);
            break;
```

```
38     }
39 }
40 private void formatText(string itemText) //自定义方法
41 {    //寻找处于激活状态下的MDI 子窗体
42     Form activeChild = this.ActiveMdiChild;
43     if (activeChild != null) //如果找到
44     {   //寻找MDI 子窗体上的处于活动状态的RichTextBox 控件
45         RichTextBox aBox = (RichTextBox)activeChild.ActiveControl;
46         if (aBox != null) //如果找到
47         {   //提取RichTextBox 中的选中的文字的字体
48             Font fontOfSelectedText = aBox.SelectionFont;
49             FontStyle fs;
50             switch (itemText) //根据菜单项或工具按钮的Text 属性来区分它们
51             {   //更改字体样式, 并存放在FontStyle 类型变量fs 中
52                 case "粗体":
53                     fs = aBox.SelectionFont.Bold ?
54                         FontStyle.Regular : FontStyle.Bold;
55                     break;
56                 case "斜体":
57                     fs = aBox.SelectionFont.Italic ?
58                         FontStyle.Regular : FontStyle.Italic;
59                     break;
60                 default:
61                     fs = aBox.SelectionFont.Underline ?
62                         FontStyle.Regular : FontStyle.Underline;
63                     break;
64             }
65             Font FontToApply = new Font(fontOfSelectedText, fs);
66             aBox.SelectionFont = FontToApply; //更改选中部分的字体样式
67         }
68     }
69 }
```

运行结果：

运行程序，多次选择菜单【文件】|【新建】，打开多个 MDI 子窗体，在每个 MDI 子窗体中输入文字。选择文字中的一部分并单击工具栏和菜单中的【粗体】、【斜体】和【下划线】这几个按钮，观察选中文字的变化。分别选择【窗口】主菜单下的几个菜单项重新排列 MDI 子窗口，观察效果。

代码分析：

这个程序实现了一个非常简单的文本编辑的功能，RichTextBox 控件比 TextBox 控件具有更丰富的功能，可以在其中放各种不同类型的字体。它相当于 Windows 自带的写字板程序。本例利用 MDI 窗体实现了多文档编辑功能并可以给选中的文本指定不同的样式。工具栏的【粗体】、【斜体】和【下划线】3 个按钮所实现的功能跟【格式】主菜单下的 3 个项完全一样，它们执行的是同一段代码。

第 1 行代码在 MDI 父窗体内声明了一个成员变量，用于记录打开 MDI 子窗体的次数，

以便在打开 MDI 子窗体时在其标题栏上显示文档的序号。

第 16 行代码是【粗体】、【斜体】和【下划线】3 个菜单项共同响应的事件方法，它把 sender 参数强制转化成 ToolStripItem 类型并访问它们的 Text 属性，即访问所单击的菜单项的 Text 属性。这行代码调用了 formatText 方法并把 Text 属性值当做参数传递过去，以针对不同的 Text 进行相应的处理。

第 20 行代码与第 16 行代码有相同的效果，只是它所在的事件是 ToolStrip 的 ItemClicked 事件，通过事件参数 e 的 ClickedItem 属性提取出所单击的按钮对象并把它强制转化为 ToolStripItem 类型后再访问按钮的 Text 属性。

第 24～37 行代码通过一个 switch 语句来区分菜单项的 Text 属性并进行不同的处理。

第 40～69 行是自定义方法 formatText，它的功能是根据不同的 Text 给选中文本加上不同的字体样式。其中以下这段代码用于寻找处理激活状态的 MDI 窗体的正在进行编辑的 RichTextBox 控件。

```
Form activeChild = this.ActiveMdiChild;
if (activeChild != null)      //如果找到
{
    RichTextBox aBox = (RichTextBox)activeChild.ActiveControl;
    if (aBox != null)         //如果找到
    {
        //进行相应的处理
    }
}
```

这里首先把 MDI 父窗体的处理激活状态的 MDI 子窗体赋给一个窗体变量 activeChild，然后利用 activeChild 的 ActiveControl 属性返回处理激活状态的控件，并把它强制转化成 RichTextBox 类型。如果一切都成功就进行相应的处理。

第 48～66 行代码根据 itemText 参数的值，给所选字体添加或减去相应的样式。

实 训 指 导

1. 实训目的

(1) 掌握模式窗体的使用方法。
(2) 掌握菜单和工具栏的使用方法。
(3) 掌握 MDI 窗体的使用方法。
(4) 掌握如何控制主窗体的启动。

2. 实训内容

制作一个 MDI 窗体并使用一个登录窗体控制主窗体的启动。在主窗体中可以通过菜单和工具按钮控制 MDI 子窗体的颜色。

3. 实训步骤

(1) 新建一个 Windows 应用程序并把项目命名为“Exp11”。

(2) 把窗体命名为 MainForm，Text 属性设置为“主窗体”，IsMdiContainer 属性设置为 true。

(3) 在窗体上放置一个 MenuStrip，使用默认名称，按如图 11.16 所示添加菜单项，并把 mitemRed、mitemYellow、mitemBlue 3 个菜单项的 BackColor 属性分别设置为 Red、Yellow、Blue。

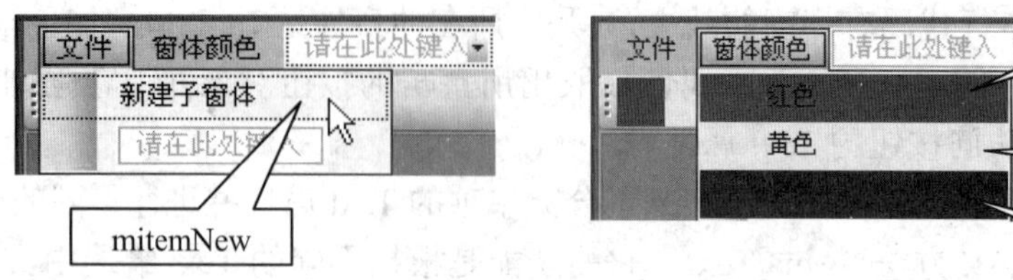

图 11.16　菜单项示意图

(4) 在窗体上放置一个 ToolStrip 控件，使用默认名称，在其中添加 3 个工具按钮，并在如图 11.17 所示的工具栏中进行命名。把 3 个按钮的 Image 属性设置为“无”并分别把它们的 BackColor 属性设置为 Red、Yellow、Blue。最终窗体效果如图 11.17 所示。

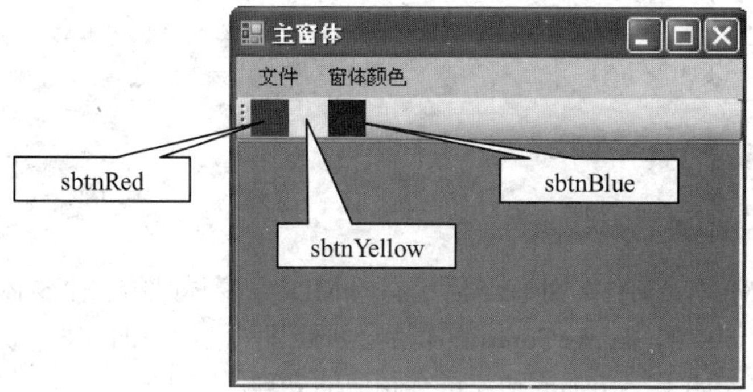

图 11.17　工具栏示意图

(5) 新添加一个 Windows 窗体，命名为 frmLogin，在其中添加 2 个 Button 控件。按图 11.18 所示的登录窗体控件分布图中对它们进行命名并设置 Text 属性。

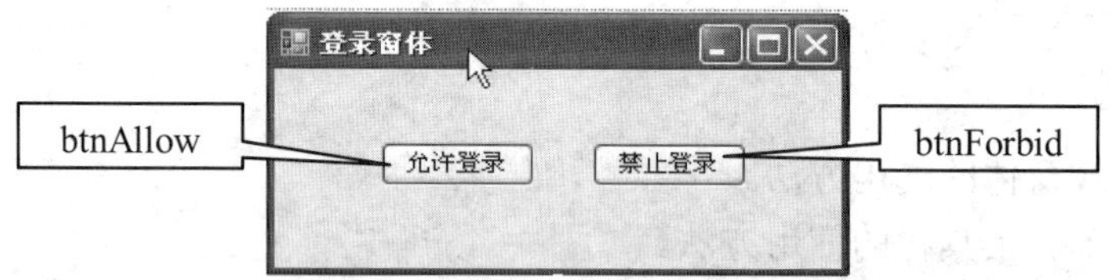

图 11.18　登录窗体控件分布图

(6) 给 frmLogin 窗体中的 2 个按钮生成 Click 事件并在其中输入如下代码：

```
【frmLogin.cs 代码】
private void btnAllow_Click(object sender, EventArgs e)
{
    this.DialogResult = DialogResult.OK; //关闭窗体并返回"OK"
}
private void btnForbid_Click(object sender, EventArgs e)
```

```
{
    this.DialogResult = DialogResult.No; //关闭窗体并返回"No"
}
```

(7) 在【解决方案资源管理器】窗口中，双击【Program.cs】选项打开这个单元的代码并修改如下代码：

```
【Program.cs 代码】
static void Main()
{
    Application.EnableVisualStyles();
    Application.SetCompatibleTextRenderingDefault(false);
    frmLogin login = new frmLogin();      //创建登录窗体实例
    if (login.ShowDialog() == DialogResult.OK)
    {  //使用模式窗体的方式打开登录窗体，并返回一个值
        Application.Run(new MainForm());  //如果返回"OK"，则运行主窗体
    }
    login.Dispose(); //释放模式窗体
}
```

(8) 新添加一个 Windows 窗体，命名为 frmChild，Text 属性设置为【MDI 子窗体】。

(9) 在 MainForm 中选中 toolStrip1 控件，在事件窗口中双击 ItemClicked 事件，给工具栏生成一个单击项的事件。双击菜单中的【文件】主菜单下的【新建子窗体】菜单项，生成一个单击事件。按住 Ctrl 键同时选中【窗体颜色】主菜单下的 3 个菜单项，在事件窗口中双击 Click 事件，生成 3 个菜单项共享的 Click 事件。最后打开 MainForm.cs 单元的代码窗口，输入如下代码：

```
【MainForm.cs 代码】
private void mitemNew_Click(object sender, EventArgs e)
{   //创建并显示 MDI 子窗体
    frmChild child = new frmChild();
    child.MdiParent = this;
    child.Show();
}
private void toolStrip1_ItemClicked(object sender,
    ToolStripItemClickedEventArgs e)
{   //改变处于激活状态的 MDI 子窗体的窗体颜色
    Form activeChild = this.ActiveMdiChild;
    if (activeChild != null)
    {   //窗体颜色等于单击的工具栏按钮的背景色
        activeChild.BackColor = e.ClickedItem.BackColor;
    }
}
private void mitemRed_Click(object sender, EventArgs e)
{
    Form activeChild = this.ActiveMdiChild;
    if (activeChild != null)
```

```
    {   //窗体颜色等于单击的菜单项的背景色
        activeChild.BackColor = ((ToolStripItem)sender).BackColor;
    }
}
```

本实验演示了如何控制程序主窗体的启动。主窗体是在程序的入口点 Main( )方法中启动的，它存在于 Program.cs 单元中。代码如下：

```
Application.Run(new MainForm());
```

在 Run 方法内创建的窗体是程序第 1 个启动的窗体，在 Run( )方法内也可以创建其他窗体，但应尽量把程序主窗体的启动放在 Run( )方法内，而不是其他窗体。登录窗体虽然是程序启动的第 1 个窗体，但使用完后马上会被释放掉。它不应成为主窗体，为此使用模式窗体的方式打开它并让用户做出是打开主窗体还是退出应用程序的选择。

当然，在将来学习数据库知识后，可以在 frmLogin 窗体内让用户输入用户名和密码，然后去数据库验证，以决定该用户是否可以登录主窗体。

本 章 小 结

本章重点介绍了模式窗体、非模式窗体、MDI 子窗体、菜单栏和工具栏的使用。这些内容向读者展示了界面设计中最主要的内容。通过本章内容的学习，读者的界面设计能力与编程能力理应达到一个新的水平。

习 题

1. 选择题

(1) 窗体可以创建为(　　)。

A. 主控和非主控窗体　　B. 单和双窗体
C. 模式和非模式窗体　　D. 多模式和单模式

(2) FormBorderStyle 属性的取值可以为多少种？(　　)

A. 5　　B. 6　　C. 7　　D. 8

(3) 窗体的哪个属性用于指示是否在窗体的标题栏中显示图标？(　　)

A. ShowInTaskbar　　B. Icon
C. ShowIcon　　D. Visible

(4) 确定窗体是否出现在 Windows 任务栏中的属性是(　　)。

A. Form.ControlBox　　B. ShowIcon
C. FormBorderStyle　　D. ShowInTaskbar

(5) 模式窗体的打开，一般使用哪种方法？(　　)

A. Form.Open( )　　B. Form.Done( )
C. Form.ShowDialog( )　　D. Form.Click( )

(6) 非模式窗体用什么方法创建？(　　)

A. Open　　B. ShowDialog

C. Click　　D. Show

(7) 用于设置菜单项快捷键的属性是(　　)。

A. ShortcutKeys　　B. ShortcutKeyDisplayString

C. ShowShortcutKeys　　D. ToolTipText

(8) 多文档界面(MDI)应用程序的基础是(　　)。

A. MDI 子窗口的窗体　　B. MDI 父窗体

C. MDI 子窗体　　D. MDI 父窗口的子窗体

2. 填空题

(1) 应用程序还可以分为________和________。

(2) 模式窗体都具备一定的特征，这些特征可以通过________、________、________、Form.ControlBox 等属性来设置。

(3) 模式窗体另一个很重要的特征是在被关闭时会返回一个________类型的值。

(4) 在 Visual Studio 2008 中，按 Ctrl+F 快捷键打开【查找和替换】对话框，它就是一个________窗体。

(5) 下拉式菜单由________、________、________组成。

(6) 一个菜单项可插入________、________、________、________4 种类型的控件。

(7) ________是用户与 MDI 应用程序在其中进行交互的子窗口。

(8) LayoutMdi 方法可以使用 ArrangeIcons、________、________、TileVertical 4 个 MdiLayout 枚举值中的一个。

3. 判断题

(1) MDI 子窗体是一种较特殊的窗体，包含并不完全显示在主窗体之内。　　(　　)

(2) 模式窗体很多情况下都作为对话框存在，为了节省任务栏的宝贵空间，应该把 ShowInTaskbar 设置为 true。　　(　　)

(3) 非模式窗体没有返回值，模式窗体有返回值。　　(　　)

(4) 非模式窗体使用 ShowDialog 方法创建。　　(　　)

(5) 菜单项可以是命令、选项、分隔条或子菜单标题。　　(　　)

(6) 选项用于将菜单项按功能分组。　　(　　)

(7) 单击 DropDownButton 左侧按钮时不会弹出下拉列表。　　(　　)

(8) 多文档界面(MDI)应用程序的基础是 MDI 子窗体。　　(　　)

4. 简答题

(1) 简述非模式窗体和模式窗体的区别。

(2) 创建一个 MDI 应用程序有哪几种方法？

5. 编程题

(1) 在窗体上创建菜单，顶级菜单有【文件】和【格式】两种。【文件】菜单中包括子菜单【关于】和【退出】。它们分别用于显示一个消息框和退出程序。【格式】菜单包括子菜单【颜色】和【字体】。【颜色】又包括子菜单【黑色】、【红色】和【蓝色】，它们分别用于修改标签上文本的颜色。【字体】菜单包括子菜单【宋体】、【楷体】和【黑体】，它们分别用于修改标签上文本的字体。

(2) 为文本框增加一个弹出式菜单，该菜单中包含有【红色】、【蓝色】和【绿色】3 个选项，单击相应的选项后可以改变文本框中文字的颜色。

(3) 制作一个简单的工具栏，单击工具栏中相应的【加粗】、【斜体】和【下划线】按钮就能对文本框中的字体执行相应的操作。

(4) 设计一个文本编辑器，包含菜单和工具栏，能实现尽可能多的功能。

(5) 创建一个 MDI 应用程序，MDI 父窗体包含了第 1 级菜单【文件】和【窗口】。【文件】菜单包括【新建】和【退出】菜单项。【新建】菜单又包括【子窗体 1】、【子窗体 2】和【子窗体 3】3 个子菜单项，它们分别控制显示不同图像的 3 个子窗体。【退出】菜单用于控制退出程序。【窗口】菜单包括【层叠】、【水平平铺】和【垂直平铺】3 个菜单项，它们分别控制子窗体的排列。

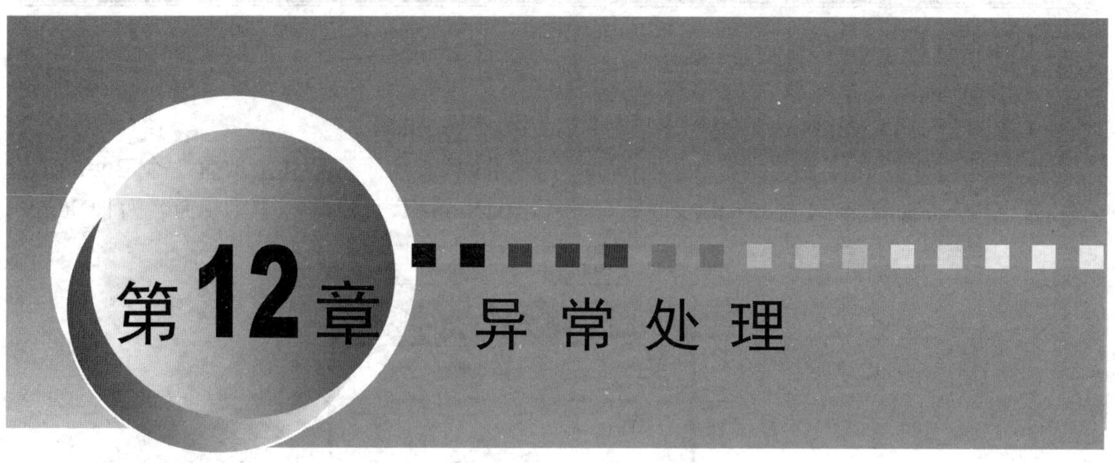

第12章 异常处理

教学提示

在前面章节中，有部分示例程序做得并不是很完善，比如一个接收数字的文本框，如果在其中输入字母或中文，将会弹出错误并中断程序。本章将讨论如何处理这些问题，从而使得应用程序变得更加完善。

教学要求

知识要点	能力要求	相关知识
异常的出现	(1) 理解C#语言的异常机制 (2) 能够说明何时会出现异常	C#语言的异常机制
try-catch 语句	(1) 能够使用 try-catch 语句捕捉异常 (2) 能够识别一些常见异常	(1) try-catch 语句的使用方法 (2) 处理异常的几种常用方法
校验和非校验语句	(1) 能够说明校验语句的适用范围 (2) 正确使用 checked 语句 (3) 正确使用 unchecked 语句 (4) 能够通过改变编译器的设置来触发整数运算中的异常	(1) 整数运算中有可能出现的异常 (2) checked 语句的使用方法 (3) unchecked 语句的使用方法 (4) 编译器设置的方法
try-finally 语句	(1) 理解 try-finally 语句的作用及意义 (2) 正确使用 try-finally 语句 (3) 掌握如何在 try-catch 中使用 finally 语句	(1) try-finally 语句的意义 (2) try-finally 语句的使用方法

C#语言的异常处理功能提供了处理程序运行时出现的任何意外或异常情况的方法。异常处理使用 try、catch 和 finally 关键字来尝试可能未成功的操作、处理失败以及在事后清理资源。

12.1 异常的出现

有许多原因可能导致程序的某行代码失败。导致代码失败的具体原因有：算术溢出、堆栈溢出、内存不足、参数越界、数组索引越界、试图访问已经释放的资源(例如访问一个已经关闭的文件)等。

【例 12-1】异常演示。

操作步骤：

(1) 新建一个 Windows 应用程序项目并命名为 Exception。

(2) 把窗体 Form1 命名为 frmException，按如图 12.1 所示在窗体上放置 1 个 Button 控件，命名为 btnGetNum；1 个 TextBox 控件，命名为 txtNum；1 个 ListBox 控件，命名为 lstNum。

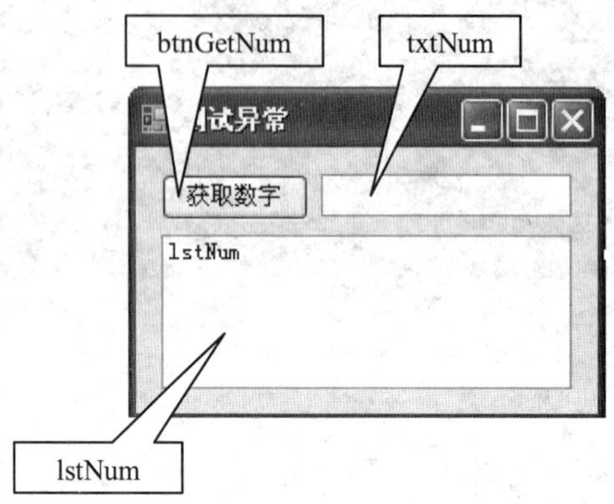

图 12.1　例 12-1 控件分布图

各控件属性见表 12-1。

表 12-1　例 12-1 控件属性值列表

控 件 名 称	属　　性	属 性 值
frmException	Text	测试异常
btnGetNum	Text	获取数字

(3) 双击 btnGetNum 按钮，生成一个按钮的单击事件并输入如下代码：

```
1 private void btnGetNum_Click(object sender, EventArgs e)
2 {
3     int num = int.Parse(txtNum.Text);
4     lstNum.Items.Add(num);
5 }
```

按 F5 键运行程序，在文本框内输入字母或中文，单击【获取数字】按钮，这时弹出一个【未处理 FormatException】窗口，显示“输入字符串的格式不正确”，如图 12.2 所示。

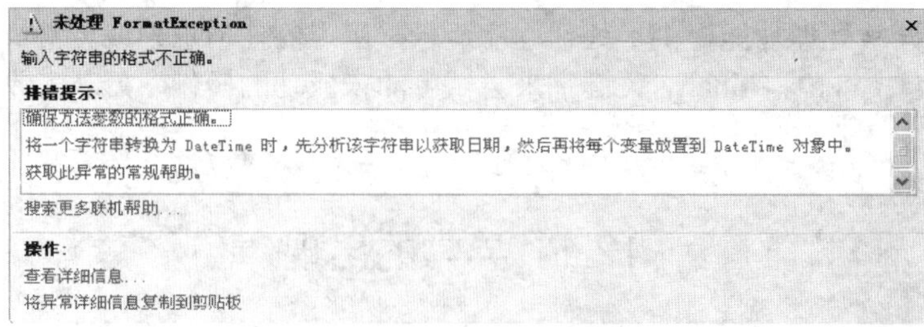

图 12.2　未处理窗口

第 3 句代码的背景色变为黄色，异常窗口有一条直线指向这句代码，说明运行时这一句代码出错。这是因为 int.Parse(txtNum.Text)希望把文本框内的字符串转换为一个 32 位整数类型，而输入的是字母或中文并不是由数字组成的字符串，所以无法进行转换，从而抛出了一个异常。这个异常的名称为 FormatException。按 Shift+F5 快捷键停止调试程序。

上述异常窗体是在使用 Visual Studio 2008 编辑并运行程序时弹出的，此时程序处于调试的状态。可以再看看程序发布为 .exe 文件后运行时所弹出的异常窗体。找到项目所在文件夹 Exception 并双击打开，按\Exception\bin\Debug 路径找到并打开 Debug 文件夹，双击 Debug 下的 Exception.exe 文件运行刚才所编译的程序。在文本框内输入字母或中文，单击【获取数字】按钮。这时弹出异常窗口，如图 12.3 所示。

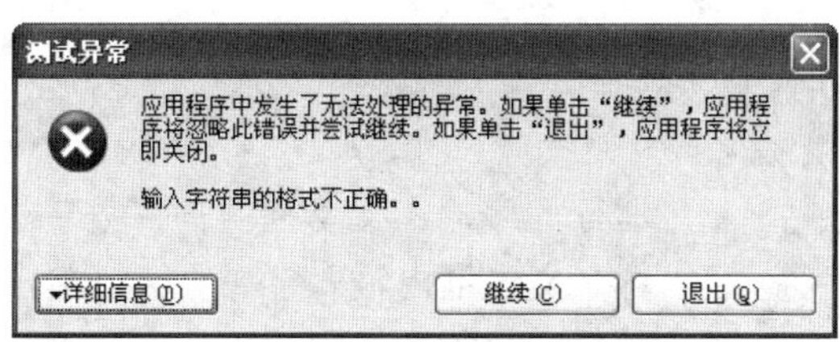

图 12.3　异常窗口

可以看到，直接双击.exe 文件运行程序后所产生的异常窗口可以有两种选择，第 1 种操作是单击【继续】按钮继续运行程序，这样不至于使程序中断；第 2 种操作是单击【退出】按钮关闭应用程序。如果程序是在服务器上运行并有很多客户端同时连接，这样的操作是致命的。

12.2　try-catch

在 C#语言中可以使用 try-catch 语句去捕捉和处理有可能发生的异常。try-catch 语句由一个 try 块和其后所跟的一个或多个 catch 子句构成。此语句的表现形式如下：

```
try
{
   try 语句块
}
catch (异常声明 1)
{
   catch 语句块 1
}
catch (异常声明 2)
{
   catch 语句块 2
}
…
```

(1) try 语句块：包含有可能会引发异常的语句块。

(2) 异常声明：有可能会引发的异常类型，如 FormatException。

(3) catch 语句块：指定的异常引发后，对异常进行相应处理。

【例 12-2】异常的捕捉。

打开例 12-1 中的程序，修改 btnGetNum_Click 事件里的代码如下：

```
1  private void btnGetNum_Click(object sender, EventArgs e)
2  {
3      int num;
4      try
5      {
6          num = int.Parse(txtNum.Text);
7      }
8      catch (System.FormatException)
9      {
10         lstNum.Items.Add("您所输入的数字不合法！"); //消息输出
11         return; //跳出 btnGetNum_Click 方法
12     }
13     lstNum.Items.Add(num); //打印文本框内的数字
14 }
```

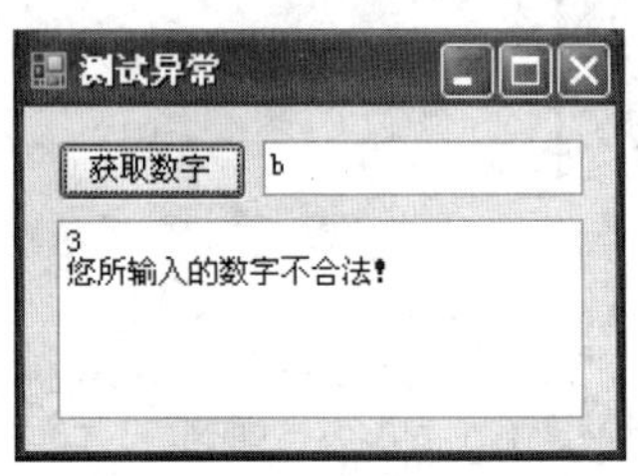

图 12.4　例 12-2 运行结果

运行程序，在文本框内输入数字 3，单击【获取数字】按钮，再在文本框内输入字母“b”，单击【获取数字】按钮，程序的运行结果如图 12.4 所示。

代码分析：

例 12-2 在例 12-1 中加入了捕捉异常的功能，它有效地处理了输入非法字符的情况。

第 3 行代码之所以把对 num 的声明与赋值分开，是因为如果在 try 语句内声明并给局部变量 num 赋值，这个 num 就只会在 try 语句块内有效，第 13 行代码无法访问它。

第 6 行代码把文本框里的内容转换成 32 位整数并赋给变量 num。由于把字符串转换成数字有可能会因为输入的字符不是数字而引发异常，所以把这句代码放在 try 语句中，表示将要捕捉它可能会出现的异常。

第 8 行代码在 catch 后的圆括号内使用了一个异常类 FormatException，当参数格式不符合调用方法的参数规范时将引发这个异常。可以声明 FormatException 类的一个对象并使用它来获取一些有关这个异常的信息，比如获取异常自带的描述信息。catch 代码更改为：

```
catch (System.FormatException ex) //声明一个异常的实例 ex
{
    lstNum.Items.Add(ex.Message); //直接打印异常信息
    return;
}
```

通过访问 FormatException 类的对象 ex 的 Message 属性，可以获得这个异常所提供的消息。

第 10 和 11 行代码只有在触发了 FormatException 异常后才会执行。这里只是简单地在 lstNum 控件内输出自定义的消息，然后停止剩余代码的执行并返回。

第 11 行代码 return 必须使用，否则程序不能通过编译。这是因为异常触发后，局部变量 num 将不被赋值，如果不使用 return 跳出方法的执行，第 13 行代码将会访问没有被初始化的局部变量 num。这是不被允许的，编译器会发现这个错误。一般情况下，在 catch 语句中可以使用以下几种方法来处理异常以获得不同的执行路径。

(1) 不写任何跳转代码：使得系统忽略异常，程序会继续往下执行。

(2) 使用 return 语句：使得程序直接跳出方法体回到调用方法的地方。

(3) 使用 throw 语句：使得异常再次被抛出，表示当前异常处理代码无法处理此类异常，将异常转给更上一级的异常处理程序进行处理。例如：

```
catch (System.FormatException ex)   //声明一个异常的实例 ea
{
   throw ex;                        //将异常再次抛出
}
```

由于这种方法会涉及比较高级的内容，这里不再详述。

(4) 使用 System.Environment.Exit(1)语句：它将直接关闭应用程序，一般情况下不使用这样的方法。

其实这个程序还存在一些问题，由于 32 位整数的取值范围是-2 147 483 648～2 147 483 647。如果在文本框内输入一个超过这个范围的数字会怎样呢？

运行例 12-2 的程序代码，在文本框内输入“9999999999”即 10 个 9，单击【获取数字】按钮，再次弹出异常对话框，如图 12.5 所示。

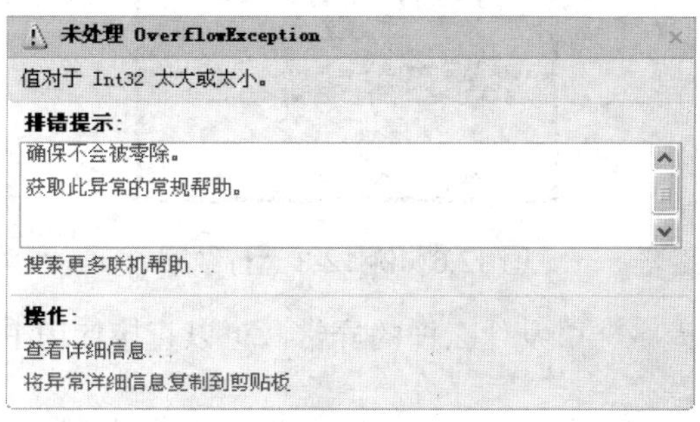

图 12.5　异常对话框

这一次，对话框最上方显示“未处理 OverflowException”，表示引发了一个并没有捕捉的异常 OverflowException。在 C#语言中 try 语句块后面可以跟多个 catch 块，也就是说可以同时捕捉多个异常。显然应该对例 12-2 的代码做进一步的修改。

【例 12-3】捕捉多个异常。

打开例 12-2，修改 btnGetNum_Click 事件中的代码如下：

```
private void btnGetNum_Click(object sender, EventArgs e)
{
    int num;
    try
    {
        num = int.Parse(txtNum.Text);
    }
    catch (System.FormatException)
    {
        lstNum.Items.Add("您所输入的数字不合法！");
        return;
    }
```

```
    catch (System.OverflowException)
    {
        lstNum.Items.Add("您输入的整数超出了范围! ");
        return;
    }
    lstNum.Items.Add(num);
}
```

运行结果:

运行程序，在文本框内分别输入数字“3”、字母“b”和数字“9999999999”并分别单击【获取数字】按钮，程序的运行结果如图 12.6 所示。

lstNum 控件内显示的第 1 行“3”为正常输出的结果，第 2 行是引发了 FormatException 异常后所输出的结果，第 3 行则是引发了 OverflowException 异常后所输出的结果。至此，这个程序就相对完善了。

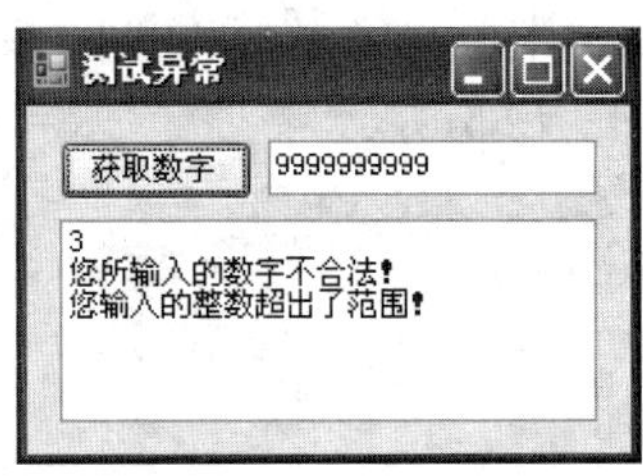

图 12.6　例 12-3 运行结果

如果无法预知应用程序会引发什么样的异常，可以直接使用 Exception 来捕获 C#语言中所有的异常。

【例 12-4】捕捉 Exception 异常。

修改例 12-3 中的 btnGetNum_Click 事件中的代码如下:

```
private void btnGetNum_Click(object sender, EventArgs e)
{
    int num;
    try
    {
        num = int.Parse(txtNum.Text);
    }
    catch (System.Exception ex)
    {
        lstNum.Items.Add(ex.Message);
        return;
    }
    lstNum.Items.Add(num);
}
```

运行程序，在文本框内分别输入数字“3”、字母“b”和数字“9999999999”并分别单击【获取数字】按钮，程序的运行结果如图 12.7 所示。

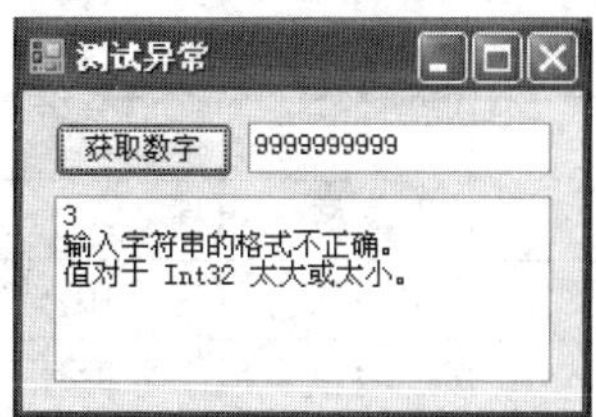

图 12.7 例 12-4 运行结果

这一次仅仅使用了代码：

```
catch (System.Exception ex)
```

就捕获了所有的异常。只是这里只能简单地返回异常自带的消息，并不能针对特定的异常进行相应的处理。

如果在一个 try 语句后面要跟随多个 catch 语句，就需要把更具体的异常放置在前面位置，否则将不能通过编译。例如：

```
try
{
    num = int.Parse(txtNum.Text);
}
catch (System.Exception ea)
{
    … //这里捕获了所有异常
}
catch (System.FormatException)
{
    …  //这是具体的异常，应该放在 Exception 前面
}
```

上述代码中，由于 Exception 捕获了所有异常，所以下面的 FormatException 异常就变得没有意义了。

表 12-2 列出了一些常见的异常。

表 12-2 常见异常列表

异 常 类 名 称	简 单 描 述
MemberAccessException	访问错误：类型成员不能被访问
ArgumentException	参数错误：方法的参数无效
ArithmeticException	数学计算错误：由于数学运算导致的异常
ArrayTypeMismatchException	数组类型不匹配
DivideByZeroException	被 0 除
FormatException	参数的格式不正确
IndexOutOfRangeException	索引超出范围
InvalidCastException	非法强制转换，在显式转换失败时引发

续表

异常类名称	简单描述
MulticastNotSupportedException	不支持的组播：组合 2 个非空委派失败时引发
NotSupportedException	调用的方法在类中没有实现
NullReferenceException	引用空引用对象时引发
OutOfMemoryException	无法为新语句分配内存时引发，内存不足
OverflowException	溢出
StackOverflowException	栈溢出
TypeInitializationException	错误的初始化类型：静态构造函数有问题时引发
NotFiniteNumberException	无限大的值：数字不合法

12.3　校验(checked)和非校验(unchecked)语句

默认情况下，整型算术运算中，如果表达式产生的值超出了目标类型的范围，则常数表达式将导致编译时错误，而非常数表达式在运行时计算并不会引发异常。

【例 12-5】 整型算术运算溢出。

表 12-3 列出了控件属性值。

表 12-3　例 12-5 控件属性值列表

控件名称	属　性	属性值
frmIntFlow	Text	整型算术运算溢出
btnCalc	Text	计算

操作步骤：

(1) 新建一个 Windows 应用程序项目并命名为“IntFlow”。

(2) 把窗体 Form1 命名为 frmIntFlow，在如图 12.8 所示的控件分布图中放置 1 个 Button 控件，命名为 btnCalc，Text 属性设置为“计算”。再放置 1 个 TextBox 控件，命名为 txtResult。

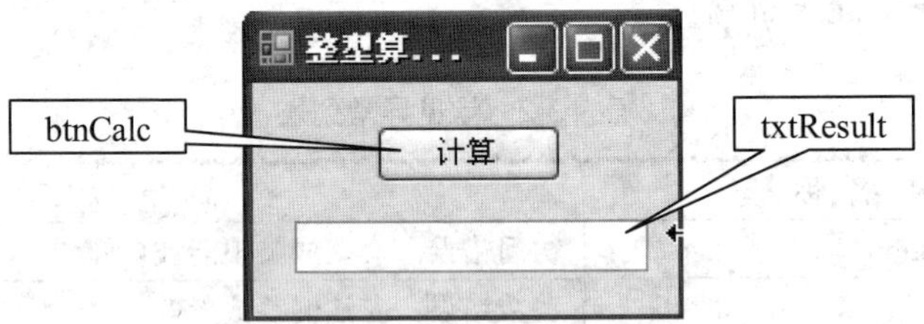

图 12.8　例 12-5 控件分布图

(3) 双击 btnCalc 生成一个按钮的单击事件，并输入如下代码：

```
private void btnCalc_Click(object sender, EventArgs e)
{
    int result, a, b;
    a = b = 1000000;
```

```
    try
    {
        result = a * b;
    }
    catch (System.OverflowException)
    {
        MessageBox.Show("算术运算发生溢出!");
        return;
    }
    txtResult.Text = result.ToString();
}
```

运行程序，单击【计算】按钮，其结果如图 12.9 所示。可以看到，1000000×1000000 的结果变成了-727379968。得出这样的结果是因为计算结果赋给 32 位整型变量 result 时发生了溢出，但并没有引发任何异常。这并不是我们想看到的结果，解决这个问题有两种途径。

图 12.9 例 12-5 运算结果

第 1 种方法：改变编译器的设置。

① 选择菜单项中的【项目】|【IntFlow 属性】打开项目的属性窗口。

② 单击【生成】属性页，单击右下角的【高级】按钮打开【高级生成设置】窗口，如图 12.10 所示。

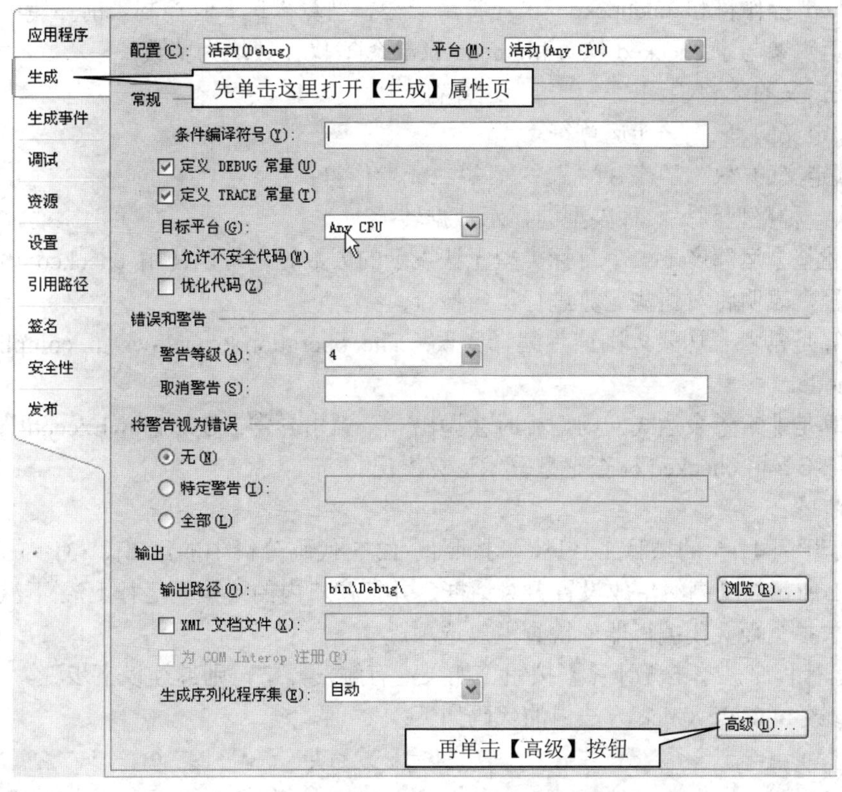

图 12.10 【生成】属性页

③ 如图 12.11 所示，在【高级生成设置】对话框内勾选【检查运行上溢/下溢】复选框，并单击【确定】按钮完成设置。

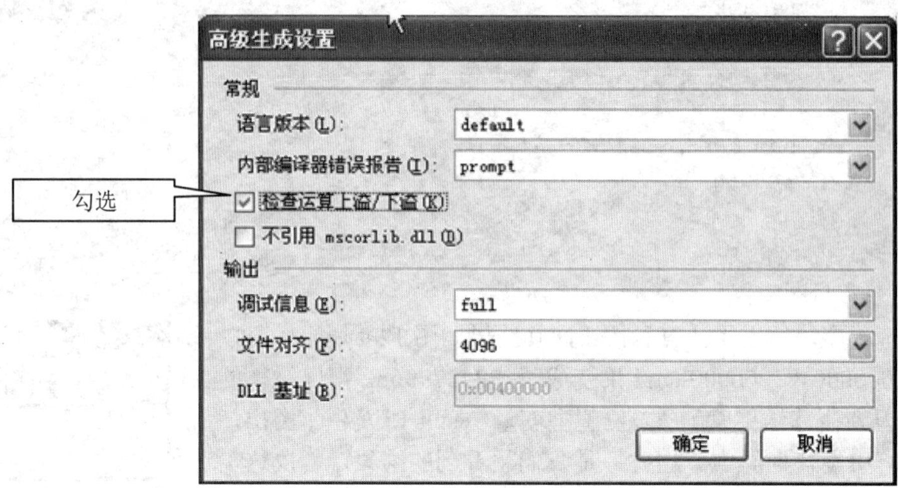

图 12.11 【高级生成设置】对话框

现在再次运行程序，并单击【计算】按钮，弹出对话框并显示“算术运算发生溢出!”，这说明执行了 catch 语句块内的语句，触发了 OverflowException 异常。

第 2 种方法：使用校验(checked)语句。

Checked 操作符和 unchecked 操作符用于在整型算术运算时控制当前环境中的溢出检查。下列运算参与了 checked 检查和 unchecked 检查(操作数均为整数)。

① 预定义的“++”和“--”一元运算符。

② 预定义的“-”一元运算符。

③ 预定义的“+”、“-”、“*”、“/”等二元操作符。

④ 从一种整型到另一种整型的显示数据转换。

当上述整型运算产生一个目标类型无法表示的大数时，可以使用 checked 语句包含整个运算过程，表明将对这些运算进行溢出检查。

若运算是常量表达式，则产生编译错误：The operation overflows at complie time in checked mode。

若运算是非常量表达式，则运行时会抛出一个溢出异常：OverFlowException 异常。

【例 12-6】用 checked 检查整型算术运算溢出。

操作步骤：

(1) 打开例 12-5 的项目 IntFlow，按照例 12-5 代码分析中的第(2)、(3)步的方法打开如图 12.11 所示的【高级生成设置】对话框，并把窗口内的【检查运行上溢/下溢】检查框前面的钩去掉从而关闭编译器的检查溢出选项。

(2) 运行程序，单击【计算】按钮，如果没有触发异常，则继续以下步骤。

(3) 修改 btnCalc_Click 方法内的代码如下：

```
private void btnCalc_Click(object sender, EventArgs e)
{
    int result, a, b;
```

```
4     a = b = 1000000;
5     try
6     {
7         result = checked(a * b); //在这里添加 checked 语句
8     }
9     catch (System.OverflowException)
10    {
11        MessageBox.Show("算术运算发生溢出!");
12        return;
13    }
14    txtResult.Text = result.ToString();
15 }
```

运行结果：运行程序，单击【计算】按钮，弹出消息框，显示“算术运算发生溢出”，说明程序触发了 OverflowException 异常。

写程序时，应当将可能发生非预期溢出的代码放到一个 checked 块中以表明这些代码需要进行溢出检查。

如果有多个连续的语句需要进行 checked 检查，则可以使用 checked 语句，并用大括号将这些语句包括在内。如可以将上例的第 7 行代码改为：

```
checked
{
    result = a * b;
}
```

unchecked 语句的作用与 checked 语句正好相反，它明确地标明了它所作用的语句块或表达式不需要进行溢出检查。应当将允许发生溢出的代码放到一个 unchecked 块中，以表明这些代码允许发生溢出。它的使用方法与 checked 相同，这里不再详述。

注意： 实数类型，如 float、double 类型在运算时不会触发异常，即使使用 checked 语句进行检查也不会触发异常。decimal 类型则可以引发异常，在进行钱币运算时，请使用 decimal 数据类型。

12.4 try-finally

C#语言是一种非常先进的语言，它拥有自动垃圾回收这样的高级机制。这种机制使得程序开发人员从繁杂的内存管理工作中解脱出来，使编程工作变得轻松许多，程序员可以更专心于程序的逻辑。但是许多程序都需要使用如文件、数据库连接、套接字、互斥体等资源。而这些非托管资源或本地资源通常在其对象的内存即将被回收时，必须执行一些资源清理代码。如果在使用这些资源时发生了异常而导致程序中断，那么资源清理代码将得不到执行。内存中将出现无法回收的垃圾，应当尽量避免这种情况的发生。

C#语言中的 try-finally 语句提供了解决这类问题的方法。finally 块一般用于清除在 try 块中分配的任何资源。无论 try 块中的语句是否发生异常，总是执行 finally 块中的语句。此语句的一般形式如下：

```
try
{
    try 语句块
}
finally
{
    finally 语句块
}
```

其中 try 语句块包含有可能引发异常的代码段，finally 语句包含异常处理程序和清理代码。在 try-finally 中可以加入 catch 用于处理语句块中出现的异常，而 finally 用于保证代码语句块的执行。它的一般形式变为：

```
try
{
    try 语句块
}
catch （异常声明 1）
{
    catch 语句块 1
}
…
finally
{
    finally 语句块
}
```

【例 12-7】用 finally 语句块强制执行某些代码。

操作步骤：

(1) 打开例 12-6 的项目 IntFlow，把 txtResult 控件的 Multiline 属性设置为 true，并把 txtResult 控件适当拉长，让它可以显示多行文字。

(2) 修改 btnCalc_Click 方法内的代码如下：

```
private void btnCalc_Click(object sender, EventArgs e)
{
    int result, a, b;
    a = b = 100; //为了不触发异常，这里把数字改小
    try
    {
        result = checked(a * b);
        txtResult.Text += result.ToString()+"\r\n"; //这句提前了
    }
    catch (System.OverflowException)
    {
        txtResult.Text += "算术运算发生溢出！\r\n";
        return;
    }
```

```
15     finally //这里加入 finally 语句块
16     {
17         txtResult.Text += "执行一些清理资源工作\r\n";
18     }
19 }
```

运行结果：运行程序，单击【计算】按钮，此时没有引发异常，结果如图 12.12 所示。然后把 btnCalc_Click 方法内的第 3 行代码：

```
a = b = 100;
```

更改为：

```
a = b = 1000000;
```

再次运行程序，单击【计算】按钮，这次引发了异常，结果如图 12.13 所示。

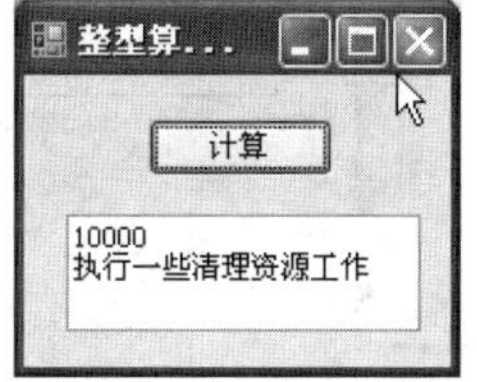

图 12.12　例 12-7 结果 1

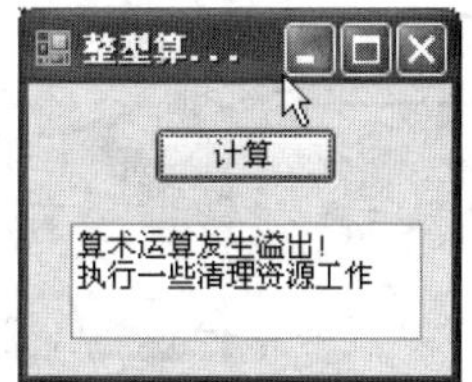

图 12.13　例 12-7 结果 2

代码分析：

可以看到，无论是否引发异常，都执行了 finally 语句块的代码，在文本框内打印“执行一些清理资源工作”。由此可以看到 finally 确保了一些代码的执行。一般情况下，在 finally 块内放置的是清理资源的代码。由于本书未涉及有关资源清理的内容，故此例使用打印一行文字来代替。

注意：try-finally 是一种比较耗费系统资源的操作，在编写对速度要求比较高的算法代码时应当尽可能少地使用这类代码。

实训指导

1. 实训目的

(1) 掌握 try-catch 语句的使用方法。

(2) 掌握常见的数学运算中可能触发的几个异常。

2. 实训内容

某人新开一个账户，输入开始存入的金额(本金)、年利率以及存款周期(年)。假定所有的利息收入都重新存入账户，请编写程序，计算并输出在存款周期中每年年终的账面金额。金额的计算公式为

$$a = p(1 + r)^n$$

式中：p 是本金；r 是年利率；n 是年数；a 是在第 n 年年终的复利存款。

3. 实训步骤

(1) 新建一个 Windows 应用程序并把项目命名为“Exp12”。

(2) 把窗体命名为 MainForm，Text 属性设置为“计算复利存款”。

(3) 在窗体上放置 3 个 Label 控件，并按如图 12.14 所示设置 Text 属性。

(4) 在窗体上放置 4 个 TextBox 控件，并在如图 12.14 所示的控件分布图中进行命名。将 txtResult 的 Multiline 属性设置为 true，ScrollBars 属性设置为 Vertical(显示垂直滚动条)。

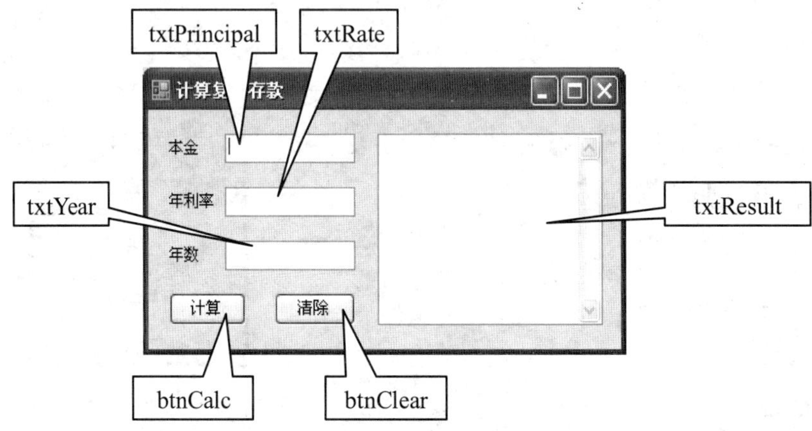

图 12.14　控件分布图

(5) 在窗体上放置两个 Button 控件，并按图 12.14 进行命名和设置 Text 属性。

(6) 双击两个按钮，为它们生成各自的 Click 事件，在代码窗口中输入如下代码：

```
private void btnCalc_Click(object sender, EventArgs e)
{
    string s = "年" + "\t" + "复利存款" + "\r\n";
    decimal amount;          //存款
    decimal principal;       //本金
    double rate;             //利率
    int year;                //存款年数
    try
    {   //取得文本框内的数值
        principal = decimal.Parse(txtPrincipal.Text);
        rate = double.Parse(txtRate.Text);
        year = int.Parse(txtYear.Text);
    }
    catch (System.FormatException)
    {   //捕捉格式错误
        MessageBox.Show("只能输入数字！", "错误信息",
            MessageBoxButtons.OK, MessageBoxIcon.Error);
        return;
    }
```

```
20     catch (System.OverflowException)
21     {   //捕捉溢出错误
22         MessageBox.Show("您所输入的数字超出了范围！", "错误信息",
23             MessageBoxButtons.OK, MessageBoxIcon.Error);
24         return;
25     }
26     for (int i = 1; i <= year; i++)
27     {
28         try
29         {   //计算指定年数的本金和利息的总和
30             amount = principal * (decimal)Math.Pow(1 + rate, i);
31         }
32         catch (System.OverflowException)
33         {   //捕捉溢出错误
34             MessageBox.Show("计算结果溢出！", "错误信息",
35                 MessageBoxButtons.OK, MessageBoxIcon.Error);
36             return;
37         }
38         s += i.ToString() + "\t" + string.Format("{0:c}", amount);
39         s += "\r\n"; //打印换行
40     }
41     txtResult.Text = s;
42 }
43 private void btnClear_Click(object sender, EventArgs e)
44 {
45     txtResult.Clear(); //清空文本框
46 }
```

运行结果如图 12.15 所示。

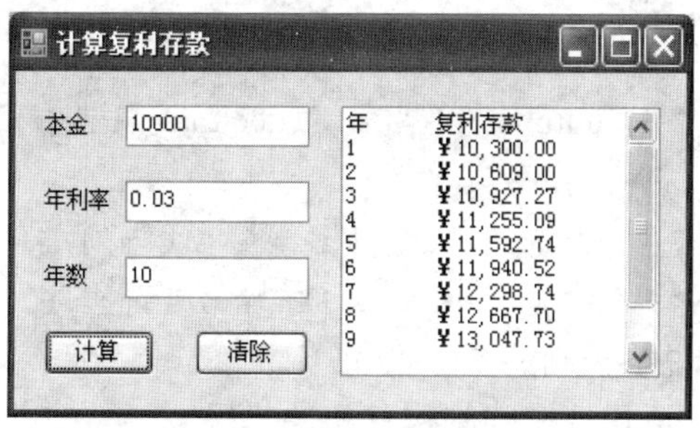

图 12.15　运行结果

代码分析：

第 38 行代码中“\t”表示一个制表符；“{0 : c}”中的 c 表示以钱币的形式显示数字，即在数字前面加“￥”符号。

本 章 小 结

本章讲述了 C#语言的异常处理机制并重点讲解了 try-catch 语句、try-finally 语句的作用及使用方法。异常处理是一个程序是否健壮的重要标志，掌握它对于应用程序的开发至关重要。

习　题

1. 选择题

(1) 异常处理使用哪个关键字来尝试可能未成功的操作？(　　)

A. Click　　B. catch　　C. Add　　D. Show

(2) 关于 catch 语句块说法正确的是(　　)。

A. 包含有可能会引发异常的语句块

B. 声明有可能会引发的异常类型

C. 指定的异常引发后，对异常进行相应的处理

D. 一般不与 try 配合使用，单独使用

(3) 使得程序直接跳出方法体，回到调用方法处的语句是(　　)。

A. System.Environment.Exit(1)　　B. throw

C. catch　　D. return

(4) 什么操作符用于整型算术运算时控制当前环境中的溢出检查？(　　)

A. checked 和 unchecked　　B. find 和 unfound

C. try 和 catch　　D. finally

(5) 哪种运算不参与 checked 和 unchecked 的检查？(　　)

A. ++　　B. –　　C. &　　D. *

(6) 在运算时不会触发异常的类型是(　　)。

A. float 类型　　B. number 类型　　C. decimal 类型　　D. int 类型

(7) finally 语句包含了(　　)。

A. 增加数据代码　　B. 执行代码列

C. 捕捉程序　　D. 异常处理程序

(8) 关于 finally 语句说法正确的是(　　)。

A. 不能用 finally 语句块来强制执行相关代码

B. finally 块一般用于增加在 try 块中分配的任何资源

C. 在 try-finally 中 finally 用于保证代码语句块的执行

D. 无论 try 块中的语句是否发生异常，都不会执行 finally 块中的语句

2. 填空题

(1) 异常处理使用________、________和________关键字来尝试可能未成功的操作、

处理失败以及在事后清理资源。

(2) 人们使用________语句去捕捉和处理有可能发生的异常。

(3) 一个 try-catch 语句由________个 try 块和________个 catch 子句构成。

(4) 如果无法预知应用程序会引发什么样的异常，可以直接使用________来捕获 C#语言中所有的异常。

(5) 解决整型算术运算溢出这个问题有________和________两种途径。

(6) 若运算是常量表达式，执行 checked 语句则产生编译错误：__________________。

(7) finally 语句包含________和________。

(8) unchecked 语句的作用是____。

3. 判断题

(1) try 语句块在指定的异常引发后对异常进行相应处理。 (　　)

(2) 如果异常触发后局部变量 num 没有被赋值，不使用 return 也可跳出方法执行。 (　　)

(3) MemberAccessException 表示访问错误，类型成员不能被访问。 (　　)

(4) 预定义的“++”和“--”一元运算符不参与 checked 检查和 unchecked 检查。 (　　)

(5) 运算是非常量表达式，运行时会抛出溢出异常：OverFlowException 异常。 (　　)

(6) 无论 try 块中的语句是否发生异常，总是执行 finally 块中的语句。 (　　)

(7) 一般情况下，在 finally 块内放置的是清理资源的代码。 (　　)

(8) 在 try-finally 中可以加入 catch 用于处理语句块中出现的异常。 (　　)

4. 简答题

(1) 导致代码失败的具体原因有哪些？

(2) 在 catch 语句中可以使用哪几种方法处理异常来获得不同的执行路径？

5. 编程题

(1) 编写一段程序，如果出现错误，则给出错误的描述。

(2) 编写程序处理程序中的格式异常。

(3) 编写程序处理程序中的溢出异常。

(4) 编写程序处理程序中的除 0 错误。

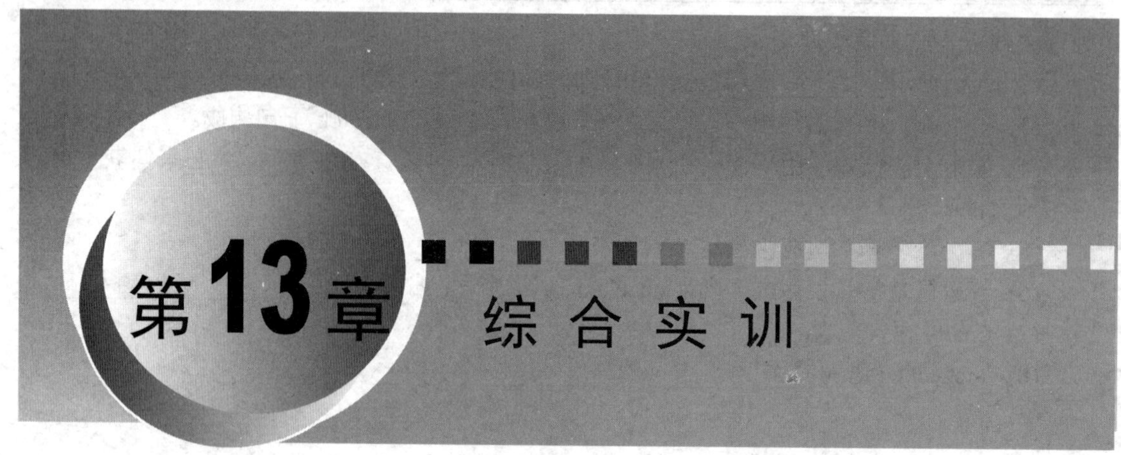

第13章 综合实训

经过前面章节的学习，读者已经掌握了编写应用程序的基本知识，但如果要编写较大型的程序，这还是远远不够的。C#语言是一门完全面向对象的语言，在程序开发的过程中不可避免地要使用到面向对象的知识。本书在讲述基础知识的过程中尽可能地回避面向对象的知识，这是因为在有一定的编程体验的情况下再去理解面向对象会有更好的效果。

本次实训更大的作用在于承上启下，不但可以对前面所学知识有一个很好的回顾和总结，而且还涉及一些前面没有学到过的知识，比如面向对象。可能读者在参考本书编写程序时会产生很多的疑问，但是不必灰心，学习的乐趣在于探索！本书二维码中的《C#语言参考视频》对面向对象进行了详细的讲解，它可以帮助读者解开心中的疑问。

13.1 实训案例

1. 实训项目

本次实训的任务是制作一个图片管理器，它可以让用户对自己的图片进行分类管理。本书仅仅给应用程序搭建一个大的框架，实现了一些基本功能，有一部分功能需要读者自行完成，这很重要。因为在解决问题的过程中自身的水平能得到很大的提高。当然，如果读者还希望实现一些其他的功能，自己动手去解决它，那是再好不过的事了。

2. 需求分析

(1) 具有良好的人机交互界面，有一定的计算机操作经验的用户不经任何培训就可以直接使用该软件。

(2) 对图片实现分目录管理，用户可以自行创建并删除存放图片的目录，并可以方便地将各种图片存放于相应的目录之中。

(3) 可以对目录下的图片以缩略图的方式进行浏览，以方便用户从众多图片中查找出自己想要的图片，并在浏览过程中可以删除一张或多张图片。

(4) 可以以实际大小或适合窗体尺寸的方式对单张图片进行浏览并可以切换到同目录下的上一张图片或下一张图片进行浏览，也可以对同目录下的图片以自动播放的形式进行浏览，还可以调整播放的时间间隔。

(5) 可以在浏览某张图片时将其删除，此功能本案例并未实现。

(6) 可以以全屏幕的方式浏览图片，此功能本案例并未实现。

(7) 可以在浏览图片时对图片进行顺时针或逆时针旋转，此功能本案例并未实现。

(8) 可以在查看图片缩略图或浏览单张图片时将一张或多张图片导出到用户指定的位置，此功能本案例并未实现。

3. 关键技术

本案例的难点在于缩略图的显示，如果一个目录中有很多图片，而每张图片的尺寸都比较大，把每张图片都缩小并显示出来需要花费很长的时间，这样会导致应用程序的假死现象(在没有完成某项工作之前，应用程序无法进行其他操作)。解决这个问题可以采取多线程的方法，把显示缩略图的过程放在一个线程内，这样在显示缩略图的过程中可以进行其他操作。另外一种解决方法是给每张图片生成一张缩略图，并存放于数据库中，在浏览缩略图时，直接从数据库中读取缩略图并显示。由于缩略图非常小，而且是未经压缩的格式，读取速度非常快，这样就能以很快的速度显示完所有图片的缩略图。

由于多线程和数据库技术本书并未涉及。所以本案例在不使用这两种技术的情况下另辟蹊径，以达到类似的效果。在导入图片的同时，为图片生成 100×100 像素的 bmp 格式的缩略图(如果原图的长和宽都小于 100 像素，则按原图尺寸生成缩略图)，把原图和缩略图分别存放于两个目录内，并一一对应。通过原图的文件名可以找到相对应的缩略图，如果缩略图不存在，则即时生成相应的缩略图。实践证明，这样做的效果令人满意，能比较顺畅地显示多张图片的缩略图。

13.2 界 面 设 计

程序共包括 3 个窗体。

(1) MainForm（图 13.1）：程序的主窗体，可以用于浏览和查看图片并对图片进行管理。

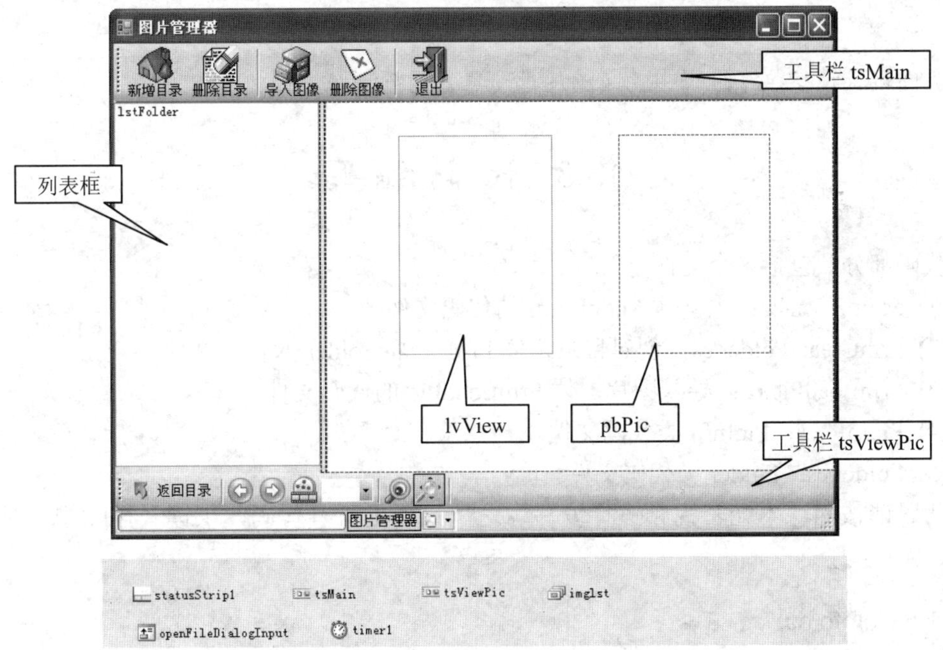

图 13.1　MainForm 窗体控件分布图

(2) FrmCreateFolder（图 13.2）：创建目录窗体，用于创建图片的管理目录。

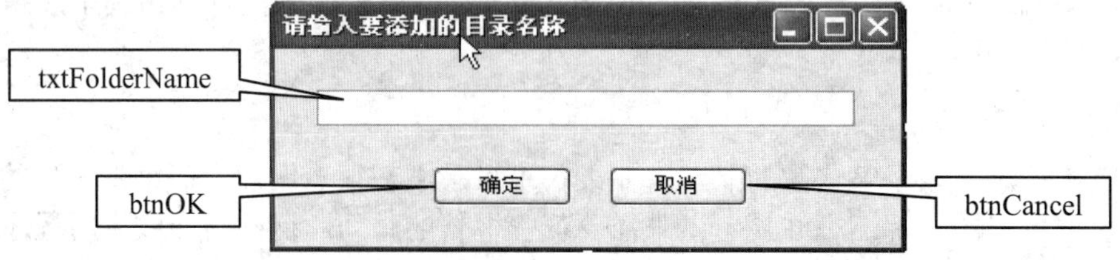

图 13.2　FrmCreateFolder 窗体控件分布图

(3) FrmLoadPic（图 13.3）：导入图片窗体，用于向目录中导入图片。

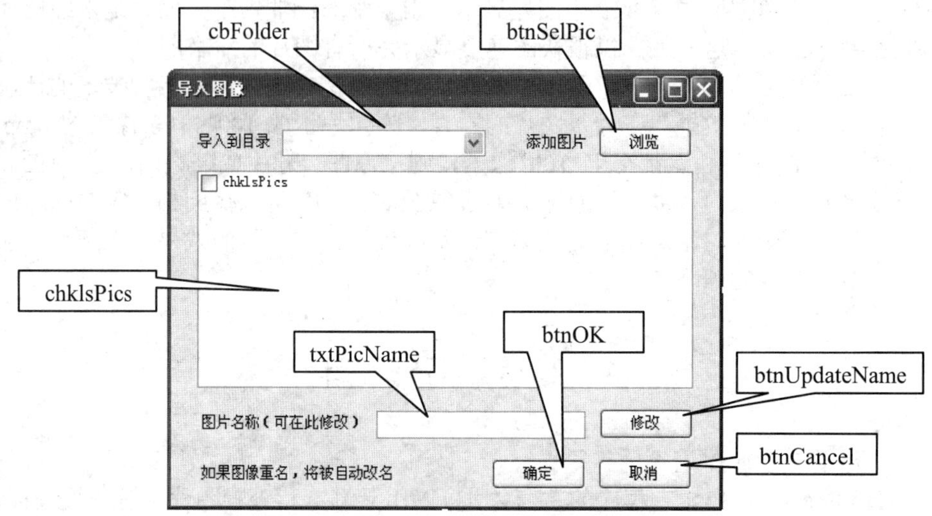

图 13.3　FrmLoadPic 窗体控件分布图

界面设计请参照二维码中的【图片管理器】视频制作。

13.3　代码编写

代码部分共包括 5 个文件。

(1) MainForm.cs：主窗体 MainForm 的代码文件。

(2) FrmCreateFolder.cs：创建目录窗体 FrmCreateFolder 的代码文件。

(3) FrmLoadPic.cs：导入图片窗体 FrmLoadPic 的代码文件。

(4) PicInfo.cs：PicInfo 类代码文件。

(5) Folder.cs：Folder 类代码文件。

代码请按照课本配套视频进行编写，这里只列出所有代码，供读者排除错误时对照使用。

13.3.1　PicInfo.cs

```
private string _fullName; //表示图片全路径
```

```
private string _nameNoExtension;       //表示图片名称(不带后缀名)
public PicInfo(string path)            //构造方法
{
    _fullName = path;
    _nameNoExtension = Path.GetFileNameWithoutExtension(path);
}
public string FullName                 //属性, 表示图片的全路径
{
    get
    {
        return _fullName;
    }
    set
    {
        if (value != "")               //防止赋空值
            _fullName = value;
    }
}
public string NameNoExtension          //属性
{   //在导入图片时可以对图片进行改名, 这个属性表示的就是更改的名称
    get
    {
        return _nameNoExtension;
    }
    set
    {   //防止赋空值, 同时名称中不能存在“.”号
        if (value != "" && value.IndexOf('.') == -1)
        {
            _nameNoExtension = value;
        }
    }
}
public string GetExtension()                   //获取图片后缀名
{
    return Path.GetExtension(_fullName);
}
public static bool IsImage(string path)        //判断文件是否是图像
{
    string ext = Path.GetExtension(path).ToUpper();
    if (ext == ".BMP" || ext == ".JPG" || ext == ".GIF"
        || ext == ".JPEG" || ext == ".ICO")
    {
        return true;
    }
    else
    {
        return false;
```

```
    }
}
public override string ToString()
{   //重写ToString()方法，用于在复选列表框中显示
    return _fullName;
}
```

13.3.2　Folder.cs

(1) 在 Folder.cs 窗口的上部引入一个新的命名空间，代码如下：

```
using System.Collections;
using System.IO;
using System.Drawing;
```

(2) Folder.cs 代码如下：

```
private string _name;                //记录目录名称
private bool _isLoaded;              //表示是否已经把缩略图载入内存
private string _sourcePath;          //图像存放路径
private string _thumbnailPath;       //缩略图存放路径
public Hashtable bmps;               //用于存放一个目录下的所有图片的缩略图
public Folder(string exePath, string name) //重载构造方法
{
    _name = name;
    _sourcePath = exePath + "\\图片目录\\" + name;
    _thumbnailPath = exePath + "\\缓存目录\\" + name;
    _isLoaded = false;
    if (!Directory.Exists(_sourcePath))
    {   //如果存放图像的文件夹不存在，则创建它
        Directory.CreateDirectory(_sourcePath);
    }
    if (!Directory.Exists(_thumbnailPath))
    {   //如果存放缩略图的文件夹不存在，则创建它
        Directory.CreateDirectory(_thumbnailPath);
    }
}
public bool IsLoaded                 //只读属性，判断是否已经载入过缩略图
{
    get { return _isLoaded; }
}
public string Name                   //只读属性，表示文件夹名称
{
    get { return _name; }
}
public string GetSourcePath()        //获取图片所在路径的方法
{
    return _sourcePath;
```

```
}
public string GetThumbnailPath() //获取缩略图所在路径的方法
{
    return _thumbnailPath;
}
public Bitmap GetThumbnail(string sourceName)
{   //通过原图名称获取相应的缩略图
    return (Bitmap)bmps[sourceName];
}
public Bitmap GetImage(string aName)
{   //通过图像名称获取相应的图像
    Bitmap bmp = new Bitmap(_sourcePath + "\\" + aName);
    return bmp;
}
public void LoadImage() //把缩略图载入内存
{
    if (bmps == null)
    {   //这里保证 bmps 到需要用到时才被创建
        bmps = new Hashtable();
    }
    foreach (string sourceFile in Directory.GetFiles(_sourcePath))
    {
        if (!PicInfo.IsImage(sourceFile))
        {   //使用 PicInfo 类中定义的静态方法判断文件是否为图像类型
            continue;
        }
        //picName 变量表示缩略图名称, thumbnailFile 表示缩略图全路径
        string picName =
            Path.GetFileNameWithoutExtension(sourceFile)+".BMP";
        string thumbnailFile = _thumbnailPath + "\\" + picName;
        if (!File.Exists(thumbnailFile))
        {   //如果缩略图不存在则创建它
            CreateThumbnail(sourceFile, thumbnailFile);
        }
        //把缩略图存放于 HashTable 类的对象 bmps 内
    bmps.Add(Path.GetFileName(sourceFile), new Bitmap(thumbnailFile));
    }
    _isLoaded = true;              //设置已载入标志
}
public void Add(string aName)   //在指定目录中添加一幅图像
{
    string picName = Path.GetFileNameWithoutExtension(aName) + ".BMP";
    string sourceFile = _sourcePath + "\\" + aName;
    string thumbnailFile = _thumbnailPath + "\\" + picName;
    CreateThumbnail(sourceFile, thumbnailFile); //生成缩略图
    bmps.Add(Path.GetFileName(sourceFile), new Bitmap(thumbnailFile));
}
```

```
public void Remove(string aName) //删除一张图片
{
    string picName = Path.GetFileNameWithoutExtension(aName) + ".BMP";
    string sourceFile = _sourcePath + "\\" + aName;
    string thumbnailFile = _thumbnailPath + "\\" + picName;
    try
    {   //必须先把图像从内存中释放掉才能删除图像
        Bitmap bmp = (Bitmap)bmps[aName];    //取得图片的引用
        bmps.Remove(aName);  //从 Hashtable 中删除代表此图片的元素
        bmp.Dispose();         //将图片从内存中释放
        File.Delete(sourceFile);                //在删除硬盘上的原图
        File.Delete(thumbnailFile);             //删除硬盘上的缩略图
    }
    catch (Exception ex)
    {
        throw ex;
    }
}
public void RemoveAll() //删除所有图片
{
    foreach (DictionaryEntry de in bmps)
    {   //先在内存中删除缩略图
        string aName = (string)de.Key;
        string picName = Path.GetFileNameWithoutExtension(aName) + ".BMP";
        string sourceFile = _sourcePath + "\\" + aName;
        string thumbnailFile = _thumbnailPath + "\\" + picName;
        Bitmap bmp = (Bitmap)de.Value;
        bmp.Dispose();
    }
    try
    {   //删除相应的图片目录和缩略图目录
        Directory.Delete(_sourcePath, true);
        Directory.Delete(_thumbnailPath, true);
    }
    catch (Exception ex)
    {
        throw ex;
    }
}
private bool ThumbnailCallback() //CreateThumbail 方法需要调用这个方法
{
    return false;
}
private void CreateThumbnail(string source, string dest) //创建缩略图
{   //source 参数表示原图路径, dest 参数表示缩略图路径
    Image.GetThumbnailImageAbort myCallback =
        new Image.GetThumbnailImageAbort(ThumbnailCallback);
```

```
    Bitmap bmp = new Bitmap(source);
    int x = bmp.Width;
    int y = bmp.Height;
    try
    {   //如果图像大于100*100则缩小图像，否则使用原图大小的图像
        if (x > 100 || y > 100)
        {
            float scale = (x > y) ? (x / 100F) : (y / 100F);
            Image aThumbnail =
                bmp.GetThumbnailImage((int)(x / scale),
                (int)(y / scale), myCallback, IntPtr.Zero);
            aThumbnail.Save(dest);
        }
        else
        {   //保存缩略图
            bmp.Save(dest);
        }
    }
    catch (Exception ex)
    {
        throw ex;
    }
    finally
    {
        bmp.Dispose();
    }
}
public static Rectangle GetRectFromBounds(Bitmap bmp, Rectangle Bounds)
{   //在指定边框中计算指定图像所绘制的矩形
    int x, y;
    x = Bounds.X + (Bounds.Width - bmp.Width) / 2;
    y = Bounds.Y + (100 - bmp.Height) / 2 + 4;
    return new Rectangle(x, y, bmp.Width, bmp.Height);
}
public static Rectangle GetRectFromBounds(int width, int height,
    Rectangle Bounds)
{   //重载方法，使用长、宽值在指定边框中计算图像所绘制的矩形
    int x, y;
    x = Bounds.X + (Bounds.Width - width) / 2;
    y = Bounds.Y + (100 - height) / 2 + 4;
    return new Rectangle(x, y, width, height);
}
public override string ToString()
{   //重写ToString()方法，用于在列表框中显示
    return _name;
}
```

13.3.3　FrmCreateFolder.cs

(1) 在代码窗口上部引入如下命名空间:

```
using System.IO;
```

(2) FrmCreateFolder.cs 代码如下:

```
public FrmCreateFolder()
{
    InitializeComponent();
}
public FrmCreateFolder(ListBox lst)      //重载构造方法
{   //用于传递一个列表框引用
    InitializeComponent();
    lstFolder = lst;
}
private ListBox lstFolder;                //列表框引用
private void btnOK_Click(object sender, EventArgs e)
{
    if (txtFolderName.Text == "")
    {   //判断输入是否为空
        MessageBox.Show("请在文本框内输入要新建的目录名称! ",
            "消息", MessageBoxButtons.OK, MessageBoxIcon.Information);
        return;
    }
    try
    {   //在可执行文件所在目录创建一个【图片目录】文件夹
        string path = Application.StartupPath + "\\图片目录\\" +
            txtFolderName.Text;
        if (Directory.Exists(path))
        {   //判断将创建的目录是否已经存在
            MessageBox.Show(" “" + txtFolderName.Text + "” " +
                "目录已经存在，请输入另一个名称! ",
                "消息对话框", MessageBoxButtons.OK, MessageBoxIcon.Error);
            return;
        }
        Directory.CreateDirectory(path); //创建目录
        Folder folder = new Folder(Application.StartupPath,
            txtFolderName.Text);
        lstFolder.Items.Add(folder);      //添加进列表框
    }
    catch (Exception ex)
    {
        MessageBox.Show(ex.Message, "错误",
            MessageBoxButtons.OK, MessageBoxIcon.Error);
        return;
    }
```

```
    Close();
}
private void btnCancel_Click(object sender, EventArgs e)
{
    Close(); //关闭窗口
}
```

13.3.4 FrmLoadPic.cs

(1) 打开 FrmLoadPic 窗口并在它的代码窗口处引入命名空间如下：

```
using System.IO;
using System.Collections;
```

(2) FrmLoadPic 窗体 Load 事件代码如下：

```
public FrmLoadPic()
{
    InitializeComponent();
}
public FrmLoadPic(ListBox lst,StatusStrip sta) //重载构造方法
{   //传递列表框和状态栏的引用
    InitializeComponent();
    lstFolder = lst;
    staMsg = sta;
    openFileDialogSelPic.Filter = "图像文件(*.BMP;*.JPG;*.GIF;" +
        "*.jpeg;*.ico)|*.BMP;*.JPG;*.GIF;*.jpeg;*.ico";
}
private ListBox lstFolder;   //列表框引用
private StatusStrip staMsg; //状态栏引用
private void FrmLoadPic_Load(object sender, EventArgs e)
{   //窗体载入事件
    foreach (object o in lstFolder.Items)
    {   //把主窗体列表框中的对象添加进组合框内
        cbFolder.Items.Add(o);
    }
    if (lstFolder.SelectedItems.Count != 0)
    {   //使主窗体列表框和组合框选中相同的项目
        cbFolder.SelectedIndex = lstFolder.SelectedIndex;
    }
    else
    {   //默认选中第一个项目
        cbFolder.SelectedIndex = 0;
    }
}
```

(3) 复选列表框 chklsPics 的 SelectedIndexChange 事件代码如下：

```
//【浏览】按钮单击事件
```

```
private void btnSelPic_Click(object sender, EventArgs e)
{
    if (openFileDialogSelPic.ShowDialog() == DialogResult.OK)
    {
        foreach (string s in openFileDialogSelPic.FileNames)
        {   //遍历所有打开的方法
            if (!chklsPics.Items.Contains(s) && PicInfo.IsImage(s))
            {   //如果选中文件不存在于复选列表框中，并且是图像文件
                PicInfo picInfo = new PicInfo(s); //信息存放于PicInfo对象中
                chklsPics.Items.Add(picInfo, true); //添加进复选列表框中
            }
        }
    }
}
//复选列表框中选中项目改变时所发生的事件
private void chklsPics_SelectedIndexChanged(object sender, EventArgs e)
{   //在文本框中显示图片名称，这个名称可被更改
    txtPicName.Text = ((PicInfo)chklsPics.SelectedItem).NameNoExtension;
}
//【修改】按钮单击事件
private void btnUpdateName_Click(object sender, EventArgs e)
{
    if (chklsPics.SelectedItems.Count != 0)
    {
        ((PicInfo)chklsPics.SelectedItem).NameNoExtension =
            txtPicName.Text;
    }
}
```

(4)【确定】和【取消】按钮事件代码:

```
//【确定】按钮单击事件
private void btnOK_Click(object sender, EventArgs e)
{
    if (chklsPics.Items.Count == 0)
    {   //确保复选列表框中存在项目
        return;
    }
    ArrayList names = new ArrayList();
    Folder folder = (Folder)cbFolder.SelectedItem;
    if (!folder.IsLoaded)
    {   //确保将要载入图片的目录已经被初始化
        folder.LoadImage();
    }
    string path = folder.GetSourcePath(); //获取文件夹全路径
    names.AddRange(Directory.GetFiles(path));
    for (int i = 0; i < names.Count; i++)
    {   //把不带后缀名的图片名称装进ArrayList内
```

```
        names[i] =
            Path.GetFileNameWithoutExtension((string)names[i]).ToUpper();
    }
    names.Sort(); //对名称进行排序以方便找出重复名称
    //提取主窗体状态栏中的进度条控件的引用
    ToolStripProgressBar bar = (ToolStripProgressBar)staMsg.Items[0];
    bar.Visible = true;
    this.Cursor = Cursors.WaitCursor; //设置鼠标指针样式
    try
    {
        int i = 1; //指定图像序号，用于进度条中的进度显示
        int count = chklsPics.CheckedItems.Count; //图片的数量
        foreach (PicInfo p in chklsPics.CheckedItems)
        {   //遍历所有处于选中状态的图片
            staMsg.Items[1].Text = ""; //清空状态栏文字
            string name = InsertAName(p.NameNoExtension, names);
            string destFile = path + "\\" + name + p.GetExtension();
            File.Copy(p.FullName, destFile); //复制图像到图片存储目录中
            folder.Add(name + p.GetExtension()); //把图片添加进 Folder 对象
            bar.Value = 100 * i / count; //在进度条中显示进度
            i++;
        }
    }
    catch (Exception ex)
    {
        MessageBox.Show(ex.Message, "错误",
            MessageBoxButtons.OK, MessageBoxIcon.Error);
        return;
    }
    finally
    {   //保证鼠标指针恢复，并使进度条不可见
        this.Cursor = Cursors.Default;
        bar.Visible = false;
    }
    int index = lstFolder.FindString(cbFolder.Text);
    if (lstFolder.SelectedIndex != index)
    {   //导入图像后，确保主窗体选中被导入图像的文件夹
        lstFolder.SelectedIndex = index;
    }
    this.DialogResult = DialogResult.OK; //关闭窗体
}
//【取消】按钮单击事件
private void btnCancel_Click(object sender, EventArgs e)
{
    this.DialogResult = DialogResult.Cancel; //关闭窗口
}
//自定义方法，用于在出现相同名称图像时进行重命名
```

```
private string InsertAName(string aName, ArrayList names)
{   //在一个名称集合中插入指定名称
    int nameExtend = 0; //用于出现相同名称时，在文件后面添加的数字
    string tempName = aName;
    int namesCount = names.Count;
    for (int i = 0; i < namesCount; i++)
    {
        string name = (string)names[i];
        if (tempName.ToUpper().CompareTo(name) == 0) //如果文件名相同
        {   //在文件名后添加减号和数字
            nameExtend++;
            tempName = Path.GetFileNameWithoutExtension(aName)
                + "-" + nameExtend.ToString();
        }
        if (tempName.ToUpper().CompareTo(name) == -1)
        {   //如果文件名小于名称集合中的某个名称，则插入
            names.Insert(i, tempName);
            break;
        }
        if (i == namesCount - 1)
        {   //如果到达名称集合底部，则直接添加
            names.Add(tempName);
        }
    }
    return tempName; //返回新名称
}
```

13.3.5 MainForm.cs

(1) 打开 MainForm 窗口，并在它的代码窗口处引入命名空间如下：

```
using System.IO;
using System.Drawing.Imaging;
using System.Collections;
```

(2) MainForm 窗体 Load 事件代码如下：

```
private string path = Application.StartupPath + "\\图片目录";//图片的存放目录
private Pen boundPen = new Pen(Color.Gainsboro); //图片的边框画笔
private Pen selPen = new Pen(Color.Blue, 3);//图片处于选中状态时的边框画笔
//绘制图片名称时所用的画刷
private SolidBrush textBrush = new SolidBrush(Color.Black);
private SolidBrush bgBrush; //绘制图片名称的背景时所用画刷
private StringFormat format = new StringFormat(); //字体格式
private Bitmap bmpInPb; //用于表示pbPic 所显示的图片
private Point mousePoint = new Point(); //鼠标拖动坐标
private Point pbPoint = new Point(); //鼠标开始拖动时 PictureBox 的坐标
private bool canDrag; //是否可以拖动图片
```

```
private bool isDraging; //是否正在拖动图片
private int bmpIndex; //用于表示所显示图片的顺序号，用于循环显示目录下的图片
//窗体载入时的事件
private void MainForm_Load(object sender, EventArgs e)
{
    lvView.Dock = DockStyle.Fill;
    tscbInterval.SelectedIndex = 1; //图片自动播放时间间隔为2秒
    ShowView(); //让窗体处于浏览图片状态
    bgBrush = new SolidBrush(lvView.BackColor); //设置成员变量bgBrush
    statusStrip1.Items[0].Visible = false; //状态栏上的进度条为不可见
    format.Alignment = StringAlignment.Center; //使文本格式为居中
    try
    {   //如果不存在【图片目录】文件夹则创建它
        if (!Directory.Exists(path))
        {
            Directory.CreateDirectory(path);
        }
    }
    catch (Exception ex)
    {   //处理错误
        MessageBox.Show(ex.Message, "错误",
            MessageBoxButtons.OK, MessageBoxIcon.Error);
        return;
    }
    DirectoryInfo dir = new DirectoryInfo(path);
    foreach (DirectoryInfo d in dir.GetDirectories())//遍历目录下的所有子目录
    {   //把【图片目录】文件夹下的子目录名称载入列表框
        Folder folder = new Folder(Application.StartupPath, d.Name);
        lstFolder.Items.Add(folder); //把Folder对象放入列表框
    }
}
private void ShowView()            //自定义方法，让浏览图像缩略图所需控件可见
{
    tsMain.Visible = true;
    lstFolder.Visible = true;
    splitter1.Visible = true;
    lvView.Visible = true;
    pbPic.Visible = false;
    tsViewPic.Visible = false;
}
private void ShowImage()      //自定义方法，让浏览图像所需控件可见
{
    tsMain.Visible = false;
    lstFolder.Visible = false;
    splitter1.Visible = false;
    lvView.Visible = false;
    pbPic.Visible = true;
```

```
    tsViewPic.Visible = true;
}
```

(3)【新增目录】工具按钮单击事件代码如下：

```
//【新增目录】按钮单击事件
private void tsbtnCreateFolder_Click(object sender, EventArgs e)
{   //创建并打开创建新目录的窗口
    FrmCreateFolder frmCreateFolder = new FrmCreateFolder(this.lstFolder);
    try
    {   //打开模式窗体
        frmCreateFolder.ShowDialog(this);
    }
    finally
    {   //释放模式窗体
        frmCreateFolder.Dispose();
    }
}
```

(4)【删除目录】工具按钮单击事件代码如下：

```
//【删除目录】按钮单击事件
private void tsbtnDelFolder_Click(object sender, EventArgs e)
{
    if (lstFolder.SelectedItems.Count == 0)
    {   //确保有目录在列表框中被选中
        MessageBox.Show("请选择一个目录再进行删除！",
            "消息", MessageBoxButtons.OK, MessageBoxIcon.Information);
        return;
    }
    DialogResult dr = MessageBox.Show("删除目录将导致该目录下的图片被删除，" +
        "并且该操作不可恢复，是否真的要删除“" + lstFolder.Text + "”目录？",
        "确认", MessageBoxButtons.YesNo, MessageBoxIcon.Question);
    string delFolderName = ""; //用于存放被删除目录的名称
    if (dr == DialogResult.Yes)
    {
        lvView.Clear(); //清除 ListView 里的所有项目
        delFolderName = lstFolder.Text;
        ((Folder)lstFolder.SelectedItem).RemoveAll(); //删除所有图片及缩略图
        lstFolder.Items.Remove(lstFolder.SelectedItem);//在列表框中删除相应项
    }
    statusStrip1.Items[1].Text = "目录“" + delFolderName +
        "”已经被删除！"; //在状态栏显示提示
}
```

(5)【导入图像】工具按钮单击事件代码如下：

```
//【导入图像】按钮单击事件
private void tsbtnLoad_Click(object sender, EventArgs e)
```

```
{
    if (lstFolder.Items.Count == 0)
    {   //确保列表框中有目录存在
        MessageBox.Show("请先添加目录再导入图片！",
            "消息", MessageBoxButtons.OK, MessageBoxIcon.Information);
        return;
    }
    //创建并打开【导入图像】窗体
    FrmLoadPic frmLoadPic =
        new FrmLoadPic(this.lstFolder,this.statusStrip1);
    try
    {   //显示模式窗体
        if (frmLoadPic.ShowDialog(this) == DialogResult.OK)
        {
            LoadToListView();
        }
    }
    finally
    {   //释放模式窗体
        frmLoadPic.Dispose();
    }
}
private void LoadToListView()    //自定义方法，在ListView中显示缩略图
{
    Folder folder = (Folder)lstFolder.SelectedItem;
    lvView.BeginUpdate();             //禁止ListView刷新
    lvView.Items.Clear();             //清空ListView里的所有项目
    if (!folder.IsLoaded)
    {   //如果缩略图没有被载入内存，则进行载入操作
        folder.LoadImage();
    }
    foreach (DictionaryEntry de in folder.bmps)
    {   //在ListView中添加缩略图
        lvView.Items.Add((string)de.Key);
    }
    lvView.EndUpdate();               //解除禁止ListView刷新
}
```

(6) lvView 控件 DrawItem 事件代码如下：

```
//手动绘制ListView里的项目，请先确保ListView的OwnerDraw属性是true
private void lvView_DrawItem(object sender, DrawListViewItemEventArgs e)
{
    if (lvView.Items.Count == 0)
    {
        return;
    }
    Graphics g = e.Graphics;
```

```
    Folder folder = (Folder)lstFolder.SelectedItem;
    Bitmap bmp = folder.GetThumbnail(e.Item.Text); //获取缩略图
    //获取绘制图片的矩形, e.Bounds 表示 ListView 中某项所占用的矩形
    Rectangle bmpRect = Folder.GetRectFromBounds(bmp, e.Bounds);
    bmpRect.Offset(0, 1); //使图像矩形向左移动一个像素
    //获取绘制图片的矩形
    Rectangle boundRect = Folder.GetRectFromBounds(101, 101, e.Bounds);
    Rectangle textRect = new Rectangle(e.Bounds.X + 4,
        e.Bounds.Y + 109, e.Bounds.Width - 8, 16); //设置绘制图片名称的矩形
    g.DrawRectangle(boundPen, boundRect);          //绘制图片边框
    if ((e.State & ListViewItemStates.Selected) != 0)
    {   //如果 ListView 里的项处于选中状态
        g.DrawImage(bmp, bmpRect);                 //画图片的缩略图
        boundRect.Inflate(1, 1);
        g.DrawRectangle(selPen, boundRect);        //画处于选中状态的边框
    }
    else
    {
        g.DrawImage(bmp, bmpRect);
    }
    g.FillRectangle(bgBrush, textRect);            //填充文字背景
    //绘制图片名称
    g.DrawString(e.Item.Text, lvView.Font, textBrush, textRect, format);
}
```

(7) 列表框 lstFolder 控件 SelectedIndexChanged 事件代码如下:

```
//列表框中选中目录改变时所发生的事件
private void lstFolder_SelectedIndexChanged(object sender, EventArgs e)
{
    if (lstFolder.SelectedItems.Count == 0)
    {   //确保列表框中有项目被选中
        return;
    }
    LoadToListView(); //在 ListView 中显示各个图片的缩略图
}
```

(8)【删除图像】和【退出】工具按钮单击事件代码如下:

```
//【删除图像】按钮单击事件
private void tsbtnDel_Click(object sender, EventArgs e)
{
    if (lstFolder.SelectedItems.Count == 0 || lvView.Visible == false)
    {   //确保列表框中有项目被选中, 并且 ListView 处于可见状态
        return;
    }
    Folder folder = (Folder)lstFolder.SelectedItem;
    try
    {
```

```
        lvView.BeginUpdate(); //禁止ListView的刷新
        while (lvView.SelectedItems.Count > 0)
        {   //删除选中项
            ListViewItem item = lvView.SelectedItems[0];
            lvView.Items.Remove(item);//删除ListView中的项
            folder.Remove(item.Text); //删除项所对应的图像
        }
    }
    catch (Exception ex)
    {
        MessageBox.Show(ex.Message, "错误",
        MessageBoxButtons.OK, MessageBoxIcon.Error);
        return;
    }
    finally
    {
        lvView.EndUpdate(); //允许ListView刷新
    }
}
//【退出】按钮单击事件
private void tsBtnClose_Click(object sender, EventArgs e)
{
    Close();
}
```

(9) lvView 控件双击事件代码如下：

```
//双击ListView里的某个项目的事件
private void lvView_DoubleClick(object sender, EventArgs e)
{
    Point p = Control.MousePosition; //鼠标当前的屏幕坐标
    p = lvView.PointToClient(p);     //把屏幕坐标转换为ListView的坐标
    ListViewHitTestInfo info = lvView.HitTest(p); //通过坐标获取某个项目
    ShowImage(); //调整控件可见性
    PaintImageInPb(info.Item.Text);  //在PictureBox内显示图像
    bmpIndex = info.Item.Index;
}
```

(10)【返回目录】、【上一幅图像】(tsbtnPeriod)、【下一幅图像】(tsbtnNext)工具按钮，单击事件代码如下：

```
//【返回目录】按钮单击事件
private void tsbtnReturn_Click(object sender, EventArgs e)
{   //返回到浏览缩略图状态
    timer1.Stop();           //停止计时器
    pbPic.Image = null;   //让PictureBox内的图像引用为空，以方便后面释放图像
    if (bmpInPb != null)
    {  //如果前面曾浏览过其他图像，则释放它
```

```
        bmpInPb.Dispose();
    }
    ShowView(); //调整控件可见性
}
//【上一幅图像】按钮单击事件
private void tsbtnPeriod_Click(object sender, EventArgs e)
{
    if (bmpIndex == 0)
    {   //如果图像索引号为 0 则显示最后一幅图像
        bmpIndex = lvView.Items.Count - 1;
    }
    else
    {
        bmpIndex--;
    }
    ListViewItem item = lvView.Items[bmpIndex];
    PaintImageInPb(item.Text); //在 PictureBox 内显示图像
}
//【下一幅图像】按钮单击事件
private void tsbtnNext_Click(object sender, EventArgs e)
{
    if (bmpIndex == lvView.Items.Count - 1)
    {   //如果图像为最后一幅图像则显示第一幅图像
        bmpIndex = 0;
    }
    else
    {
        bmpIndex++;
    }
    ListViewItem item = lvView.Items[bmpIndex];
    PaintImageInPb(item.Text); //在 PictureBox 内显示图像
}
//自定义方法，用于在 PictureBox 内显示图像
private void PaintImageInPb(string bmpName)
{
    Folder folder = (Folder)lstFolder.SelectedItem;
    if (bmpInPb != null)
    {   //释放上次显示的图像
        bmpInPb.Dispose();
    }
    //通过一个名称获取相应的图像
    bmpInPb = folder.GetImage(bmpName);
    //在状态栏中显示图片名称和尺寸
    statusStrip1.Items[1].Text = "名称：" + bmpName + "   尺寸：" +
        bmpInPb.Width.ToString() + "×" +
        bmpInPb.Height.ToString();
    pbPic.Image = bmpInPb;
```

```
    MatchImage();
}
//自定义方法，以合适的方式在 PictureBox 内显示图像
private void MatchImage()
{
    if (tsbtnNormal.Checked)
    {   //正常显示模式
        pbPic.Dock = DockStyle.None;
        pbPic.SizeMode = PictureBoxSizeMode.AutoSize;
        pbPic.Left = (panel1.Width - pbPic.Width) / 2;
        pbPic.Top = (panel1.Height - pbPic.Height) / 2;
        if (pbPic.Width > panel1.Width || pbPic.Height > panel1.Height)
        {   //图像的长或宽大于显示边框时
            canDrag = true;
            pbPic.Cursor = Cursors.Hand; //改变鼠标指针样式
        }
        else
        {   //图像小于显示边框时，则不允许拖动
            canDrag = false;
            pbPic.Cursor = Cursors.Default;
        }
    }
    else
    {   //图像适应 PictureBox 的大小显示模式
        canDrag = false; //设置禁止拖动图像状态
        pbPic.Cursor = Cursors.Default;
        if (bmpInPb.Width > panel1.Width || bmpInPb.Height > panel1.Height)
        {
            pbPic.Dock = DockStyle.Fill;
            pbPic.SizeMode = PictureBoxSizeMode.Zoom;
        }
        else
        {   //图像小于显示边框时，按原尺寸显示
            pbPic.Dock = DockStyle.None;
            pbPic.SizeMode = PictureBoxSizeMode.AutoSize;
            pbPic.Left = (panel1.Width - pbPic.Width) / 2;
            pbPic.Top = (panel1.Height - pbPic.Height) / 2;
        }
    }
}
```

(11)【自动播放】(tsbtnAutoPlay)按钮的单击事件、timer1 控件定时器事件、组合框(tscbInterval)控件 SelectedIndexChanged 事件代码如下：

```
//设置自动播放图像的时间间隔
private void tscbInterval_SelectedIndexChanged(object sender, EventArgs e)
{
```

```
    timer1.Interval = (int)(Math.Pow(2, tscbInterval.SelectedIndex) * 1000);
}
//【自动播放】按钮单击事件
private void tsbtnAutoPlay_Click(object sender, EventArgs e)
{
    timer1.Enabled = !timer1.Enabled;
    tsbtnAutoPlay.Checked = timer1.Enabled; //使按钮的按下状态跟之前正好相反
}
//定时器事件
private void timer1_Tick(object sender, EventArgs e)
{
    tsbtnNext_Click(null, null); //调用【下一幅图像】按钮单击事件
}
```

(12)【实际大小】(tsbtnNormal)和【合适大小】(tsbtnMatch)两个工具按钮控件单击事件代码如下：

```
//【实际大小】和【合适大小】两个按钮的共用事件
private void tsbtnShowMode_Click(object sender, EventArgs e)
{   //让两个按钮只有一个能处于按下状态
    ToolStripButton btn = (ToolStripButton)sender;
    if (btn.Checked)
    {   //如果单击的按钮已经处于按下状态，则返回
        return;
    }
    tsbtnNormal.Checked = false; //先使两个按钮都处于弹起状态
    tsbtnMatch.Checked = false;
    btn.Checked = true;              //再使被单击的按钮处于按下状态
    MatchImage();                    //以相应的方式显示图像
}
```

(13) pbPic 控件的 MouseDown、MouseMove、MouseUp 三个事件代码如下：

```
//鼠标按下事件
private void pbPic_MouseDown(object sender, MouseEventArgs e)
{
    if (e.Button != MouseButtons.Left)
    {   //判断是否鼠标左键
        return;
    }
    isDraging = true;          //设置为允许拖动状态
    mousePoint.X = e.X;        //记录当前鼠标坐标
    mousePoint.Y = e.Y;
    pbPoint.X = pbPic.Left;    //记录当前 PictureBox 坐标
    pbPoint.Y = pbPic.Top;
}
//鼠标移动事件,用于拖动图像
```

```
private void pbPic_MouseMove(object sender, MouseEventArgs e)
{
    if (!isDraging || !canDrag)
    {
        return;
    }
    //左右移动
    int x = pbPic.Left;
    if (pbPic.Width > panel1.Width)
    {
        x += e.X - mousePoint.X;
        if (x > 0)
        {   //当图像左边界到达容器左边界时，不允许再向右拖动图像
            x = 0;
        }
        else if (x + pbPic.Width < panel1.Width)
        {   //当图像右边界到达容器右边界时，不允许再向左拖动图像
            x = panel1.Width - pbPic.Width;
        }
    }
    //上下移动
    int y = pbPic.Top;
    if (pbPic.Height > panel1.Height)
    {
        y += e.Y - mousePoint.Y;
        if (y > 0)
        {   //当图像上边界到达容器上边界时，不允许再向下拖动图像
            y = 0;
        }
        else if (y + pbPic.Height < panel1.Height)
        {   //当图像下边界到达容器下边界时，不允许再向上拖动图像
            y = panel1.Height - pbPic.Height;
        }
    }
    pbPic.Left = x; //移动图像
    pbPic.Top = y;
}
//鼠标释放事件
private void pbPic_MouseUp(object sender, MouseEventArgs e)
{
    if (e.Button != MouseButtons.Left)
    {
        return;
    }
    isDraging = false; //设置为禁止拖动状态
}
```

代码要点：

当图像处于实际大小状态时，如果原图尺寸大于装载它的容器的尺寸时，图像无法显示完全，这时应该允许用鼠标拖动图像以浏览图像的任何部分。实现图像拖动功能需要使用 3 个事件。

① 按下鼠标左键时，设置一个标志(isDraging)，表明允许图像被拖动并记录当时鼠标和 PictureBox 所处位置，以方便后面拖动图像时计算图像位置。

② 松开鼠标左键时，设置标志(isDraging)，表明图像不允许被拖动。

③ 移动鼠标时，判断标志(isDraging)，如果标志的值为真，表明鼠标左键还处于被按下状态，这时可以拖动图像；如果标志的值为假，则表明鼠标左键已经不处于被按下状态，这时不能拖动图像。

拖动图像的功能通过改变 PictureBox 的位置来实现，需要注意以下几点问题。

① 如果装载图像的容器大于图像尺寸，则不允许拖动图像。

② 当图像的宽小于容器的宽，而图像的高大于容器的高时，只允许垂直拖动图像。

③ 当图像的高小于容器的高，而图像的宽大于容器的宽时，只允许水平拖动图像。

④ 当图像左边界到达容器左边界时，不允许再向右拖动图像。

⑤ 当图像右边界到达容器右边界时，不允许再向左拖动图像。

⑥ 当图像上边界到达容器上边界时，不允许再向下拖动图像。

⑦ 当图像下边界到达容器下边界时，不允许再向上拖动图像。

13.3.6　调试与运行程序

在进行前面的每一个步骤时，可以运行程序。但由于各部分代码息息相关，在调试程序某项功能时有可能出错，应该在做每一个步骤时尽量排除所有由于粗心导致的语法错误，这样就不至于在完成程序后发现过多错误而变得无所适从。

运行程序，尝试单击窗体中的每一个按钮，查看相关功能是否实现并认真观察是哪些代码实现了这些功能。

13.4　思考与改进

本案例实现了基本的管理及浏览图片的功能，但在界面和功能上还有很多可以改进的地方。请参照以下几点对应用程序进行改造。

(1) 在浏览单张图片时可以将其删除。

(2) 可以以全屏幕的方式浏览单张图片。

(3) 可以在浏览单张图片时对图片进行顺时针或逆时针旋转。

(4) 可以在查看图片缩略图或浏览单张图片时将一张或多张图片导出到用户指定的位置。

(5) 在导入图像窗口中，用户把所需导入图像的路径加入复选列表框后，选择复选列表框内的不同项目时可以实现对图像的预览，这样可以使应用程序变得更加人性化。

(6) 给删除和浏览单张图片等功能加上相应的快捷键。

(7) 给 lvView 控件内的缩略图绘制漂亮的背景，使得应用程序界面更具观赏性。

参 考 文 献

[1] 谭浩强. C 程序设计[M]. 北京：清华大学出版社，1991.

[2] [美]Steve McConnell. 代码大全[M]. 金戈，等译. 北京：电子工业出版社，2006.

[3] [美]Jeffrey Richter. 框架设计[M]. 2 版. 周靖，张杰良，译. 北京：清华大学出版社，2006.

[4] [美]Steve Teixeira，Xavier Pacheco. Delphi 5 开发人员指南[M]. 任旭钧，等译. 北京：机械工业出版社，2000.

[5] 邵鹏鸣. Visual C#程序设计基础教程[M]. 北京：清华大学出版社，2005.

[6] 郑阿奇. Visual C++实用教程[M]. 北京：电子工业出版社，2000.

[7] 钱能. C++程序设计教程[M]. 北京：清华大学出版社，1999.

[8] 赵振江，张二峰. Visual Basic 程序设计案例教程[M]. 北京：人民邮电出版社，2004.

[9] 唐树才. Visual Basic.NET 程序设计与应用[M]. 北京：电子工业出版社，2002.

[10] 陆汉权，冯晓霞，方红光. Visual Basic 程序设计教程[M]. 杭州：浙江大学出版社，2006.